普通高等教育教材

大学化学实验基础

王香善　主编

DAXUE HUAXUE
SHIYAN JICHU

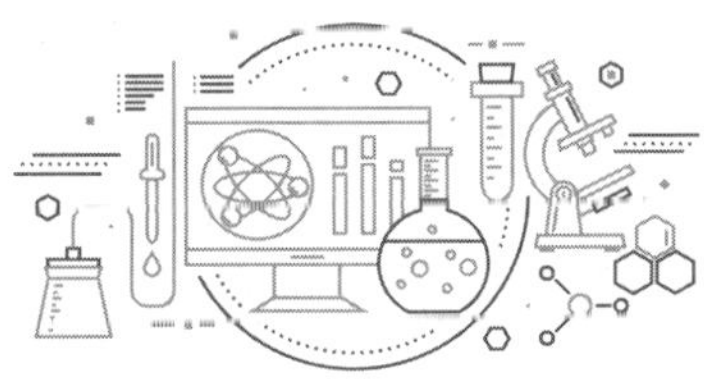

化学工业出版社
·北京·

内容简介

本书共分为五个专题，专题 1 主要介绍化学实验基础知识，用左侧图示和右侧文字说明的编写方式详细介绍了化学实验基础知识；专题 2 用左侧操作示意图和右侧文字说明的方式介绍了化学实验基本操作；专题 3 编写了九个化学实验基本操作技能练习；专题 4 编写了实验室最常开设的七个物质含量测定实验；专题 5 编写了十一个常见物理量测定实验。

本书重视化学实验操作规范，可作为高等院校开设大学化学实验课程的教材，也可以作为化学专业开设基础化学实验课程的教材，还可以作为化学专业师生提高化学实验规范操作技能的参考用书。

图书在版编目（CIP）数据

大学化学实验基础 / 王香善主编. -- 北京 ：化学工业出版社，2026. 2. --（普通高等教育教材）.
ISBN 978-7-122-49714-7

Ⅰ. O6-3

中国国家版本馆 CIP 数据核字第 202630H9H1 号

责任编辑：王文峡　　文字编辑：朱　婧　师明远
责任校对：宋　夏　　装帧设计：王晓宇

出版发行：化学工业出版社
（北京市东城区青年湖南街 13 号　邮政编码 100011）
印　　装：三河市航远印刷有限公司
787mm×1092mm　1/16　印张 $10\frac{3}{4}$　字数 241 千字
2026 年 3 月北京第 1 版第 1 次印刷

购书咨询：010-64518888　　售后服务：010-64518899
网　　址：http://www.cip.com.cn
凡购买本书，如有缺损质量问题，本社销售中心负责调换。

定　　价：45.00 元

前言
PREFACE

化学是一门以实验为基础的学科，实验操作能力是化学人才培养的核心要素。随着新工科、新理科建设的推进，以及绿色化学、数字化技术的快速发展，传统实验教学模式正面临深刻变革。为适应新时代化学教育需求，本教材以“夯实基础、融合前沿、强化安全、激发创新”为宗旨，对大学化学实验课程内容进行了系统性重构，以满足培养学生化学实验操作技能和强化实验操作规范的要求，促进化学实验课程教学目标的有效达成。

本书共分为五个专题，专题 1 主要介绍了化学实验基础知识，包括化学实验室常用器材、化学试剂基础知识、化学实验常用的试纸和滤纸、化学实验室用水、化学实验室安全等内容；专题 2 主要介绍化学实验基本操作，包括玻璃仪器的洗涤与干燥，加热和冷却，玻璃管加工操作，试剂的取用，量器的使用，物质的分离和提纯，气体的制备，净化和收集等；专题 3 编写了九个化学实验基本操作技能练习；专题 4 编写了实验室最常开设的七个物质含量测定实验；专题 5 编写了十一个常见物理量测定实验。

为了使本教材发挥强化实验操作规范的作用，对“化学实验常用器材”“化学实验基本操作”两部分内容采用左侧示意图和右侧文字说明的表格呈现方式。与纯文字的叙述相比，这种方式不仅能让读者一目了然，增强了直观性，而且有利于读者牢记规范操作要领，提升操作技能。在专题 1 和专题 2 后编写了多道用示意图代替文字叙述的练习题，通过对练习题的解答可以纠正一些不规范的操作。

本书由王香善担任主编，李广超、王锦化、路再生、李亮参与编写，张为超、高峰、盖艳丽在本书的编写过程中提供了帮助，化学工业出版社在本书的编写和出版方面给予了大力支持，在此一并表示感谢。

限于时间和水平，书中不妥之处，请读者批评指正。

编者

2025 年 8 月

目录
CONCENTS

专题 1　化学实验基础知识　001

专题 1-1　化学实验常用器材　001

一、化学实验常用玻璃器皿　001
二、其他材质器材　022

专题 1-2　化学试剂基础知识　025

一、化学试剂分类　025
二、化学试剂的等级和规格　025
三、危险化学品　027
四、常用气体钢瓶的标志　030
五、 CAS 登记号　031

专题 1-3　化学实验常用的试纸和滤纸　031

一、试纸　031
二、滤纸　032

专题 1-4　化学实验室用水　033

一、实验室用水级别　033
二、分析实验室用水的制备　033

专题 1-5　化学实验室安全　034

一、实验室安全规范总则　034
二、危险试剂使用规则　035
三、实验室防火常识　035
四、实验室爆炸事故与预防　037
五、利器扎伤、烫伤和化学灼伤事故的预防　038
练习题　039

专题 2 化学实验基本操作 042

专题 2-1 玻璃仪器的洗涤与干燥 042

一、玻璃仪器的洗涤 042
二、玻璃仪器的干燥 043

专题 2-2 加热和冷却 044

一、加热 044
二、冷却 049

专题 2-3 玻璃管加工操作 050

专题 2-4 试剂的取用 052

一、固体试剂的取用 052
二、液体试剂的取用 053
三、物质的称量 054

专题 2-5 容量瓶、移液管和滴定管的使用 057

一、容量瓶的使用 057
二、移液管的使用 058
三、滴定管的使用 060

专题 2-6 物质的分离和提纯 065

一、固-液分离 065
二、液-液分离 068
三、重结晶 074

专题 2-7 气体的制备、净化和收集 079

一、气体的制备 079
二、气体的净化 080
三、气体的收集 081
练习题 082

专题 3　化学实验基本操作技能练习　087

实验一　玻璃仪器的洗涤与干燥　087
实验二　灯的使用和玻璃管的简单加工　088
实验三　分析天平的使用和称量操作练习　090
实验四　滴定管的使用和滴定操作练习　092
实验五　容量仪器的校准　094
实验六　配制一定物质的量浓度的溶液　096
实验七　粗食盐的提纯　098
实验八　重结晶操作　100
实验九　萃取操作练习　102

专题 4　物质含量测定实验　104

实验十　铵盐中氮含量的测定（甲醛法）　104
实验十一　混合碱的分析（双指示剂法）　105
实验十二　自来水中总硬度的测定　108
实验十三　高锰酸钾法测定过氧化氢含量　110
实验十四　胆矾中铜含量的测定（碘量法）　112
实验十五　钡盐中钡含量的测定（重量法）　114
实验十六　邻二氮菲分光光度法测定铁含量　115

专题 5　常见物理量测定实验　119

实验十七　熔点的测定　119
实验十八　蒸馏与沸点测定　122
实验十九　折射率的测定　124
实验二十　旋光度的测定　127
实验二十一　凝固点的测定　130
实验二十二　液体饱和蒸气压的测定（静态法）　133
实验二十三　液体密度的测定（韦氏天平法）　137
实验二十四　液体黏度的测定（毛细管黏度计法）　139
实验二十五　原电池电动势的测定　142
实验二十六　电位法测定溶液的 pH 值　145
实验二十七　电导率法测定乙酸的电离平衡常数　148

附录 152

附录一　实验室常用酸碱的相对密度、质量分数和物质的量浓度　152

附录二　实验室常用基准物质的干燥温度和干燥时间　152

附录三　实验室常用指示液（剂）　153

附录四　实验室常用缓冲溶液　155

附录五　化合物的分子量　157

附录六　实验室常见玻璃仪器分步画法示意图　160

附录七　平面图和立体图对照　162

附录八　部分练习题参考答案　163

参考文献 164

专题 1

化学实验基础知识

专题 1-1　化学实验常用器材

化学实验常用的器材主要是玻璃器皿，另外还有陶瓷、金属、塑料、橡胶、木材等其他材质的器材。

一、化学实验常用玻璃器皿

由于玻璃具有良好的化学稳定性且透明，便于观察实验现象，因而在化学实验室中大量使用玻璃仪器。实验室常用的玻璃器皿分为容器类、量器类和其他类。

1. 常见容器类玻璃器皿

化学实验室常见容器类玻璃器皿分为烧杯、管类和瓶类，详见表 1 1。

表 1-1　化学实验室常见容器类玻璃器皿

烧杯		
图示及名称	规格	用途
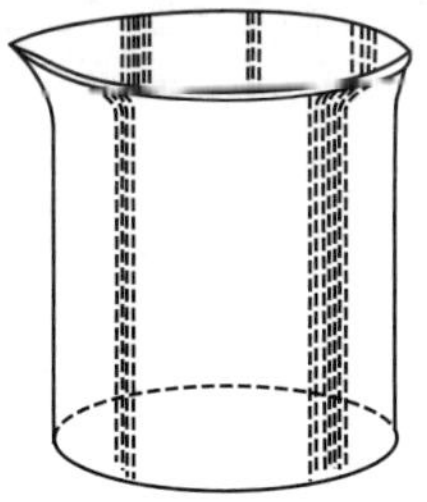 低型烧杯	容量(mL)：5，10，25，50，100，150，250，400，500，600，800，1000，2000，3000，5000	广泛用作化学试剂的溶解、混合、加热、煮沸、蒸发浓缩、稀释及沉淀操作等。【注意】用烧杯加热液体时，液体体积不得超过烧杯的 2/3，以防煮沸时液体外溢。在加热时，应擦干外壁，将烧杯放在油浴、水浴、沙浴上进行，也可将烧杯置于石棉网上加热，尽量避免直接加热
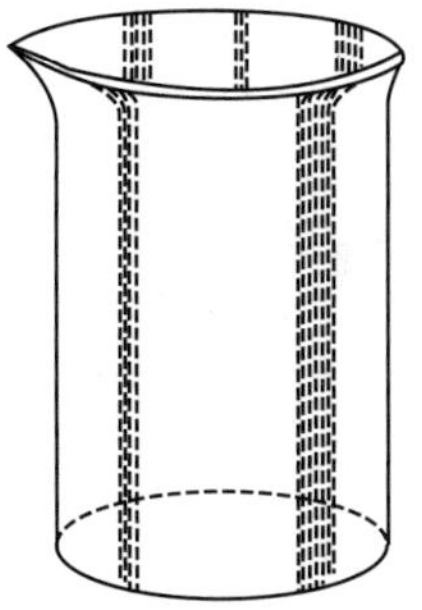 高型烧杯	容量(mL)：5，10，25，50，100，150，250，400，500，600，800，1000，2000，3000，5000	适用于乳类物质或轻质油类及易起泡沫外溢的液体加热反应

续表

管类		
图示及名称	规格	用途
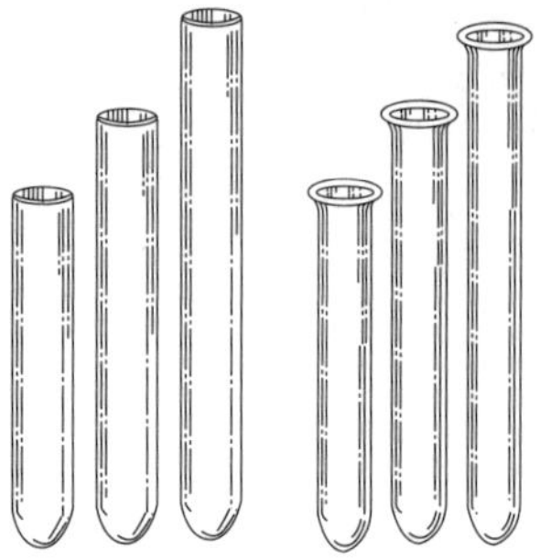 平口试管　卷口试管	管外径(mm)×长度(mm):10×75,10×100,12×75,12×100,15×100,15×150,18×150,18×180	圆底的平口玻璃管,管口熔光,多用于观察化学反应,还可用于细菌培养。 用于化学反应操作时,用试管夹夹住试管的中上部,可在酒精灯火焰上直接进行加热操作,也可用水浴加热。 【注意】反应液不能超过试管容积的1/2,加热时不超过试管容积的1/3。热的试管不能骤冷
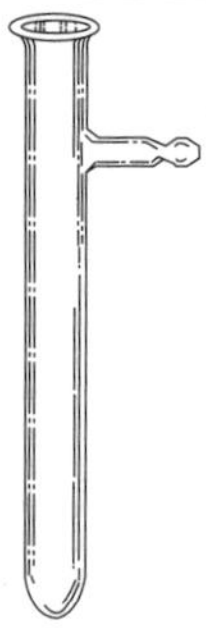 具支试管	管外径(mm)×长度(mm):12×100,15×150,18×150	多用于微量与半微量分析中检验气体产物,还可以将支管与抽气泵连接进行减压过滤操作
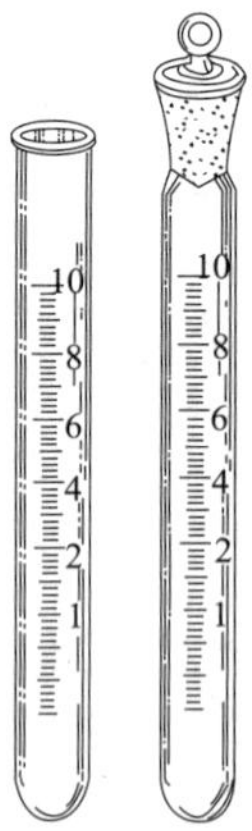 具刻度(具塞)试管	容量(mm):5,10,15,20,25,30,50; 长度(mm):110,130,150,165,180,200	具刻度试管可以直接读出计量数,具塞试管可以防止易挥发溶液的挥发
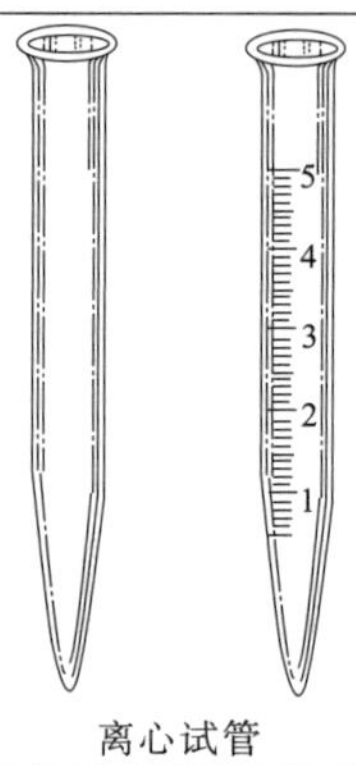 离心试管	容量(mm):5,10,15,25,50; 长度(mm):95,110,120,140,150	适用于微量及半微量的定性分析;用于悬浮在液体中的物质的离心、分层。 【注意】离心试管只能用水浴加热

笔记

续表

管类		
图示及名称	规格	用途
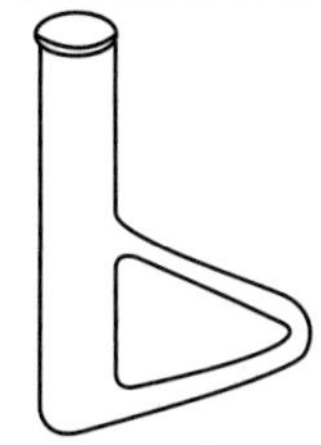 熔点测定管(b 形管)	高度(mm):150; 口径(mm):24; 支管外径(mm):15	用于有机固体化合物熔点的测定
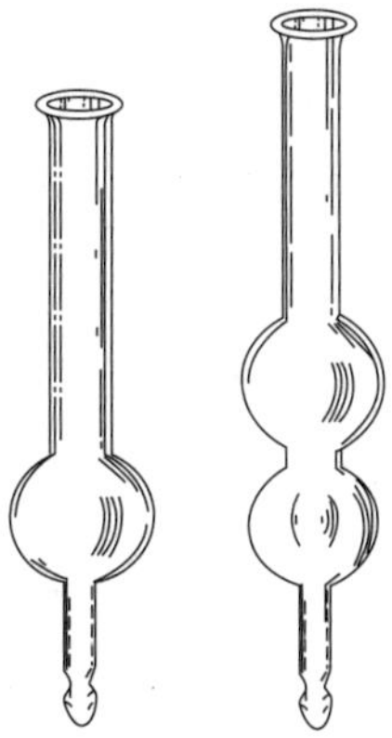 直形干燥管	长度(mm):单球 145,双球 160; 上口直径(mm):17	用于对少量气体进行干燥,或用于滤除气体中的杂质。干燥管中的球泡用来贮放固体干燥剂。 碱石灰、碱石棉或浸有苛性钠溶液的石棉用于吸收二氧化碳气体;高氯酸镁、氯化钙、五氧化二磷等用以吸收水分等。 先在干燥管的底部放入少量玻璃棉,然后放入干燥剂,在干燥剂放好后再在干燥剂的上面塞入少量玻璃棉
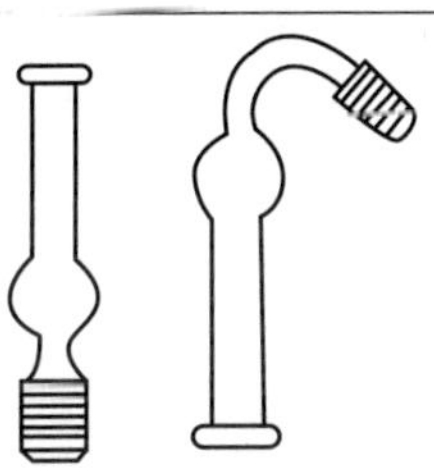 标准磨口塞直形、斜形干燥管	标准塞号:10,14,19,24	用途同上。可以装配在标准磨口仪器上
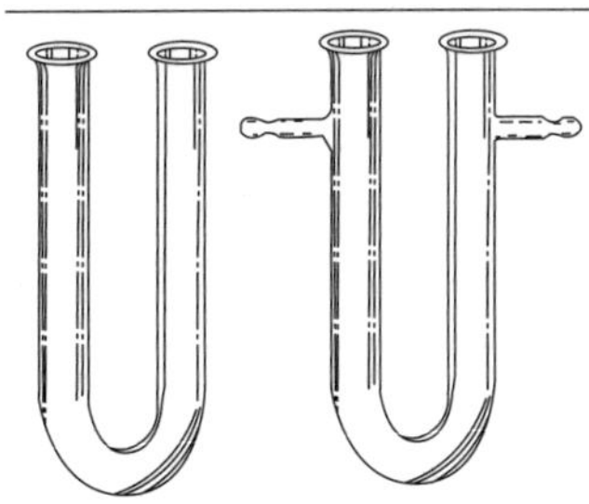 U 形干燥管	直径(mm)×全长(mm):13×100,15×150,20×150	U 形干燥管除具有直形干燥管的用途外,还可用于有机半微量的定量分析中气体吸收前后的称量操作,或安装在仪器装置的进口、出口处,起干燥防潮的作用。 【注意】干燥管可以单只使用,也可以将两只或更多只干燥管串联使用,以提高干燥的效果
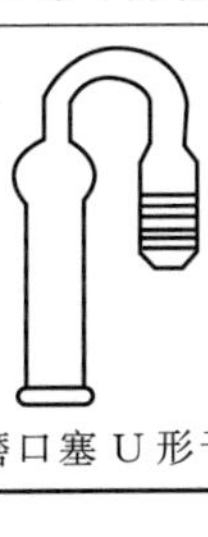 标准磨口塞 U 形干燥管	标准塞号:10,14,19,24,29	可以装配在标准磨口仪器上,用作气体干燥、过滤防尘、净化的器具

续表

管类		
图示及名称	规格	用途
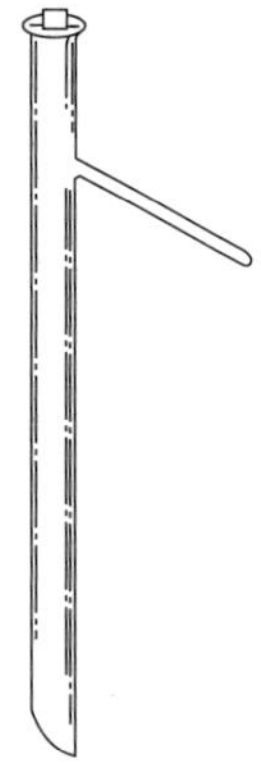 直形分馏管	直径(mm)×全长(mm)：13×100,15×150,20×150	适用于有机物中的混合液体分馏提纯。 管身有一根较细的约75°角的斜形分馏支管,用来连接冷凝管和液体的馏出。管身的下端成45°斜口,以扩大敞口面积,使蒸气较容易上升和利于液体回流,使液滴集中滴入容器中心
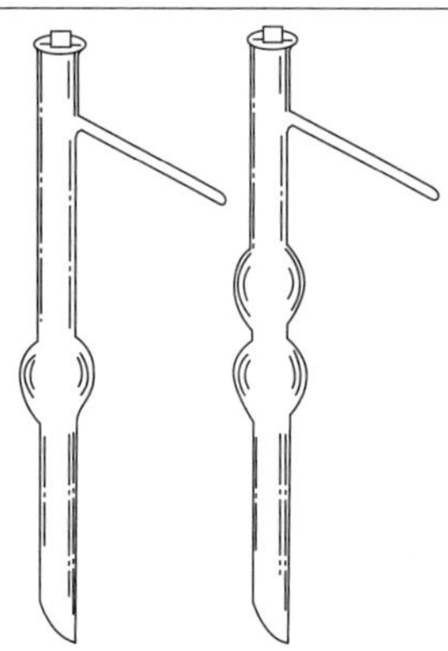 一球、二球分馏管	管直径(mm):13; 管长(mm):250	同上
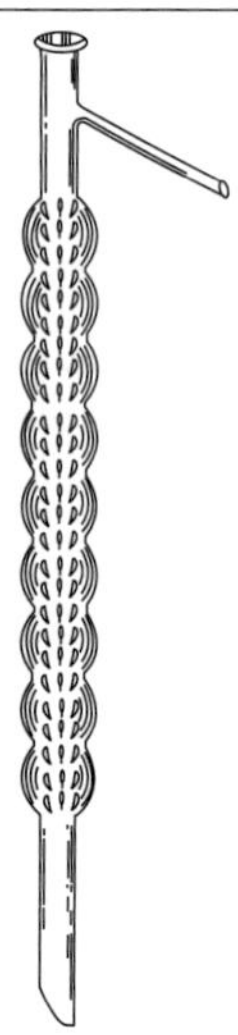 具刺分馏管	管直径(mm):21,23,25,27,30; 管长(mm):410,560,690,790,1020	具刺分馏管中的刺可看成分馏柱中的填充料,可以提高分馏效果

续表

管类		
图示及名称	规格	用途
 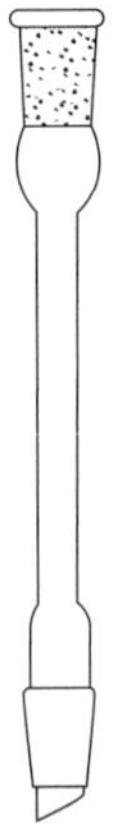 空气冷凝管　标准磨口空气冷凝管	普通空气冷凝管全管长(mm):570,670,800,900; 上管长(mm):90,100; 标准磨口空气冷凝管管长(mm):150,200,300,400,500; 管直径(mm):12,15; 磨口号:14,19,24	适用于蒸馏沸点在140℃以上的高沸点物质,或用于那些不能与水接触的物质的蒸馏冷却
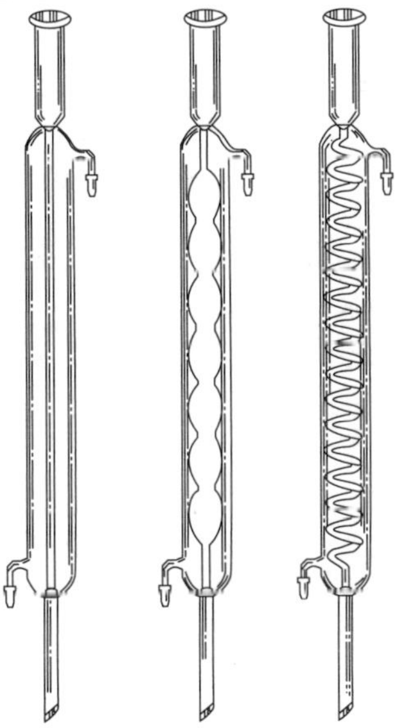 直形、球形、蛇形冷凝管	套管长度(mm):300,400,500,600	直形冷凝管适用于沸点在140℃以下物质的蒸馏、分馏操作,主要用于倾斜式蒸馏装置。 球形冷凝管多用于垂直蒸馏装置,适用于回流蒸馏操作。 蛇形冷凝管适用于垂直式连续长时间的蒸馏或回流
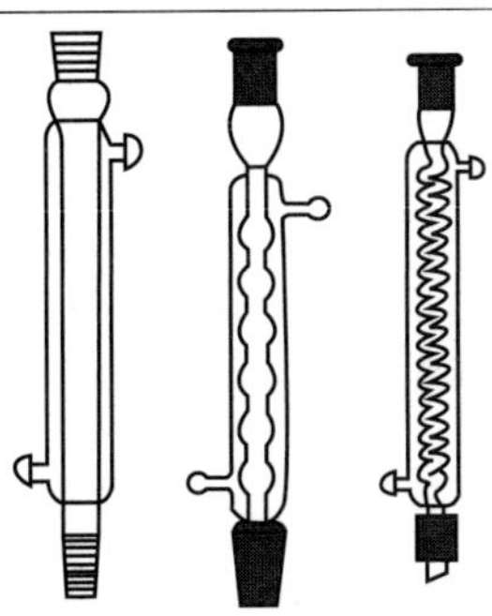 磨口塞直形、球形、蛇形冷凝管	套管长度(mm):80,150,200,300,400,500,600; 磨口号:10,14,19,24	同上

续表

管类		
图示及名称	规格	用途
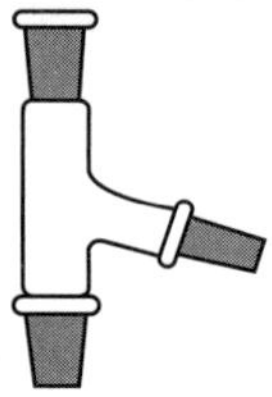 标准磨口塞蒸馏头	标准口号:10,14,19,24,29; 下塞号:10,14,19,24,29; 斜塞号:10,14,19,24,29	标准口安装温度计或导气管,下标准塞安装在烧瓶上,斜标准塞安装冷凝管,组成蒸馏装置
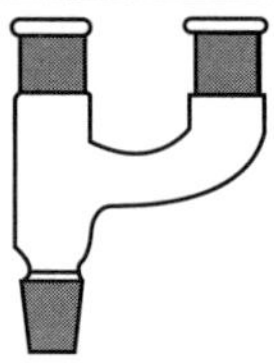 标准磨口塞二口连接管	主口号:10,14,19,24,29; 支口号:10,14,19,24,29; 塞号:10,14,19,24,29	用于单口烧瓶代替二口烧瓶,或与蒸馏头配合用作分馏头。中口安装减压毛细管,支口安装蒸馏头、真空接收器等,磨口塞安装在烧瓶上组成减压蒸馏装置
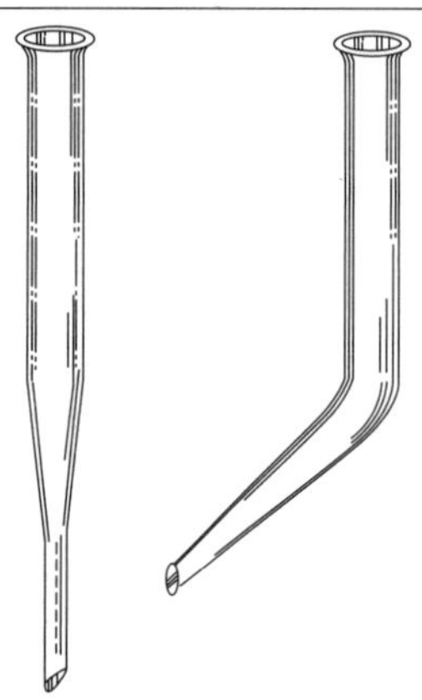 直形、弯形尾接管	全管长(mm):150,180,200; 上管长度(mm):80,100,110; 上管直径(mm):15,18,25,30	用于连接冷凝管下端斜口与接收瓶,组成蒸馏装置或分馏装置,导出蒸馏液
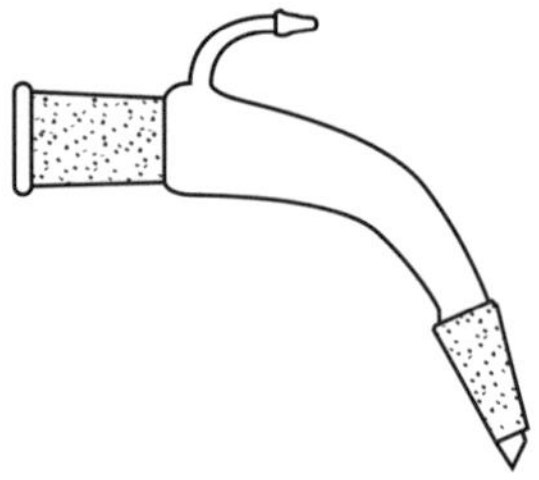 标准磨口塞尾接管	弯管长(mm):50,65,68,75; 标准口号:10,14,19,24; 标准塞号:10,14,19,24	上口连接冷凝管,尾塞安装接收瓶,用于收集蒸馏液
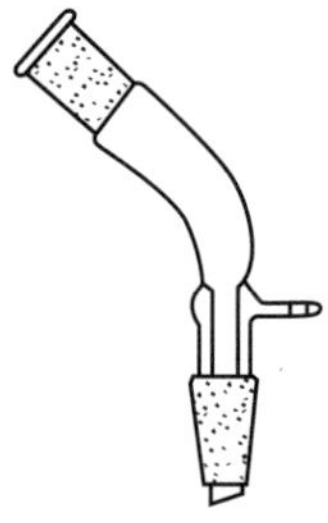 标准磨口塞真空尾接管	弯管长(mm):56,66,70,75; 标准口号:10,14,19,24,29; 标准塞号:10,14,19,24,29	上口连接冷凝管,尾塞安装接收瓶,用于收集蒸馏液。尾塞上部有一抽气支管,用胶管与真空泵相连,进行抽气减压操作

续表

管类		
图示及名称	**规格**	**用途**
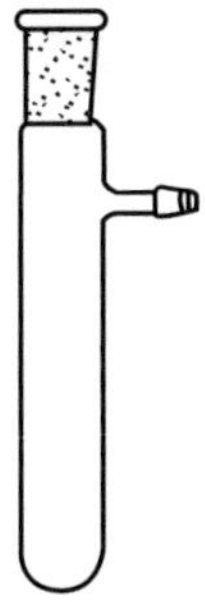 标准磨口接收管	标准口号:10,14,19,24	用于收集蒸馏液
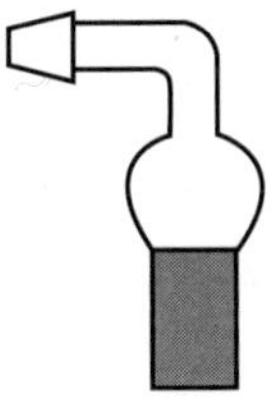 标准磨口塞导气管	标准塞号:10,14,19,24,29	用于减压蒸馏时导气
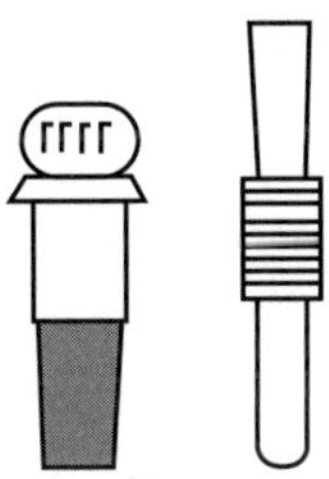 标准磨口塞温度计套管	管长(mm):40,100; 标准塞号:14,19,24	用于插入一般温度计,将标准磨口及下管插入烧瓶、蒸馏头或其他仪器上,以代替标准磨口温度计
 标准磨口塞搅拌器套管	标准塞号:10,14,19,24,29,34,45,55	用于在常压下的合成反应装置中,配合搅拌棒作连接用的"轴承"器具,能使反应器达到封闭作用
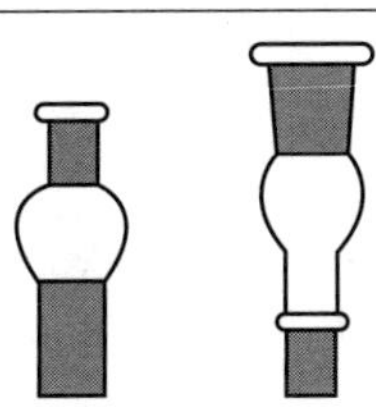 标准磨口塞接头	口号/塞号:10/14,10/19,10/24,14/19,14/24,14/29,19/24,19/29,24/29; 口号/塞号:14/10,19/10,19/14,24/10,24/19,29/14,29/19,29/24	用于各种仪器装置在安装时遇到不同规格的磨口与塞的转换接头,分为口小塞大、口大塞小

续表

瓶类		
图示及名称	规格	用途
 小口试剂瓶	容量(mL):30,60,125,250,500,1000	适用于贮存液体物质。棕色瓶适用于贮存各种需要避光的物质。 【注意】不能直接加热瓶。使用时将试剂瓶洗净、晾干,然后装入需要存放的物质。过热的物质不要急于装入瓶内
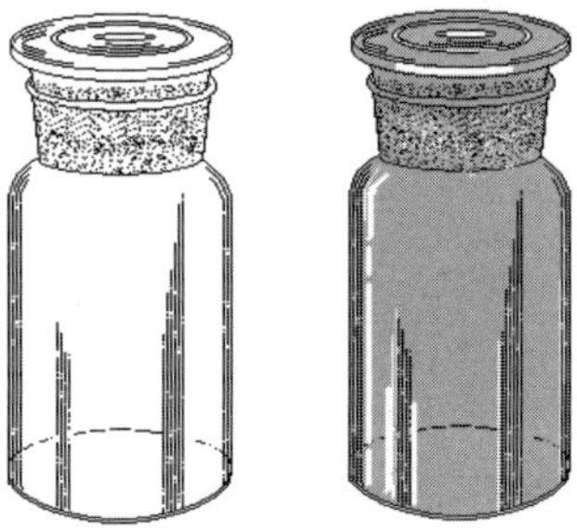 大口试剂瓶	容量(mL):30,60,125,250,500,1000	适用于贮存各种固体物质。棕色瓶适用于贮存各种需要避光的物质。 【注意】不能直接加热瓶。对于易潮解的物质在盖好瓶盖后要用石蜡或封口膜将瓶口与瓶盖处封好
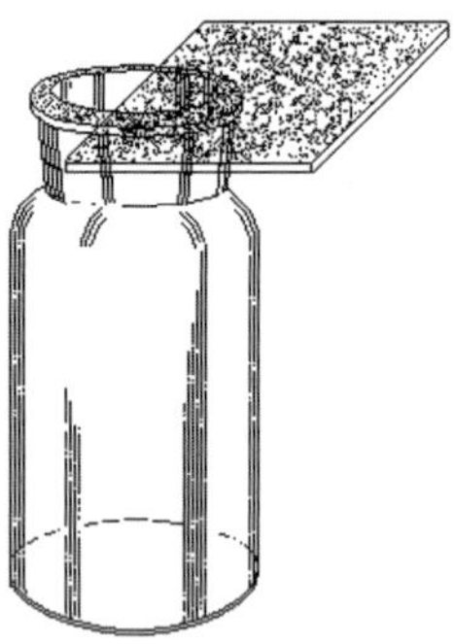 集气瓶	容量(mL):125,250,500; 瓶高(mm):102,120,160	用于收集氧气、氢气、二氧化碳等气体
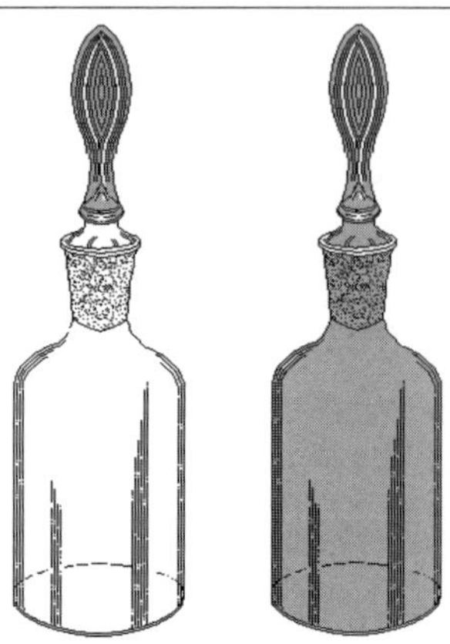 滴瓶	容量(mL):30,60,125	用于贮存各种试剂的标准溶液和指示剂溶液。 使用时用手指轻压滴管上端的乳胶帽,然后放开,试液即可吸入滴管中,再移到需要进行滴加试剂的仪器处,再用手指轻压乳胶帽,使液体一滴滴地滴出。使用完后将滴管插入滴瓶中即可。 【注意】滴管必须专用,不能被污染,不能乱放,也不能倒置

续表

瓶类		
图示及名称	规格	用途
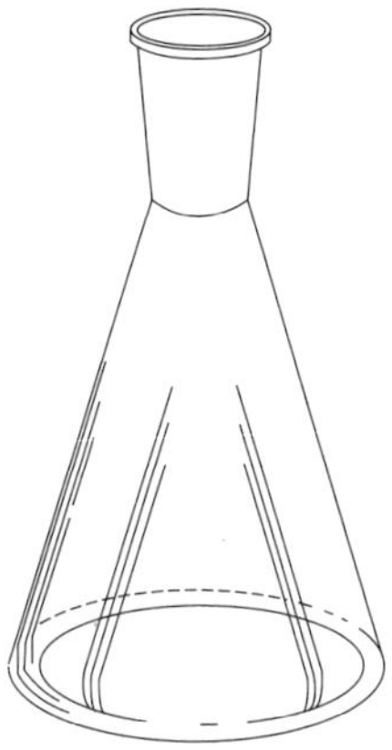 锥形瓶	容量(mL):25,50,100,250,500,1000,2000,3000,5000	常用于滴定操作,也用于物质的加热、煮沸、溶解、稀释等;还可用于装配回流、蒸馏装置;以及培养、发酵和常压蒸馏的接收瓶。 【注意】加热时应置于石棉网上,不可烧干
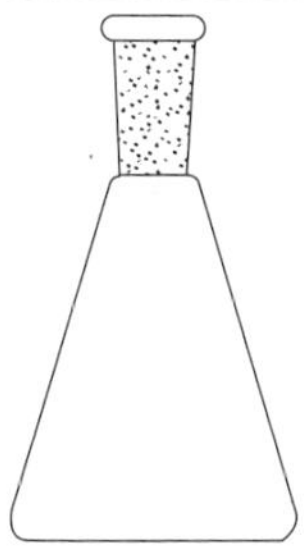 标准磨口锥形烧瓶	容量(mL):10,25,50,100,250,500,1000,2000; 磨口号:10,14,19,24	用于实验室对物质加热煮沸、溶解及比色等;用于滴定操作和常压蒸馏的接收瓶;还可以与抽气接头配合用作吸滤瓶
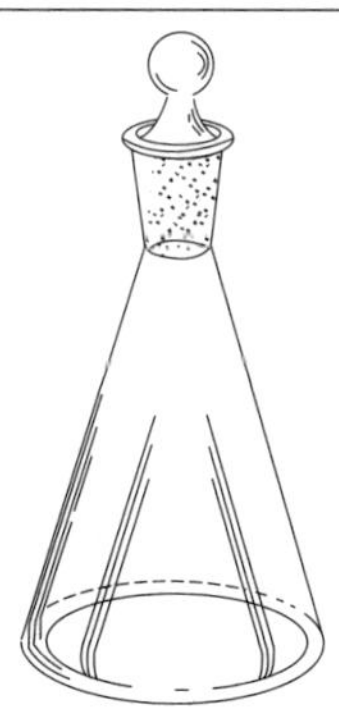 具塞锥形瓶	容量(mL):25,50,100,250,500,1000,2000,3000,5000	用于碘量法分析或生成挥发性物质的分析。它具有良好的密封作用,可以防止外来化学物质(如空气中的 O_2、CO、CO_2 气体和灰尘等)的影响,防止瓶内易挥发物质的挥发。 【注意】加温操作时,要将玻璃磨砂塞摘除
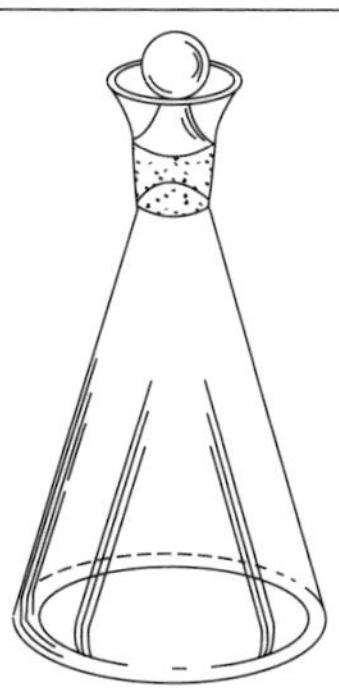 碘量瓶	容量(mL):50,100,250,500,1000	广泛用于碘量法滴定操作,还用于脂肪、油脂、石蜡等的碘值测定。 实验时可向喇叭形上口倒入水或碘化钾溶液进行封口,能防止瓶内物质挥发外逸,也可防止外部空气进入瓶中

续表

瓶类		
图示及名称	规格	用途
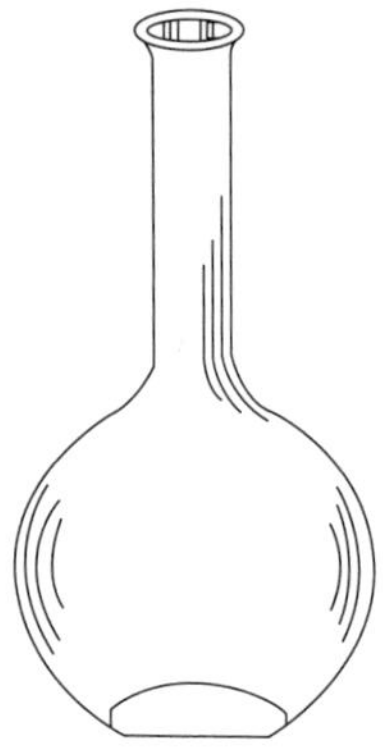 平底烧瓶	容量(mL):50,100,250,500,1000,2000,3000,4000,5000,6000,10000,20000	用于物质的加热、煮沸、提纯、蒸馏等操作。平底烧瓶多用于加热温度低、加热时间短的低沸点化合物的蒸馏提纯操作。平底烧瓶亦可固定在水浴、油浴或沙浴中进行加热蒸馏。 【注意】盛放液体的量一般不能超过烧瓶容量的 2/3
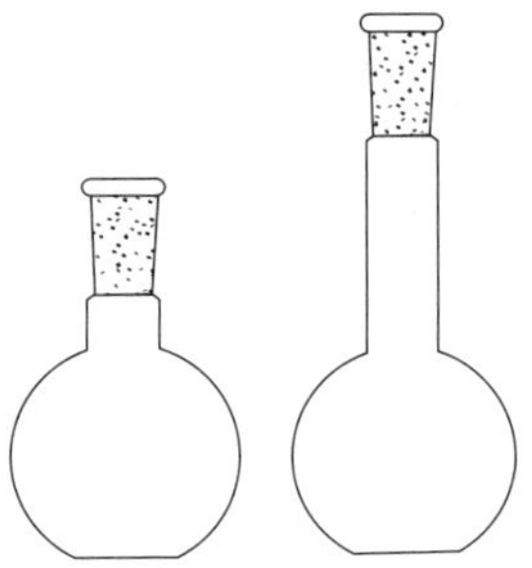 标准磨口短颈和长颈平底烧瓶	容量(mL):25,50,100,250,500,1000; 磨口号:14,19,24	用于沸点物质的蒸馏提纯。 【注意】盛放液体的量一般不能超过烧瓶容量的 2/3
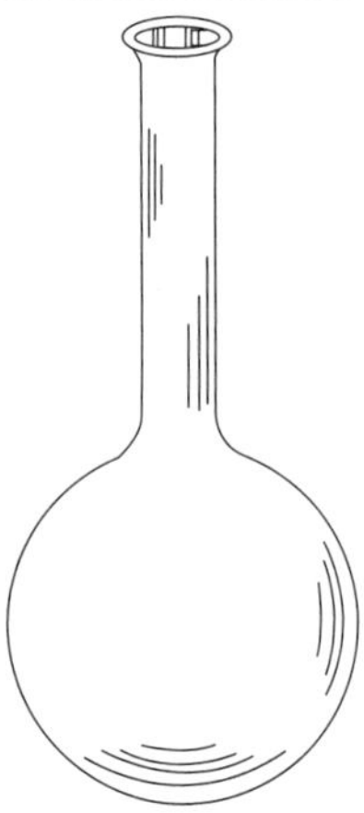 长颈圆底烧瓶	容量(mL):50,100,250,500,1000,2000,3000,4000,5000,6000,10000,20000	用于物质的加热、煮沸、提纯、蒸馏等操作,使用时须放在水浴、油浴或沙浴上加热。 【注意】盛放液体的量一般不能超过烧瓶容量的 2/3
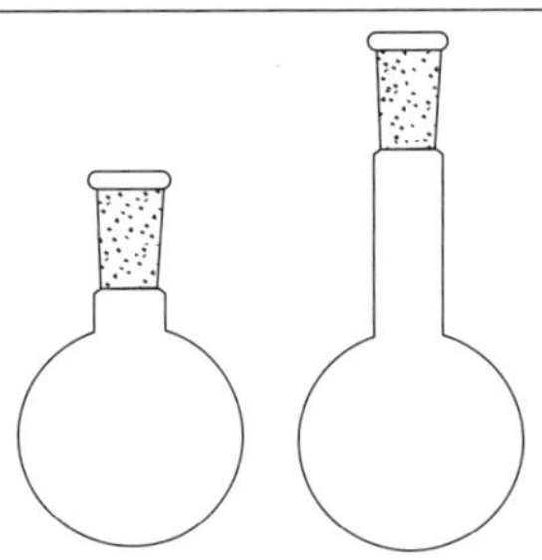 标准磨口短颈和长颈圆底烧瓶	容量(mL):5,10,25,50,100,150,250,500,1000,2000,3000; 磨口号:10,14,19,24,29	用于有机化合物或高沸点物质的蒸馏提纯。可与蒸馏头、分馏头和冷凝器等组成蒸馏装置或减压蒸馏装置 【注意】盛放液体的量一般不能超过烧瓶容量的 2/3

续表

瓶类		
图示及名称	规格	用途
 标准磨口梨形烧瓶	容量(mL):10,25,50,100; 磨口号:10,14,19	用于有机化合物及高沸点物质的蒸馏提纯。其底部呈尖形,适合少量物质存留
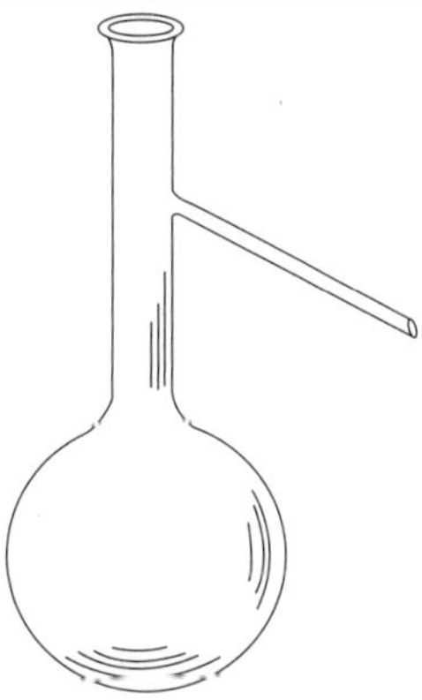 蒸馏烧瓶	容量(mL):50,100,250,500,1000,2000,3000,5000; 支管长度(mm):80,100,125,150,180,225,250,290	适用于常压情况下,对一般低沸点(30~150℃)、不易分解的液体混合物的蒸馏提纯。 【注意】瓶内液体最多不应超过球体体积的2/3,最少不应少于1/3
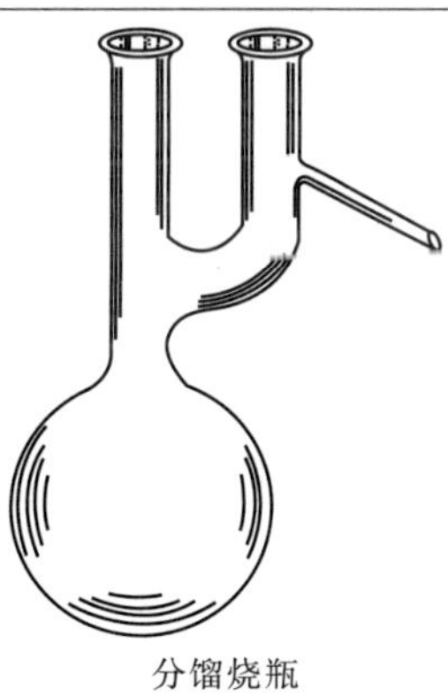 分馏烧瓶	容量(mL):50,100,250,500,1000,2000,3000,5000; 支管长度(mm):80,100,125,150,180,225,250,290	适用于一些有机化合物的分馏或减压蒸馏。对于加热时易起泡沫、暴沸的液体,或高沸点的有机化合物,在常压下受热易分解的物质的分离,可使用分馏烧瓶与其他仪器配套进行减压蒸馏
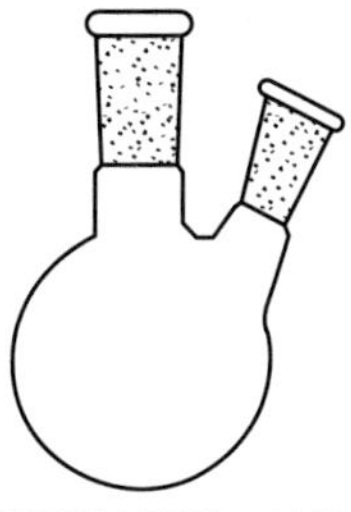 标准磨口斜形二口烧瓶	容量(mL):100,250,500,1000,2000; 磨口号:19/14,24/14,29/14,24/19,29/19	用于组装蒸馏提纯装置。可以在中口安装搅拌器,支口安装冷凝管或(恒压)滴液漏斗,组成合成反应装置

续表

瓶类		
图示及名称	规格	用途
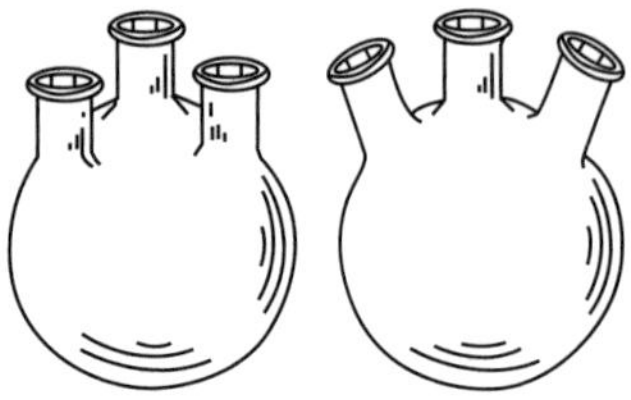 三口烧瓶	容量（mL）：100，250，500，1000	适用于物质合成反应，或进行较复杂的煮沸、分馏、提纯操作。常与温度计、冷凝管、搅拌棒或（恒压）滴液漏斗等仪器配套组装成分馏装置、蒸馏装置或回流装置
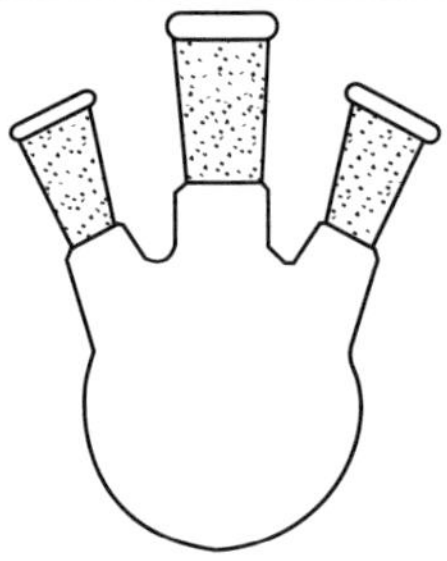 标准磨口斜形三口烧瓶	容量（mL）：100，250，500，1000，2000，3000，5000； 磨口号：14/19/14，14/24/14，14/29/14，19/19/19，19/29/19，19/29/19，24/24/24，24/29/24	用于组成蒸馏或合成反应装置。中口安装蒸馏柱、搅拌器、套管等，支口可分别安装导气管、温度计套管、冷凝管或（恒压）滴液漏斗等
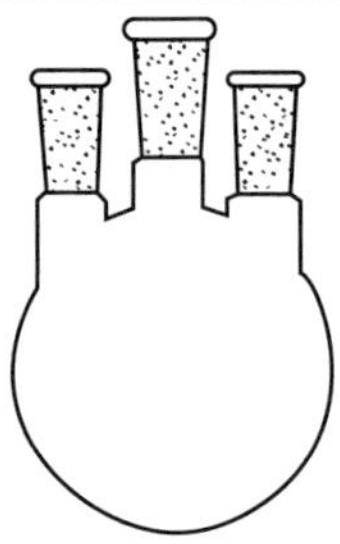 标准磨口直形三口烧瓶	同上	同上
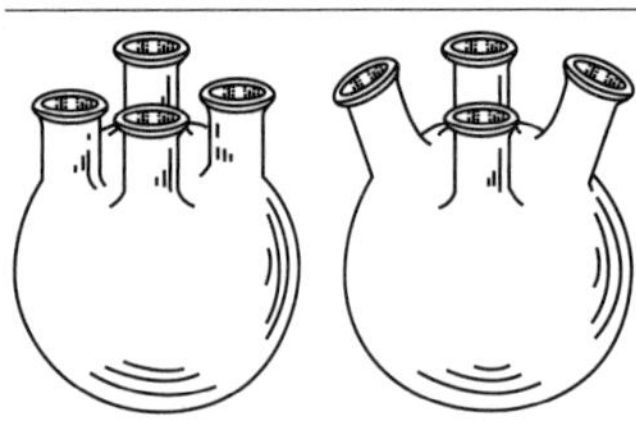 四口烧瓶	容量（mL）：250，500，1000，3000，5000	适用于物质合成反应，或进行较复杂的煮沸、分馏、提纯操作。 一般情况下中口安装搅拌棒，一个边口安装（恒压）滴液漏斗，一个边口安装分馏管、冷凝管，一个边口安装温度计
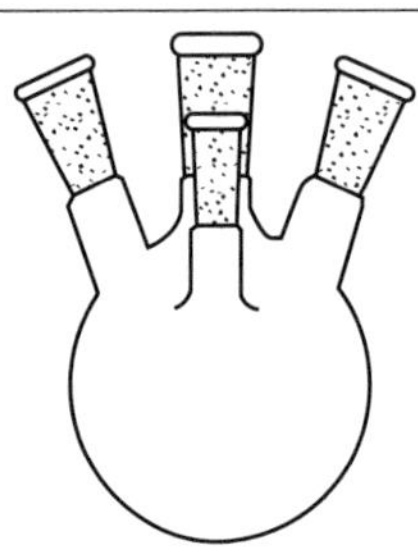 标准磨口四口烧瓶	容量（mL）：250，500，1000，3000，5000； 磨口号：24/19/19/14，24/19/19/19，24/24/19/14，29/24/19/14	同上

续表

瓶类		
图示及名称	规格	用途
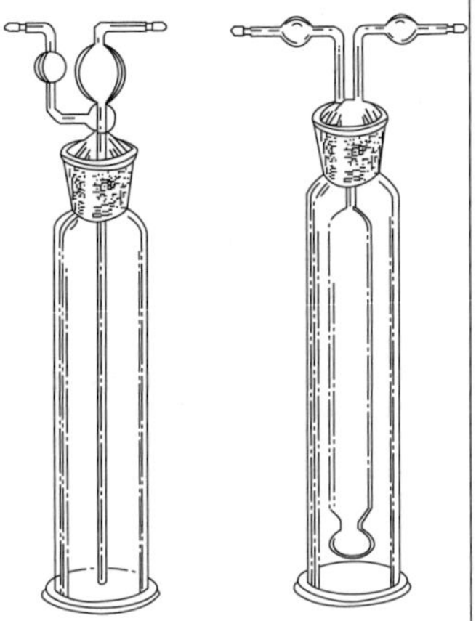 洗气瓶	容量(mL):250,500,1000	用于分析实验时对气体的洗涤、干燥或去除气体中的杂质。 将所需用的气体洗涤液(如焦性没食子酸、硫酸、苛性碱等溶液)放入瓶体内,将瓶塞与瓶体套合,再与其分析实验的装置接通。由进气管通入气体至瓶内,喷出的细小气泡经过瓶内洗涤液洗涤后,由另一支管放出
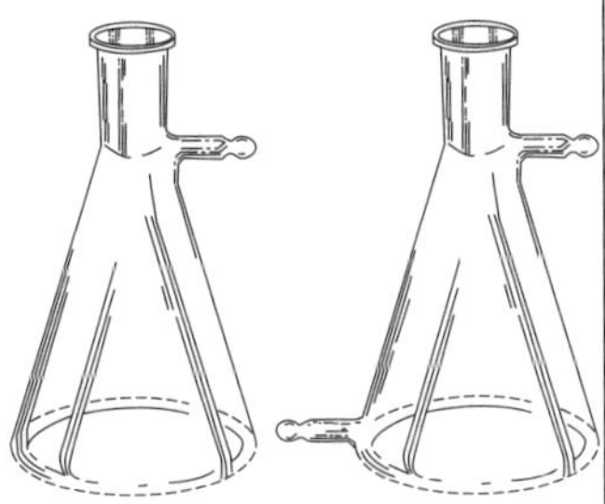 过滤瓶	容量(mL):250,500,1000,2500,5000	属于厚壁容器,能耐负压。用于对液体进行减压过滤操作。 瓶颈下端的支管用来连接抽气泵。 【注意】不可加热
 称量瓶	瓶高度(mm):高型(40,50,60,70),低型(25,30,35); 瓶直径(mm):高型(25,30,35),低型(40,50,60,70)	是易挥发、易潮解、易腐蚀固体物质的称量工具。也用作重量法测定固体物水分含量的分析用具。 使用前先将称量瓶洗净,在干燥箱中于105℃干燥,然后移入干燥器内冷却备用

2. 常见量器类玻璃容器

化学实验室常见量器类玻璃容器分为量出式和量入式量器,见表 1-2。

表 1-2 化学实验室常见量器类玻璃容器

量出式(Ex)量器		
图示及名称	规格	用途
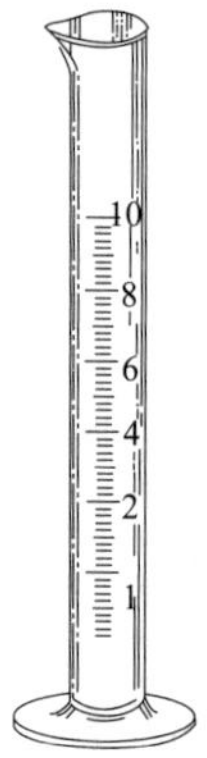 量筒	标称容量(mL)/最小分度(mL):5/0.1,10/0.2,25/0.5,50/1.0,100/1.0,250/2.0,500/5.0,1000/10,2000/20	量出式(Ex)量筒的容量是指在 20℃时,将水注入量筒某一分度线,然后倒出并等待 30 s 后所排出的体积即为该分度线的容量。 用于量取各种不同体积的液体。 实验室中所用的量筒的质量和有关技术指标必须符合 GB/T 12804 的要求。 【注意】不能加热,不能在烘箱中干燥,也不能量取热的液体,不能在其中配制溶液
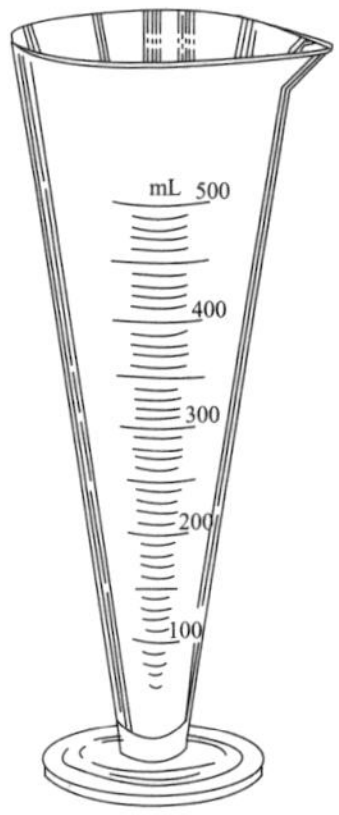 量杯	容量(mL):5,10,25,50,100,250,500,1000,2000	用于对液体的粗略计量。 实验室中所用的量杯必须符合 GB/T 12803 的要求
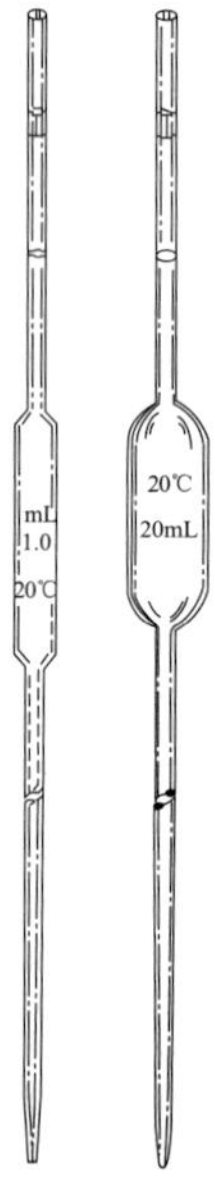 单标线吸量管(移液管)	标称容量(mL):1,2,5,10,15,20,25,50,100	单标线吸量管由吸管、贮液泡和流液管组成。 用作一次性移取一定体积的液体的量具。 对于完全流出式刻度吸管,使用时让液体自最高标线流至口端不流时,等待 15 s,即为吸管的标称容量。 单标线吸量管应符合 GB/T 12808 的要求。 【注意】不能加热

续表

量出式(Ex)量器		
图示及名称	**规格**	**用途**
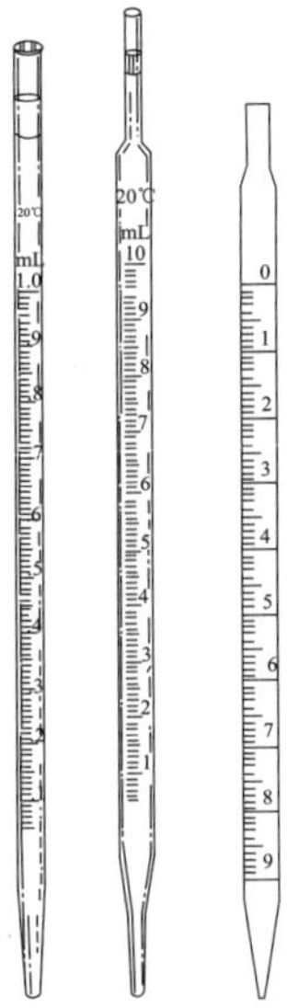 分度吸量管	标称容量(mL):0.1,0.2,0.25,0.5,1,2,5,10,25,50	**不完全流出式**:零点在上端,在测量溶液体积时任一分度线相应的容量定义为:20℃时,从零刻度线排放至该分度线所流出的20℃水的体积(mL)。 **完全流出式**:有零点在上端和零点在下端两种。对于零点在上的完全流出式分度吸管来说,在测量溶液体积时任一分度线相应的容量定义为:20℃时,从零刻度线流下至流液口(液面自由流下并静止)时所流出的20℃水的体积(mL);对于零点在下的完全流出式分度吸管来说,任一分度线相应的容量定义为:20℃时,从任一分度线排放至流液口静止时所流出的20℃水的体积(mL)。 分度吸量管应符合GB/T 12807的要求。 【注意】不能加热
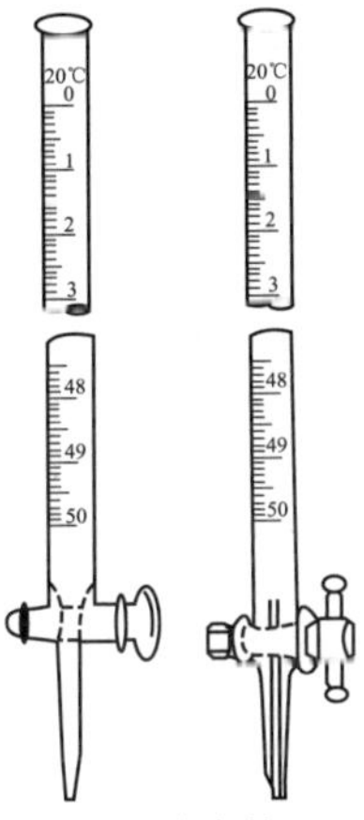 具塞滴定管	标称容量/最小分度(mL):5/0.02,10/0.05,25/0.1,50/0.1,100/0.2	具玻璃旋塞的滴定管只能盛装酸性溶液,用于滴定碱性溶液。 具聚四氟乙烯旋塞的滴定管可以装酸性溶液,也能装碱性溶液。 滴定分析中所使用的滴定管应符合GB/T 12805的要求。 【注意】不能加热。具玻璃旋塞滴定管在使用时应先在旋塞上涂一层凡十林,旋转旋塞使其均匀透明
 无塞滴定管	标称容量/最小分度(mL):10/0.05,　20/0.1,　50/0.1,100/0.2	无塞滴定管由细长玻璃管、橡胶管和流液管组成,橡胶管中有一颗小玻璃珠,用来控制液体排放。 无塞滴定管只能盛装碱性溶液,用于滴定酸性溶液,因此又称为碱式滴定管。 蓝线白背玻璃管利用其折射原理,有利于清晰地观察液面。棕色玻璃滴定管用于盛装遇光易变质的溶液

续表

<table>
<tr><th colspan="3">量出式(Ex)量器</th></tr>
<tr><th>图示及名称</th><th>规格</th><th>用途</th></tr>
<tr><td>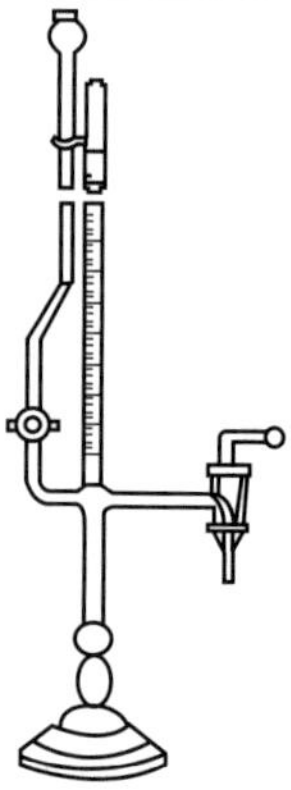
微量滴定管</td><td>标称容量/最小分度(mL):1/0.01,2/0.01,5/0.02,10/0.05</td><td>用于消耗溶液体积少,要求精度高的滴定操作</td></tr>
<tr><th colspan="3">量入式(In)量器</th></tr>
<tr><th>图示及名称</th><th>规格</th><th>用途</th></tr>
<tr><td>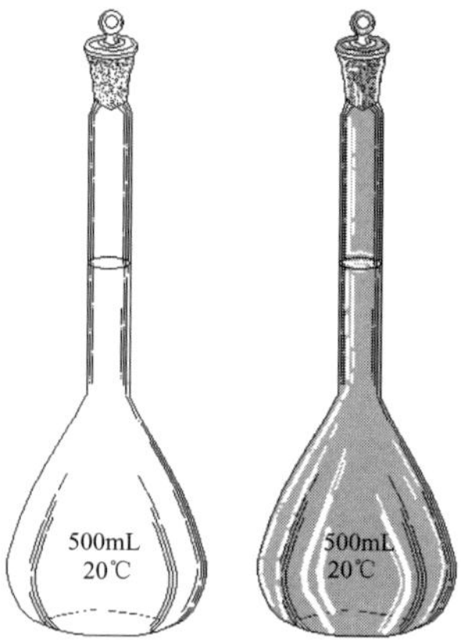

容量瓶</td><td>标称容量(mL):5,10,25,50,100,200,250,500,1000,2000</td><td>容量瓶是量入式(In)计量玻璃量器,其容量是指在20℃时,充满至容量瓶刻度线所容纳的水的体积即为容量瓶的标称体积。
容量瓶用作配制标准溶液和溶液浓度的稀释,或用于液体的精密计量。
容量瓶分为无色和棕色,棕色容量瓶用于遇光易分解的溶液稀释或配制。
滴定分析所用的容量瓶必须符合GB/T 12806的要求。
【注意】不能加热,磨口塞要原配。不能代替试剂瓶用来贮存溶液</td></tr>
<tr><td>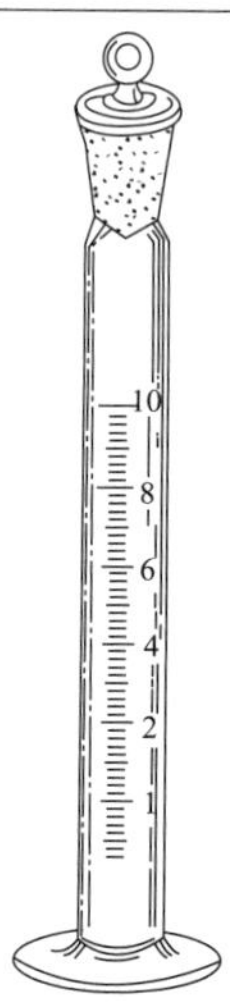

具塞量筒</td><td>标称容量(mL):10,25,50</td><td>具塞量筒为量入式(In)量筒,它的容量是指将水注入干燥的量筒内到达分度线的读数即为该分度线的容量。
主要用于易挥发液体体积的量取,或用于溶液的稀释</td></tr>
</table>

笔记

续表

量入式(In)量器		
图示及名称	规格	用途
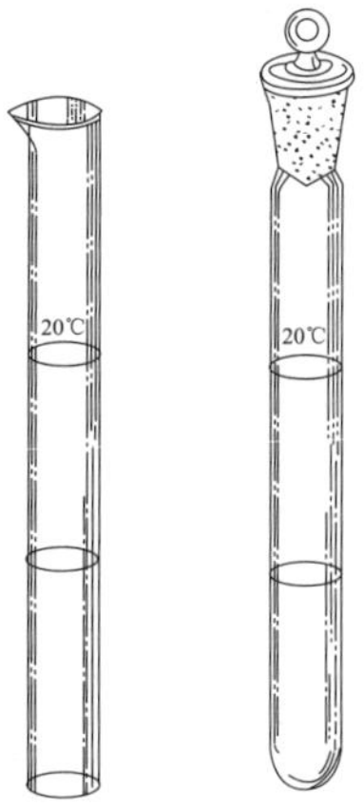 比色管	标称容量(mL):5～10,10～25,25～50,50～100	用于标准色阶对比方法中,对物质含量较低的物质进行简易快速定量分析
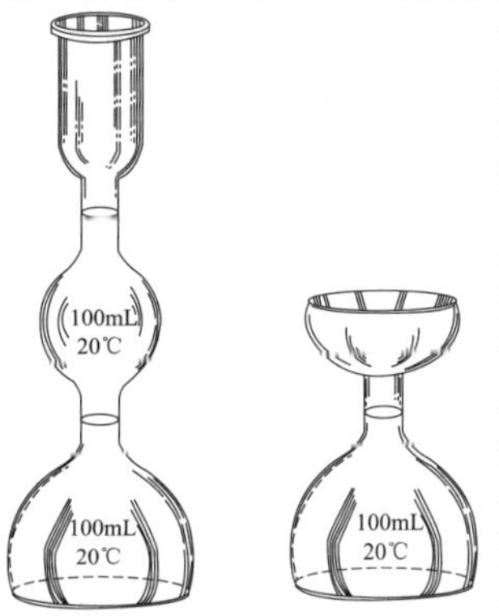 黏度计用瓶	容积(mL):100,200	适用于石油、植物油、漆料以及其他流体黏度的测定。为恩氏黏度计的配件,操作时作计量接收瓶

3. 常见其他类玻璃仪器

化学实验室常见其他类玻璃仪器见表 1-3。

表 1-3 化学实验室常见其他类玻璃仪器

图示及名称	规格	用途
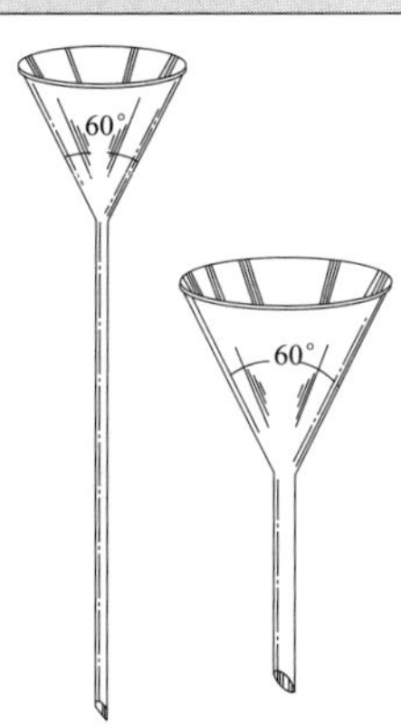 标准漏斗	长管标准漏斗 口直径(mm):50,60,75,90; 下管长(mm)150。 短管标准漏斗 口直径(mm):40,50,60,75,90,120,150; 下管长与口径相同	标准漏斗内放滤纸或脱脂棉用于过滤操作。 漏斗的锥形体为 60°角。这是为了能与正方形或圆形滤纸对折两次后成锥形,展开成 60°角的锥体相适用。 长管标准漏斗常用于定量分析,短管标准漏斗常用于一般过滤。 【注意】不能直接用火加热

续表

图示及名称	规格	用途
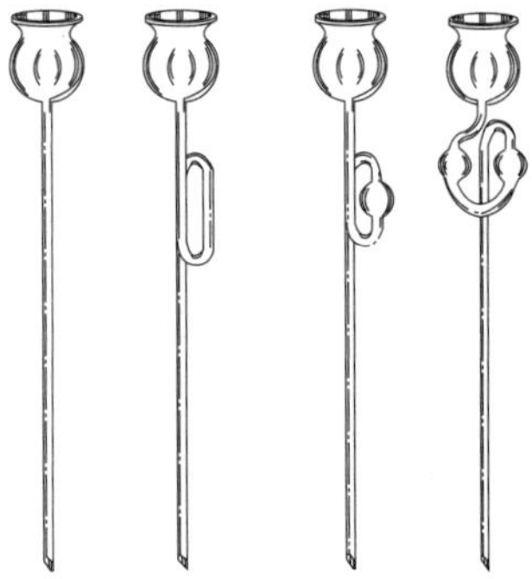 安全漏斗	口直径(mm):40; 全长(mm):350	用作制备二氧化碳、氢气等气体装置中的加液器
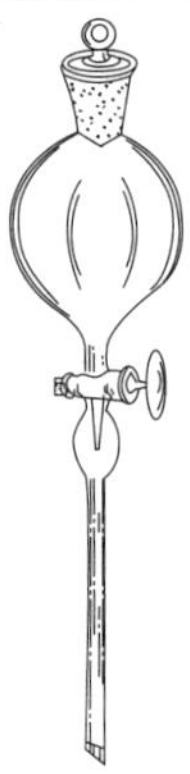 滴液漏斗	容量(mm):60,125,250,500	用于制备气体装置中逐滴计量加液,以保证反应缓慢持续地进行。 在漏斗内装入需要的试剂,插入装置内,按照需要量逐滴加入反应体系内
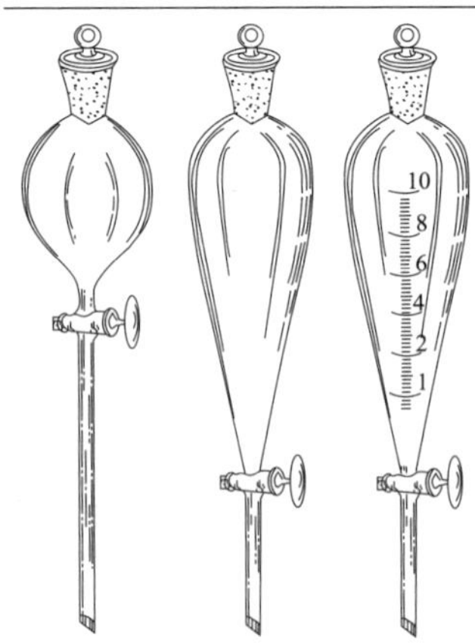 分液漏斗	容量(mL):60,125,250,500,1000	用于通过萃取操作从溶剂中提取某种成分或分离提取某种杂质。 将待分离的液体和溶剂注入漏斗内,注入液体的总体积约占漏斗标称容量的60%。 【注意】磨口塞必须原配,不能加热
 标准磨口塞分液漏斗	容量(mL):125,250,500; 标准磨口号:14,19,24; 标准塞号:14,19,24	用于从溶液中提取某种成分或分离某种杂质,或在反应操作过程中用作加液的器具

续表

图示及名称	规格	用途
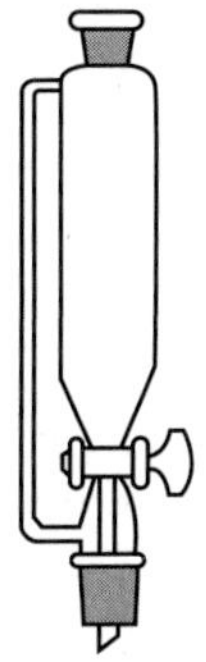 标准磨口塞恒压筒形分液漏斗	容量(mL):100,250,500; 标准磨口号:19,24; 标准塞号:19,24	用于合成反应装置中作加液的器具,也可用于从溶液中萃取分离分层的操作。 滴液时不受反应瓶内蒸气上升的影响
 布氏漏斗		用于抽滤法过滤。 【注意】滤纸的大小必须与漏斗底部吻合
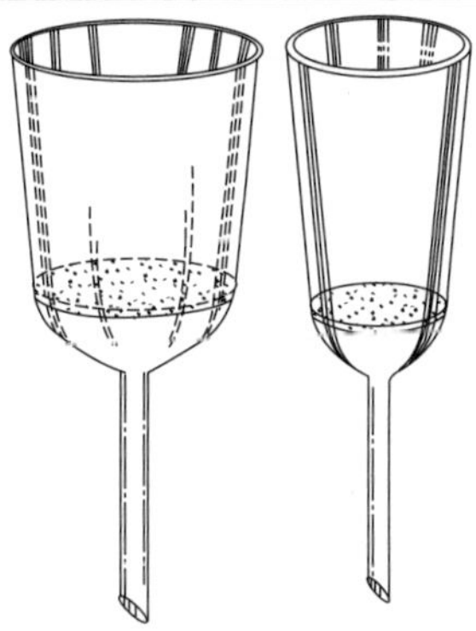 砂芯漏斗	容量(mL):35,60,100,130,250,500,1000; 砂芯号码及孔径(μm):G_1(20～30),G_2(10～15),G_3(5～9),G_4(3～4),G_5(1.5～2.5),G_6(<1.5)	不同孔径的砂芯漏斗用于滤出颗粒大小不同的沉淀物以及细菌。 使用时常把漏斗通过橡胶塞装配在过滤瓶上,过滤瓶上嘴连接抽气泵进行抽滤
 标准磨口塞砂芯漏斗	标准塞号:14,19,24	同上
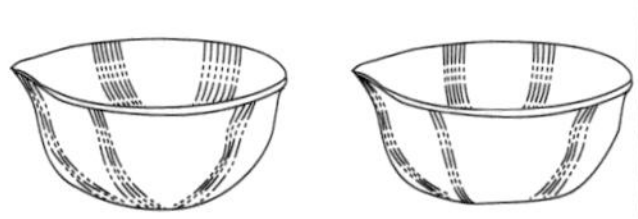 蒸发皿	皿口直径(mm):60,90; 皿底直径(mm):30,45	用于实验室对溶液的蒸发浓缩。 【注意】倒入蒸发皿中的溶液量以不超过容量的 2/3 为宜;平底蒸发皿,可直接放在石棉网上加热,但温度需掌握好,只能让液体蒸发,不可让液体沸腾溅出;在水浴上进行加热,蒸发皿的皿底不应被水浴中的水所侵入

续表

图示及名称	规格	用途
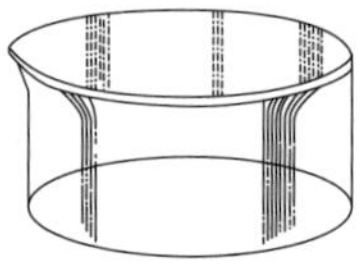 结晶皿	皿直径(mm):90,100,125,150,180; 皿高(mm):45,50,63,75,90	用于结晶实验,或对固体进行重结晶,以达到精制、提纯的目的
 表面皿	皿直径(mm):25,35,45,60,80,90,100,120,150,180	常用于实验室进行定性分析,如气室反应、观察白色沉淀、微量溶解蒸发等;还可用于盖烧杯和漏斗或存放待干燥的物质。 【注意】不可直接加热
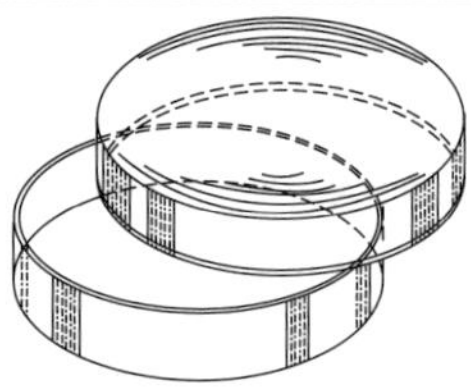 培养皿	皿底直径(mm):60,75,90,100,120,150,200; 皿底高度(mm):15,15,18,20,25,30,30	用于细菌的分离培养、抗生素效价检验和定性检验分析
 干燥器	器口内径(mm):100,150,180,210,240,300	用于保存易潮解变质的试剂,以及需要准确称量的称量瓶、需要恒重的坩埚等。 在干燥器底座按照需要放入不同的干燥剂(变色硅胶、浓硫酸或无水氯化钙等),放上瓷板,将待干燥的物质放在瓷板上。在干燥器宽边处涂一层凡士林,将盖子盖好沿水平方向摩擦几次使油脂涂匀。 【注意】在打开干燥器盖子时,一只手扶住干燥器,另一只手握紧盖子顶端将干燥器盖子沿水平方向推开
 真空干燥器	器口内径(mm):100,150,180,210,240,300	真空干燥器除具有以上用途外,还用于存放那些不能使用干燥剂进行干燥而只能用真空脱水方法使其干燥的物质。 将待干燥物质放在瓷板上或挂在真空活塞挂钩上,盖好盖子,然后打开活塞进行抽真空至真空度达到要求。 要打开真空干燥器,首先要打开真空旋塞放入空气,然后按普通干燥器方法打开
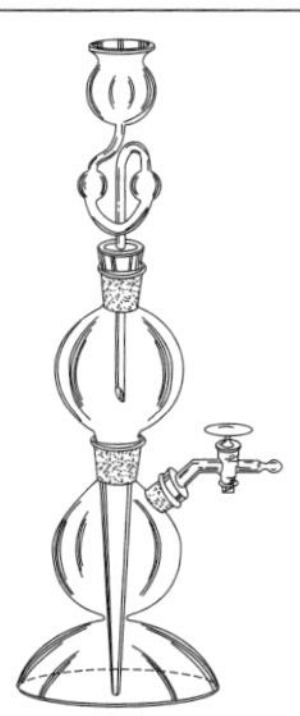 气体发生器	容量(mL):250,500,1000,2000	用于实验室制备氢气、二氧化碳、硫化氢等气体。 在中球内放入固体反应物(如锌粒、大理石等),放入量约占中球体积的一半。把球形厚玻璃漏斗由底座上口插入底座,由球形厚玻璃漏斗注入酸液,注入量能与中球固体反应物接触浸没时为止,然后固定好安全漏斗和弯形旋塞。 使用时打开弯形旋塞,酸液即进入中球与固体反应物发生化学反应,生成需要的气体。若要停止使用,关闭旋塞,产生的气体就会把酸液由中球压回到球形厚玻璃漏斗中,使酸液与固体反应物脱离接触,从而中止反应

续表

图示及名称	规格	用途
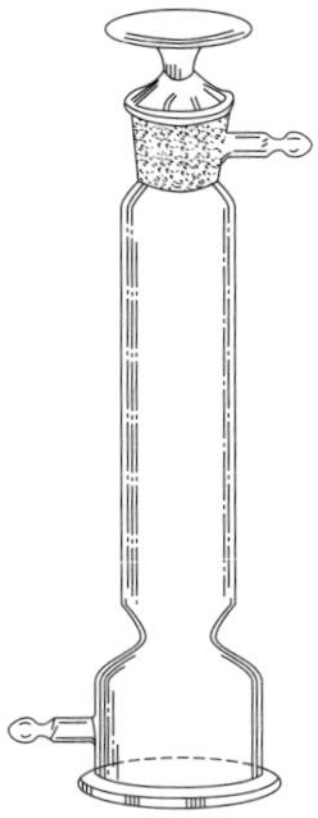 气体干燥塔	筒身高度(mm):185,230; 筒身直径(mm):50,62; 座直径(mm):80,96	适用于盛装固体吸收剂以对含水分气体进行干燥。作为气体吸收塔也可装入块状碱性吸收剂吸收酸性气体,或盛装固体块状石蜡,吸收有机气体,用于减压蒸馏,以保护真空油泵。 在塔身中放入干燥剂(无水氯化钙、变色硅胶等),再覆盖一层玻璃棉。在瓶塞上涂一层凡士林,旋转瓶口至透明,再与整套仪器安装。气体从下支管进入,通过干燥剂后由上支管排出。必要时可以将若干个干燥塔串联起来使用
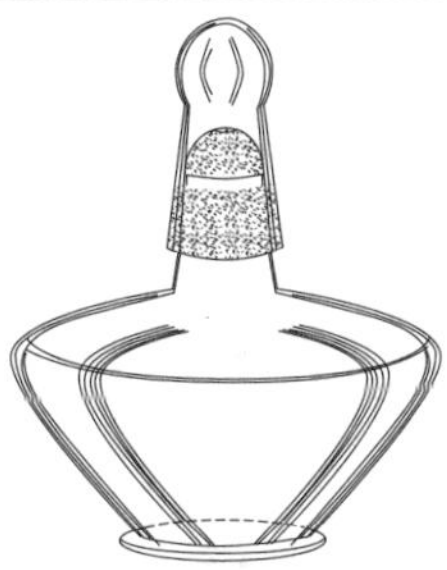 酒精灯	容量(mL):150,250	作为短暂的非高温加热器具,用于一般化学反应的加热。 将酒精由瓶口加入底座中,以不超过底座容量的 2/3 为宜。将作为灯芯的棉纱绳由瓷质灯芯管孔穿入,将其浸湿由酒精灯瓶口放入底座
 奥氏黏度计	毛细管内径(mm):0.5; 毛细管长度(mm):90; 测定球容积(mL):2.5	用于黏度不大的液体的相对黏度的测定
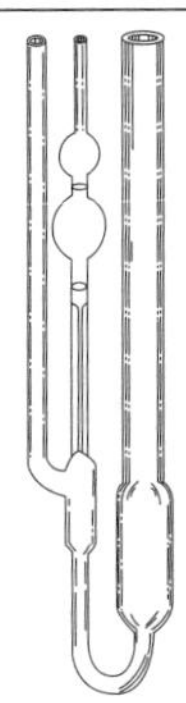 乌氏黏度计	毛细管内径(mm):0.7,0.8,0.9,1.0; 毛细管长度(mm):120; 测定球容积(mL):4	适用于各种高聚合物、石油、有机合成物及其他液体黏度测定

二、其他材质器材

其他材质器材见表 1-4。

表 1-4　其他材质的器材

图示及名称	规格	用途
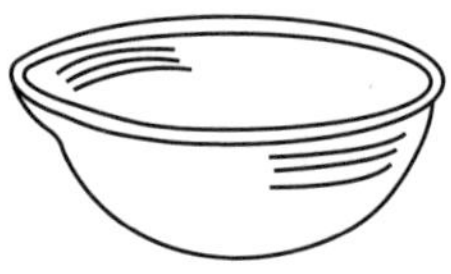 蒸发皿	容量(mL):30,60,100,200。 瓷、石英、铁等材质	用于蒸发、浓缩液体或干燥固体,也可用作反应容器。 可直接加热,液体接近蒸发完时,需要垫石棉网加热。 【注意】蒸发皿虽耐高温,但不宜骤冷。热的蒸发皿要用预热的坩埚钳取下,并将其放在石棉网上,不能直接放在实验台上
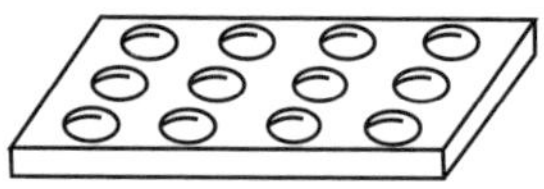 点滴板	瓷制品,有白色、黑色,九孔、十二孔	用于物质点滴反应实验操作。 【注意】使用时根据反应生成沉淀的颜色选用不同颜色的点滴板,如白色沉淀用黑色点滴板
 坩埚	容量(mL):25,30,50。 瓷、石英、铁、镍、铂等材质	用于灼烧固体物质。 【注意】放在泥三角上直接加热,灼烧完毕,用预热过的坩埚钳取下,放在石棉网上
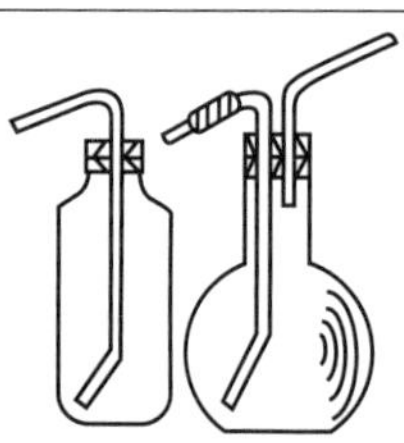 洗瓶	容量(mL):250,500。 通常为塑料材质	盛装去离子水、蒸馏水,用于洗涤
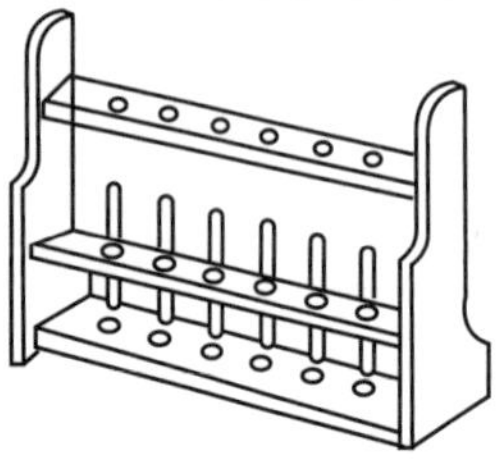 试管架	木质、塑料、铝合金制品	用于放置试管
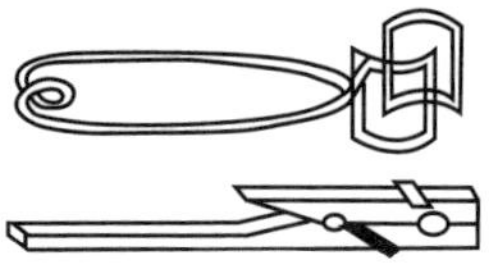 试管夹	木质、铁制品	加热试管时,用于夹持试管。 夹持试管时必须从试管底部慢慢向上移动试管夹,不应触及试管口。夹持试管在酒精灯上加热时,必须手持试管夹的长柄部分

笔记

续表

图示及名称	规格	用途
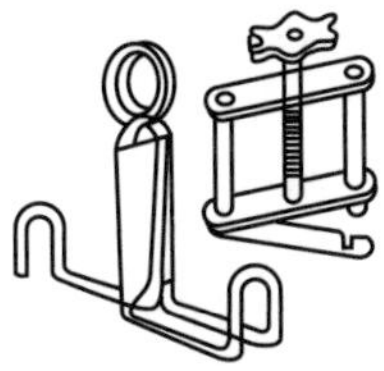 自由夹和螺旋夹	铁制品	用于打开和关闭流体通道
 毛刷	有粗细、长短之分	用于洗刷试管和其他玻璃仪器。 使用时应根据试管的大小选择合适的毛刷
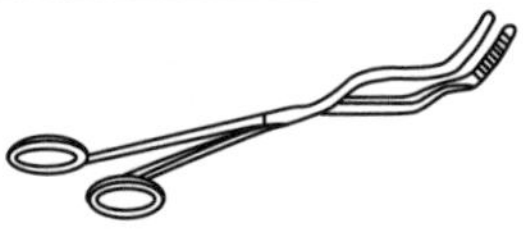 坩埚钳	铁制品，大小、长短不同	用于夹持坩埚加热或高温电炉中放、取坩埚
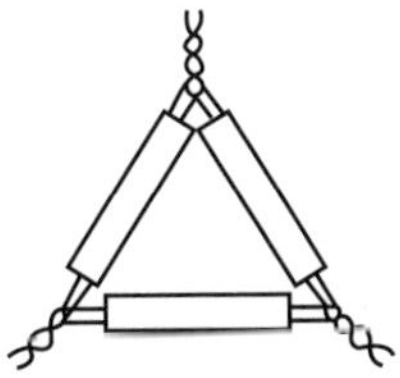 泥三角	用铁丝扭成，并套有瓷管	用于放置坩埚进行灼烧操作
 石棉网	由铁丝编成，中间涂石棉	用于使受热容器均匀受热
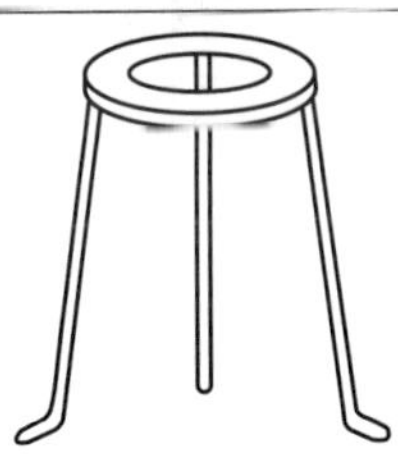 三脚架	铁制品，有大小和高低之分	用于放置较大或较重的加热容器
 水浴锅	铜或铝制品	用于水浴加热或水蒸气加热。 【注意】使用时应注意经常加水，以免烧干
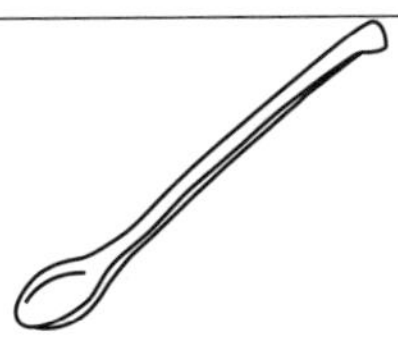 药匙	塑料、金属、牛角	用于取固体试剂。 用后需立即洗净、晾干。塑料和牛角材质的药匙不能用于取用灼热的试剂

续表

图示及名称	规格	用途
 燃烧匙	铜质、铁质	用于检验物质的可燃性，进行固体燃烧实验操作
 洗耳球	橡胶制品	用于移液管或刻度吸管移取溶液操作
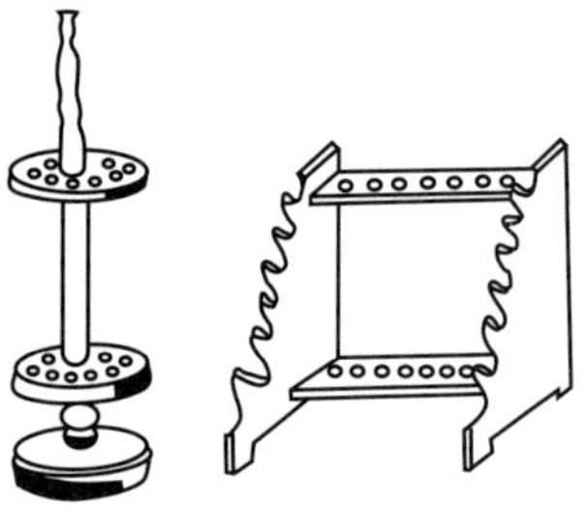 移液管架	木质、塑料	用于放置各种规格的移液管和刻度吸管
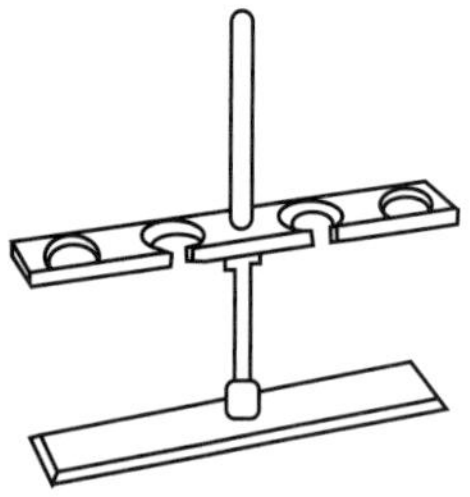 漏斗架	木质、铝合金，漏斗架有两孔、四孔	过滤时支撑漏斗
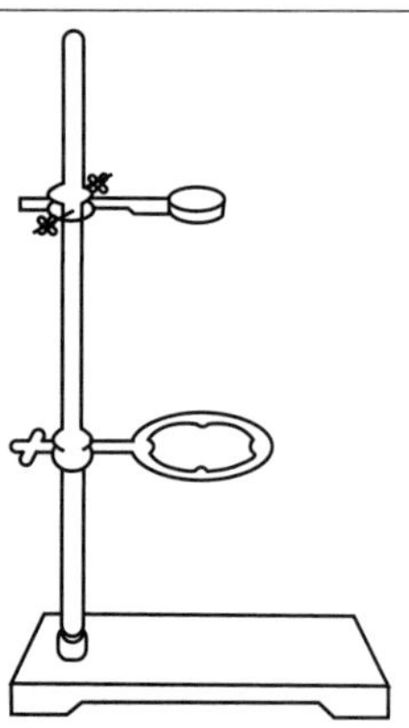 铁架台、铁圈和铁夹	铁架台为铁质，金属夹有铝质或铜质	铁夹用于固定蒸馏烧瓶、冷凝管、试管等仪器。 铁圈用于放置分液漏斗或放置反应容器

续表

图示及名称	规格	用途
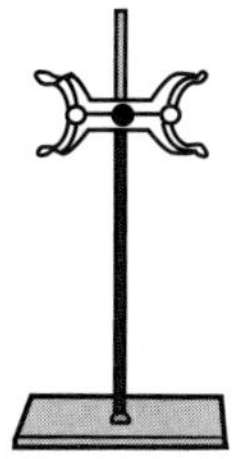 滴定台与滴定管夹	滴定台为铁质，底板上有白瓷板	用于固定滴定管进行滴定操作

专题 1-2 化学试剂基础知识

化学试剂（chemical reagent）是化学实验室进行化学实验的必需物质，是指具有一定纯度标准的各种单质和化合物。

一、化学试剂分类

实验室所用化学试剂分为固态、液态和气态。国家标准《化学试剂 分类》（GB/T 37885—2019）按照产品的用途将化学试剂分为十个大类：基础无机化学试剂、基础有机化学试剂、高纯化学试剂、标准物质/标准样品和对照品、化学分析用化学试剂、仪器分析用化学试剂、生命科学用化学试剂、同位素化学试剂、专用化学试剂、其他化学试剂。

基础无机化学试剂包括单质、合金、无机酸、碱、盐、元素的化合物及其溶液。基础有机化学试剂包括脂肪烃、芳香烃、醇及其金属化合物、酚及其盐、醚及冠醚、醛、酮和醌、羧酸及酸酐、羧酸盐、羧酸酯、无机酸酯、有机过氧化物、酰卤、胺、酰胺、季铵盐、氨羧配位剂、杂环有机化合物等。

常用的标准物质包括滴定分析用标准物质（如基准试剂邻苯二甲酸氢钾）、pH 标准物质（如 pH 基准试剂四硼酸钠）、光谱标准物质（如纯铝标准物质）、折射率标准物质（如水杨酸甲酯）、熔点标准物质（如萘）、密度标准物质（如纯水）等。

二、化学试剂的等级和规格

化学试剂通常分为四个等级，见表 1-5。

表 1-5 化学试剂的等级和规格

等级	规格	符号	标签颜色
一级品	优级纯	G. R.	绿色
二级品	分析纯	A. R.	红色
三级品	化学纯	C. P.	蓝色
四级品	实验试剂	L. R.	棕色或黄色

一级品试剂的纯度最高，适用于精密分析、痕量分析和科学研究。二级品试剂纯度较高，适用于一般定性分析、定量分析和科学研究。三级品试剂适用于化学制备实验和实验教学。四级品试剂常用作辅助试剂，或用于要求不高的化学实验。

除了上述四种规格的试剂以外，还有其他特殊规格的试剂，例如高纯物质（E. P.）、光谱纯（S. P.）试剂、色谱纯（G. C.）试剂、生化试剂（B. R.）、生物染色剂（B. S.）和特殊专用试剂等。

国际纯粹与应用化学联合会（IUPAC）将化学标准物质分为A、B、C、D、E五个等级，其中，C级、D级标准物质的主成分含量分别为（100±0.02)%和（100±0.05)%。

国家市场监督管理总局颁布了标准物质的定义。**标准物质**（reference material，RM）指“符合均匀性、稳定性要求，特性值具有可靠的计量溯源性和不确定度，满足开展计量溯源、量值传递和测量准确度评价等计量活动需要的物质。”**有证标准物质**（certified reference material，CRM）是指附有证书的标准物质，其一种或多种特性值用建立了溯源性的程序确定，使之可溯源到准确复现的表示该特性值的测量单位，证书上给出的每个特性值都附有给定置信水平的不确定度。

我国将标准物质分为一级标准物质和二级标准物质两个级别。一级标准物质是用绝对测量法或两种以上不同原理的准确可靠的方法定值（若只有一种定值方法，可采取多个实验室合作定值)。它的不确定度具有国内最高水平，均匀性良好，在不确定度范围之内，稳定性在一年以上，具有符合标准物质技术规范要求的包装形式。一级标准物质由国家市场监督管理总局批准、颁布并授权生产，其代号为“GBW”。

二级标准物质是用与一级标准物质进行比较测量的方法或一级标准物质的定值方法定值，其不确定度和均匀性未达到一级标准物质的水平，稳定性在半年以上，能满足一般测量的需要，包装形式符合标准物质技术规范的要求。二级标准物质由国家市场监督管理总局批准、颁布并授权生产，其代号为“GBW（E）”。

基准标准物质（primary reference material，PRM）是指具有最高计量特性，用基准方法确定特性量值的标准物质，简称基准物质。

化学试剂中属于基准试剂的品种不多，主要有滴定分析基准试剂和pH基准试剂。

滴定分析基准试剂常被用来直接配制标准溶液，用以标定未知溶液的浓度。滴定分析基准试剂应符合以下要求：

① 组成与其化学式相符；

② 纯度足够高；

③ 化学稳定性高；

④ 能按反应式定量进行化学反应，无副反应发生；

⑤ 具有较大的摩尔质量。

根据纯度高低和用途不同，基准试剂分为工作基准试剂和第一基准试剂。**工作基准试剂**的质量分数通常要求达到99.95%～100.05%，常见的如草酸钠、无水碳酸钠、碘酸钾、溴酸钾、硝酸银、碳酸钙、氧化锌、苯甲酸、三氧化二砷等。**第一基准试剂**的质量分数要求达到99.98%～100.02%，常见的如氯化钠、氯化钾、邻苯二甲酸氢钾、重铬酸钾、无水碳酸钠、乙二胺四乙酸二钠等。

pH 基准试剂是以 pH 基准标准物质的量值为基础，用双氢电极与液接界电池进行对比而定值的化学试剂，用于 pH 计的校准。常见的 pH 基准试剂有：邻苯二甲酸氢钾、磷酸二氢钾、磷酸氢二钠、四硼酸钠。

三、危险化学品

国家标准《化学品分类和标签规范 第 1 部分：通则》（GB 30000.1—2024）中，将化学品危险性分为物理危险性、健康危害性和环境危害性三大类。

1. 物理危险性化学品

具有物理危险性的化学品主要包括爆炸物、易燃物、自燃物、氧化性物质、自反应物和自热物、遇水放出易燃气体的物质和加压气体等。

（1）爆炸物

通过化学反应在内部产生具有一定温度、压力和速度的气体而导致对周围环境造成破坏的固体或液体物质，如硝酸铵、叠氮化钠、乙炔银、雷酸汞[$Hg(CNO)_2$]、三硝基甲苯(TNT)、硝化纤维、硝化甘油、苦味酸（三硝基苯酚）等。

氢气、乙炔、二硫化碳、乙醚蒸气等与氧气或空气混合遇火花会发生爆炸。乙醇与浓硝酸混合、高锰酸钾与甘油混合、硝酸与镁和氢碘酸混合易发生爆炸。

（2）易燃物

易燃物分为易燃气体、易燃液体、易燃固体和易燃气溶胶。

易燃气体是指一种在 20℃和标准压力 101.3kPa 时与空气混合有一定易燃范围的气体，如氢气、一氧化碳、甲烷、乙炔等。另外，有些物质遇水后能放出易燃气体，如钾、钠、碳化钙等。

易燃液体是指闪点不超过 93℃的液体，如丙酮、乙醚、环氧乙烷、汽油、甲醇、乙醇、甲苯、二甲苯等。

易燃固体是指易于燃烧或通过摩擦可能引起燃烧或助燃的固体，如红磷、硫黄、镁粉、铝粉、消化纤维、樟脑等。

易燃气溶胶主要指含有易燃组分的喷雾剂。

（3）自燃物

自燃物分为自燃气体、自燃液体和自燃固体。

自燃气体是指在温度 54℃或更低的情况下，在空气中有可能自燃的易燃气体，如硅烷（SiH_4）、磷化氢（PH_3）、乙硼烷（B_2H_6）等。

自燃液体是指即使量小也能在与空气接触后 5min 之内自燃的液体，如三氯硅烷、丁基锂、三乙基铝以及白磷溶于二硫化碳或苯的溶液。

自燃固体是指即使量小也能在与空气接触后 5min 之内自燃的固体，如白磷、铝粉、硝化棉等。

（4）氧化性物质

氧化性物质分为氧化性气体、氧化性液体、氧化性固体和有机过氧化物。

氧化性气体是指通常以提供氧或夺取其他物质中的电子的方式比空气更能导致或有助于其他物质燃烧的气体，如氧气、氯气、臭氧、二氧化氮、一氧化二氮、过氧化氢蒸气等。

氧化性液体是指本身未必可燃，通常会释放出氧气或通过其他方式强烈氧化其他物质的液体，如浓硝酸、浓硫酸、过氧化氢、高氯酸、次氯酸钠溶液、发烟硫酸等。

氧化性固体是指本身未必可燃，通常会释放出氧气或通过电子转移强烈氧化其他物质的固体，如高锰酸钾、氯酸钾、重铬酸钾、过硫酸盐、硝酸盐、过氧化钠等。

有机过氧化物是指含有过氧键（—O—O—）的有机化合物，具有强氧化性和不稳定性，受热、摩擦或撞击时易分解，甚至引发爆炸，如过氧化苯甲酰、过氧化二异丙苯、过氧化甲乙酮等。

（5）自反应物和自热物

自反应物指即使没有氧（空气）的参与，也易于发生强烈的放热分解反应的热不稳定液态或固态物质，如叠氮化钠、乙炔银、过氧化苯甲酰、偶氮二甲酰胺、硝化纤维等。

自热物指除自燃物质以外通过与空气发生反应，无需外来能量即可自行发热的固态或液态物质，如铁粉、铝粉、硫化钠、连二亚硫酸钠等。这类物质或混合物不同于自燃液体或固体，自热物只有在大量（数千克）存在并经过较长一段时间（数小时或数天）后才会燃烧。

2. 健康危害性化学品

对人体健康具有危害性的化学品可分为急性毒性物、皮肤腐蚀和刺激物、严重眼部损伤和刺激物、呼吸道或皮肤致敏物、吸入危害物、致癌物、生殖毒性物等。

（1）急性毒性物

急性毒性指经口、皮肤一次接触或 24h 内多次接触，或吸入接触化学物 4h 后短期内出现的毒性效应。急性毒性物主要是指那些剧毒化合物，如氰化物、三氧化二砷（砒霜）、氯化汞、甲基汞、对硫磷、甲胺磷、二噁英等。

（2）皮肤腐蚀和刺激物

皮肤腐蚀性指接触化学品 4h 以上引起的由表皮至真皮的坏死性损伤，具有不可逆性。皮肤腐蚀性化学品主要包括浓硫酸、浓硝酸、氢氟酸（≥5%）、氢氧化钠、氢氧化钾、溴、苯酚等。

皮肤刺激性指接触化学品 4h 以上出现的可逆性皮肤损伤，如红肿、脱皮。这类化学品主要包括次氯酸钠溶液、丙酮、二甲苯、甲醛（≥10%）等。

（3）严重眼部损伤和刺激物

严重眼部损伤指眼睛前部表面接触化学品后引起的眼部组织损伤或严重的视力减退，在接触后 21d 内不完全可逆。这类化学品主要包括浓硫酸、硝酸（≥30%）、氢氟酸（≥5%）、氢氧化钠溶液（≥1%）、氨水（≥5%）、溴、苯酚等。

眼刺激症状指眼睛前部表面接触化学品后引起的眼部炎症、流泪，在接触后 21d 内具有可逆性。这类化学品主要包括次氯酸钠溶液、丙酮、甲醇、甲醛（≥10%）等。

（4）呼吸道或皮肤致敏物

呼吸道致敏物指通过吸入后引起呼吸道过敏反应的物质，如甲苯二异氰酸酯、邻苯二甲酸酐、铂盐、镍粉等。

皮肤致敏物指接触皮肤后可引起过敏反应的物质，如镍、甲醛、戊二醛、2-巯基苯并噻唑、对苯二胺等。

（5）吸入危害物

吸入危害物指通过呼吸道进入人体后，可能引起急性中毒、慢性疾病或器官损伤的气体、蒸气、粉尘或烟雾。

高浓度下迅速引发窒息、肺水肿或全身中毒的急性吸入毒性物质主要有一氧化碳、氰化氢、硫化氢、氯气、氨气、光气（$COCl_2$）等。长期低浓度接触导致癌症、尘肺或器官衰竭的慢性吸入危害物主要包括二氧化硅粉尘、石棉纤维、煤尘、碳纳米管、苯、甲醛、多环芳烃、汞蒸气等。

（6）致癌物

致癌物指可诱发癌症或增加癌症发病率的化学物质。

根据国际权威机构的分类，已经明确的致癌物主要包括某些联苯胺及其衍生物、芳胺及其衍生物、*N*-亚硝基化合物、烷基化试剂等，以及苯并[*a*]芘、二噁英、苯、石棉、甲醛、六价铬等。

（7）生殖毒性物

生殖毒性物是指可能干扰人类生殖系统的化学物质。具有危害生育能力（如损害生殖功能）的化学品主要有铅及其化合物、二硫化碳、邻苯二甲酸酯等。具有危害胎儿发育（如畸形、流产）作用的化学品主要有甲基汞、多氯联苯等。具有危害哺乳期婴儿的化学品有多溴联苯醚、全氟化合物等。

另外，有充分证据表明对人类生殖细胞具有致突变性的化学物质有环氧乙烷、苯、环磷酰胺、苯丁酸氮芥，以及放射性物质。

3. 环境危害性化学品

环境危害性化学品指对生态环境（包括大气、水体、土壤、生物等）或人类健康造成直接或间接危害的化学物质。按照危害的类型将其分为有毒性危害的化学品、有生态危害的化学品、有腐蚀性和刺激性的化学品、易挥发和扩散性危害的化学品、有持久性和生物累积性的化学品、导致富营养化或酸化的化学品。

（1）有毒性危害的化学品

有毒性危害的化学品通过接触、吸入或食物链累积，对生物（包括人类）产生急性或慢性毒性，损害器官功能，导致疾病甚至死亡。这类化学品包括重金属类（汞、镉、铅、铬）、农药类（敌敌畏、乐果、氯氰菊酯）、氰化物、工业有机污染物（多环芳烃、多氯联苯、卤代烃）等。

（2）有生态危害的化学品

有生态危害的化学品主要危害生态系统平衡，影响动植物的生长、繁殖和生存。这类化学品包括内分泌干扰物（双酚 A、壬基酚、邻苯二甲酸酯）、除草剂（草甘膦、阿特拉津）。

（3）有腐蚀性和刺激性的化学品

有腐蚀性和刺激性的化学品直接破坏土壤、水体的理化性质，或对生物组织造成损害。这类化学品包括强酸、强碱、氯气、氨气等。

（4）易挥发和扩散性危害的化学品

易挥发和扩散性危害的化学品通过挥发和扩散进入大气，通过光化学反应破坏平流层臭氧（O_3），或随水流、土壤渗透扩散，危害水体和土壤。

破坏臭氧层的化学品包括全卤代氟氯烃（CFCs）、含氢氟氯烃（HCFCs）、哈龙（Halons）、四氯化碳、甲基氯仿等。

（5）有持久性和生物累积性的化学品

这类化学品难以降解，长期残留于环境中，并通过食物链逐级富集，如多氯联苯（PCBs）、二噁英。

（6）导致富营养化或酸化的化学品

这类化学品间接破坏生态系统平衡，引发连锁环境问题。进入水体并导致富营养化的化学品主要是氮和磷的化合物，如硝酸盐、磷酸盐。进入大气形成酸雨的物质主要是二氧化硫和氮氧化物。

四、常用气体钢瓶的标志

实验室使用大量气体时，常采用商品供应的气体。灌装气体的钢瓶通常由无缝碳素钢或合金钢制成。气体压缩储存在专用的气体钢瓶中，最大压力为 1.5×10^6 Pa（约 15 个大气压）。各种气体钢瓶的瓶体上有《气瓶颜色标志》（GB/T 7144）规定的标志，详见表 1-6。

表 1-6　实验室常用气体瓶标志

充装气体	化学式(或符号)	瓶体颜色	字样	字色
空气	Air	黑	空气	白
氩气	Ar	银灰	氩	深绿
甲烷	CH_4	棕	甲烷	白
乙炔	C_2H_2	白	乙炔 不可近火	大红
乙烯	C_2H_4	棕	液化乙烯	淡黄
乙烷	C_2H_6	棕	液化乙烷	白
氯气	Cl_2	深绿	液氯	白
二氧化碳	CO_2	银白	液化二氧化碳	黑
氟	F_2	白	氟	黑
氢气	H_2	淡绿	氢	大红
溴化氢	HBr	银灰	液化溴化氢	黑
氯化氢	HCl	银灰	液化氯化氢	黑
氟化氢	HF	银灰	液化氟化氢	黑
氦	He	银灰	氦	深绿
硫化氢	H_2S	白	液化硫化氢	大红
氮气	N_2	黑	氮	白
氨	NH_3	淡黄	液氨	黑
一氧化氮	NO	白	一氧化氮	黑
二氧化氮	NO_2	白	液化二氧化氮	黑
氧气	O_2	淡蓝	氧	黑
二氧化硫	SO_2	银灰	液化二氧化硫	黑
液化石油气(民用)		银灰	液化石油气	大红

五、 CAS 登记号

CAS 登记号也称为 CAS 编号，是由化学文摘社（Chemical Abstracts Service，简称 CAS）为出现在文献中的每一种化学物质分配的唯一数字标识符。

CAS 编号通常由连字符分隔成三部分，第一部分由 2 到 7 位数字组成，第二部分由 2 位数字组成，第三部分是一位数字的校验码。例如，乙醇的 CAS 编号为 64-17-5，碳酸钠的 CAS 编号为 497-19-8，水的 CAS 编号为 7732-18-5，双十一烷基胺的 CAS 编号为 16165-33-6，邻三氟甲氧基苯乙腈的 CAS 编号为 137218-25-8，4-氯-3-甲基-1H-吡唑的 CAS 编号为 1092682-87-5。校验数字是由第一、第二部分的数字计算得出的数值取个位上的数字，即第二部分最后一位数字×1＋前一位数字×2＋第一部分最后一位数字×3＋前一位数字×4＋前一位数字×5＋……，依次类推。例如，碳酸钠的 CAS 编号第一、第二部分数值为 497-19，9×1＋1×2＋7×3＋9×4＋4×5＝88，因此碳酸钠的 CAS 编号的第三部分验证数字为 8。

虽然化合物通常有不同的描述方式，如通用名、系统名、俗名、商品名、分子式和化学结构式等，但是 CAS 编号只有一个。这样就可以避免同一种化学物质因有多种名称在使用过程中造成的不便或混乱。

CAS 化学品登记系统于 1965 年推出，目前识别出超过 1.64 亿种独特的有机和无机化合物、矿物、同位素、合金，以及 6800 万个蛋白质和 DNA 序列。据美国化学学会称，这是世界上最大的化学物质数据库。

专题 1-3　化学实验常用的试纸和滤纸

一、试纸

化学实验室常见的试纸有石蕊试纸、酚酞试纸、pH 试纸、醋酸铅试纸、碘化钾-淀粉试纸、品红试纸等。

1. 石蕊试纸

石蕊试纸有红色和蓝色两种，主要用于检验溶液的酸碱性和某些气体。通常情况下，酸性溶液（$pH<5$）能使蓝色石蕊试纸变红，碱性溶液（$pH>8$）能使红色石蕊试纸变蓝。若气体能使湿润的蓝色石蕊试纸变红，则说明该气体溶于水生成酸性物质；若气体能使湿润的红色石蕊试纸变蓝，则说明该气体溶于水生成碱性物质。

2. 酚酞试纸

酚酞试纸是将滤纸条浸入酚酞溶液后，在无氨蒸气环境中晾干制成的。酚酞试纸常用于气室法检验 NH_4^+，若溶液中含有 NH_4^+，气室法生成的 NH_3 能使湿润的酚酞试纸变红。

3. pH 试纸

pH 试纸分为广泛 pH 试纸和精密 pH 试纸。广泛 pH 试纸变色范围的 pH 值为 1～14，其精度为 1 个 pH 单位，用来检验溶液的酸碱性，也可以粗略地测定溶液的

pH 值。使用时用镊子撕下一小条 pH 试纸，将其放在干燥清洁的点滴板或表面皿上，用玻璃棒蘸取少量溶液滴在试纸上，观察试纸颜色的变化，并与标准色板对照，与标准色板颜色相同所对应的 pH 值即为待测溶液的 pH 值。

精密 pH 试纸可以比较精确地测定溶液的 pH 值。精密 pH 试纸的变色范围有多种：pH 为 0.5～5.0、pH 为 1.4～3.0、pH 为 3.8～5.4、pH 为 5.4～7.0、pH 为 5.5～9.0、pH 为 6.4～8.0、pH 为 1.4～3.0、pH 为 8.2～10.0、pH 为 9.5～13.0 等。使用前通常先用广泛 pH 试纸测出溶液的大概 pH 值，再选用合适量程的精密 pH 试纸测定其精确 pH 值。

4. 醋酸铅试纸

醋酸铅试纸是将滤纸条浸入醋酸铅溶液后晾干制成的，用于检验硫化氢气体。硫化氢气体遇到湿润的醋酸铅试纸后，因生成黑色的硫化铅沉淀而使试纸呈黑褐色。

5. 碘化钾-淀粉试纸

碘化钾-淀粉试纸是将滤纸用碘化钾-淀粉溶液浸泡后晾干制成的，常用于检验氧化性物质的存在。当较强的氧化剂遇到湿润的碘化钾-淀粉试纸时，I^- 被氧化成单质 I_2，I_2 与淀粉作用而使试纸变蓝。能氧化碘化钾的常见物质有 Cl_2、Br_2、Fe^{3+}、Cu^{2+}、H_2O_2、O_3 等。

6. 品红试纸

用来检验某些具有漂白性物质的存在。品红试纸遇到 Cl_2、SO_2 等具有漂白性物质时会褪色。

二、滤纸

国家标准《化学分析滤纸》(GB/T 1914—2017) 对滤纸产品分类、型号、技术指标及试验方法等都有具体的规定。化学分析滤纸按照用途分为定性滤纸和定量滤纸两类，按照质量等级分为优等品、一等品和合格品。

定性滤纸按照滤水速度分为三种型号，101 型（快速定性滤纸）、102 型（中速定性滤纸）和 103 型（慢速定性滤纸）。**定量滤纸**按照滤水速度也分为三种型号，201 型（快速定量滤纸）、202 型（中速定量滤纸）和 203 型（慢速定量滤纸）。**快速滤纸**（101 型和 201 型）的滤水时间小于等于 35s，盒上带蓝色标志，用于无定形沉淀过滤；**中速滤纸**（102 型和 202 型）的滤水时间大于 35s 而小于 70s，盒上带白色标志，用于粗晶形沉淀过滤；慢速滤纸（103 型和 203 型）的滤水时间大于 70s 而小于 140s，盒上带红色标志，用于细晶形沉淀过滤。

定性滤纸分为方形和圆形两种：方形滤纸的尺寸一般为 600mm×600mm、300mm×300mm；圆形滤纸的直径一般为 55mm、70mm、90mm、110mm、125mm、150mm、180mm、230mm、270mm。定量滤纸通常为圆形，其直径与定性滤纸相同。

定性滤纸和定量滤纸的主要区别是其灰分的不同。通常情况下，相同质量等级的定性滤纸的灰分比定量滤纸的灰分高很多。优等品定性滤纸的灰分小于等于 0.11%，而优等品定量滤纸的灰分小于等于 0.009%；一等品定性滤纸的灰分小于等于 0.13%，而一等品定量滤纸的灰分小于等于 0.010%；合格品定性滤纸的灰分小于等于 0.15%，而合格品定量滤纸的灰分小于等于 0.011%。

定量滤纸又称为无灰滤纸。一张直径为 125mm 的一等品定量滤纸的质量不超过 1g，灼烧后其灰分质量不超过 0.00010g。这个数值不超过万分之一分析天平的感量，因此在定量分析中可以忽略不计。

专题 1-4　化学实验室用水

一、实验室用水级别

水是实验室最常用的溶剂，不同的监测项目需用不同纯度的水。市售蒸馏水或去离子水必须经检验合格后才能使用。国家标准《分析实验室用水规格和试验方法》（GB/T 6682）将分析实验室用水分为一级、二级和三级，其质量指标见表 1-7。

表 1-7　分析实验室用水规格和质量指标

指标名称	一级水	二级水	三级水
pH 值范围(25℃)	—	—	5.0～7.5
电导率(25℃)/(μs/cm)	≤0.01	≤0.10	≤0.50
可氧化物质含量(以 O 计)/(mg/L)		≤0.08	≤0.40
吸光度(254nm,1cm 光程)	≤0.001	≤0.01	—
蒸发残渣(105℃±2℃)含量/(mg/L)	—	≤1.0	≤2.0
可溶性硅(以 SiO_2 计)/(mg/L)	≤0.01	≤0.02	—

实验室用水目视观察应为无色透明液体，其中不得有肉眼可辨的颜色及杂质。三级水用于一般化学分析实验，二级水用于无机痕量分析实验，一级水用于有严格要求的分析实验。

二、分析实验室用水的制备

1. 一级、二级和三级水的制备方法

制备分析实验室用水的原水应当是饮用水或适当纯净的水。

（1）三级水

以饮用水或适当纯净的水为原水，用蒸馏、反渗透、离子交换或电渗析等方法制备。

（2）二级水

将三级水经过再蒸馏的方法制备。

（3）一级水

将二级水经过石英蒸馏装置再蒸馏，或者用离子交换混合床处理后，再用 0.2μm 微孔滤膜过滤制得。

2. 特殊要求用水的制备方法

（1）无二氧化碳的水

将蒸馏水或去离子水在烧瓶中煮沸 10min，或使水量蒸发 10%以上加盖冷却，也

可将惰性气体（如纯氮）通入去离子水或蒸馏水中除去二氧化碳。制备的无二氧化碳的水样，需要用装有钠石灰管的胶塞塞住。

（2）无氧的水

将蒸馏水或去离子水在烧瓶中煮沸 1h，用装有玻璃导管的胶塞塞紧，导管与盛有 100g/L 的焦性没食子酸碱性溶液的洗瓶连接。

（3）无氨的水

在 1L 蒸馏水中加 0.1mL 硫酸，在全玻璃蒸馏器中蒸馏，弃去 50mL 初馏液，其余馏出液收于具塞磨口玻璃瓶中，密塞保存。也可以使蒸馏水通过强酸性阳离子交换树脂柱制备，具体方法是：取 2 份强碱性阴离子交换树脂和 1 份强酸性阳离子交换树脂，依次填充于长 500mm、内径 30mm 的交换柱中，使水以 3～5mL/min 的流速通过交换柱。

（4）无氯的水

加入亚硫酸钠等还原剂将水中的余氯还原为氯离子，用附有缓冲球的全玻璃蒸馏器进行蒸馏。

（5）无酚的水

加入氢氧化钠至水的 pH＞11，使水中的酚生成不挥发的酚钠后进行蒸馏制得；或用活性炭吸附法制取。

（6）无砷的水

通常使用的普通蒸馏水或去离子水基本不含砷，进行痕量砷测定应使用石英蒸馏器，使用聚乙烯管及贮水容器贮存不含砷的蒸馏水。不得使用软质玻璃（钠钙玻璃）容器。

（7）无铅的水

用氢型强酸性阳离子交换树脂制备不含铅的水，贮水容器应用 6mol/L 硝酸浸洗后，用无铅水充分洗净后方可使用。

（8）无有机物的水

将碱性高锰酸钾溶液加入水中再蒸馏，在蒸馏的过程中应始终保持水中高锰酸钾的紫红色不消退，否则应及时补加高锰酸钾。

3. 实验室用水的贮存

各级用水均使用专用密闭的聚乙烯容器进行贮存。新容器在使用前需要用 20% 的盐酸浸洗，再用待装水反复洗涤，然后注满水浸泡 6h 以上。

通常情况下，二级水和三级水可于聚乙烯容器中贮存一定时间，而一级水不可贮存，必须在使用前制备。水样被污染的主要原因是容器可溶成分的溶解或空气中的二氧化碳和其他杂质的进入。因此，一级水不可贮存，必须在使用前制备。二级水和三级水经适量制备后，可在预先经过处理并用同级水充分清洗过的密闭聚乙烯容器中贮存。

专题 1-5　化学实验室安全

一、实验室安全规范总则

化学实验室是进行化学知识学习和科学研究的场所，在进入实验室前必须熟悉实验室安全规则并严格遵守。

① 熟悉实验室水、电总开关的位置，知道消防器材、紧急急救箱、紧急喷淋器、洗眼装置等设备的位置和正确使用方法，熟悉实验室安全疏散通道。

② 知道实验室的主要设施及布局，熟悉主要仪器设备以及通风橱的位置、开关的位置和安全使用方法。

③ 不得穿拖鞋进入实验室，进行实验时必须穿实验服，必须将长发扎起来。

④ 禁止在实验室内吃东西、喝水、咀嚼口香糖，不允许嬉闹，不允许戴耳机。

⑤ 严禁将任何灼热物品直接放在实验台上。

⑥ 产生有刺激性气味气体及有毒有害气体的实验必须在通风橱中进行。

⑦ 取用化学试剂必须小心，在使用腐蚀性、有毒、易燃、易爆试剂之前，必须仔细阅读有关安全使用说明，并按照老师的要求进行操作。

⑧ 使用玻璃仪器必须小心操作，以免打碎、划伤自己或他人。

⑨ 一切废弃物必须放在指定的废物收集器内。

⑩ 实验后要将实验仪器清洗干净，关好水、电开关，做好清洁卫生。

⑪ 不得将任何药品带出实验室。

二、危险试剂使用规则

凡是易燃、易爆、有腐蚀性、有毒的化学试剂均属于危险试剂。在使用危险试剂时要遵循危险试剂使用规则。

① 使用氢气时，严禁烟火，点燃氢气前，必须检验氢气的纯度。进行有大量氢气产生的实验时，应把废气通向室外，并注意室内的通风。

② 使用可燃性试剂时不能用明火加热，必须用水浴、油浴、沙浴或可调电压的电热套加热。使用和处理可燃性试剂时，必须在通风和没有火源的实验室中进行，试剂用毕要立即盖紧瓶塞。

③ 钾、钠等活泼金属应保存在煤油中，白磷可保存在水中。取用它们时要用镊子。

④ 取用酸、碱等腐蚀性试剂时，应特别小心，不要洒出。浓氨水具有强烈的刺激性气味，取用时最好在通风橱中进行。在温度高的环境下取用氨水，最好先用冷水浸泡氨水瓶，使其降温后再开瓶取用。

⑤ 某些强氧化剂（如氯酸钾、硝酸钾、高锰酸钾等）或其混合物不能研磨，否则会引起爆炸。银氨溶液不能留存，因其久置后会生成氮化银而容易爆炸。

⑥ 金属汞易挥发，能通过呼吸道进入体内，取用时要特别小心。一旦将汞洒落在实验台上或地上，必须尽可能收集起来，并用硫黄粉盖在洒落汞的地方，使汞生成不挥发的硫化汞，然后再除尽。

⑦ 制备和使用具有刺激性、恶臭和有害的气体（如硫化氢、氯气、光气、一氧化碳、二氧化硫等）及加热蒸发浓盐酸、硝酸、硫酸时，应在通风橱内进行。

三、实验室防火常识

1. 火灾分类

《火灾分类》(GB/T 4968）中根据可燃物的类型和燃烧特性将火灾定义为 A、B、

C、D、E、F类六个不同的类别。A类火灾是指固体物质火灾，这类燃烧物质通常具有有机物性质，在燃烧时能产生灼热的余烬；B类火灾是指液体或可熔化的固体物质火灾；C类火灾是指气体火灾；D类火灾是指金属火灾；E类火灾是指带电物体燃烧的火灾；F类火灾是指烹饪器具内的烹饪物燃烧的火灾。

2. 实验室火灾的预防

① 当用明火加热易燃有机溶剂时，必须有蒸气冷凝装置或合适的尾气排放装置。严禁在开口容器或密闭体系中用明火加热有机溶剂。

② 废溶剂应倒入专用回收瓶内集中处理，严禁将废溶剂倒入废液桶。

③ 用过的火柴梗不得随意乱丢，应放在表面皿中，实验结束后一并投入废物缸。

④ 严禁金属钠与水接触，剩余的小颗粒钠通常用乙醇进行处理。

3. 常用灭火器材

化学实验室常见的灭火器材有沙箱（沙桶）、灭火毯、手持式灭火器等。

（1）沙箱

将干燥沙子贮于箱或桶中，灭火时将沙子撒在着火处。干沙对扑灭金属起火特别安全有效。平时经常保持沙箱干燥，切勿将火柴梗、玻璃管、纸屑等杂物随手丢入其中。

（2）灭火毯

灭火毯通常由石棉或玻璃纤维制成，使用时将其打开盖住火焰以使火熄灭。灭火毯主要用来扑灭局部小火，必须妥善安放在固定位置，不得随意挪作他用，使用后必须归还原处。

（3）手持式灭火器

手持式灭火器是指总重不大于23kg的二氧化碳灭火器以及总重不大于20kg的干粉灭火器、水基型灭火器、洁净气体灭火器等。化学实验室常用的是二氧化碳灭火器和干粉灭火器。

① 二氧化碳灭火器是指充装二氧化碳气体的一种灭火器。

二氧化碳与绝大多数物质不发生反应，具有不导电、不会产生二次污染等特点，主要适用于封闭空间内的B类火灾、部分C类火灾和E类火灾（电压6000V以下）。二氧化碳灭火器广泛用于科研实验楼、贵重仪器设备房、图书档案楼、电器设备房等场所。

② 干粉灭火器是指充装干粉灭火剂的一类灭火器。

干粉灭火剂是由灭火基料（如碳酸氢钠、磷酸二氢铵）和添加剂共同研磨制成的细小颗粒。颗粒中90%的粒径小于或等于20μm的干粉灭火剂属于超细干粉灭火剂。

干粉灭火剂按灭火性能分为BC灭火剂（普通干粉灭火剂）和ABC干粉灭火剂（多用干粉灭火剂）。BC灭火剂的基料主要有碳酸氢钠、硫酸钾、碳酸氢钾、氯化钠、氯化钾等。我国使用的BC灭火剂的第一主要成分为碳酸氢钠（含量大于75%），添加剂有疏水剂、防结块剂和流动促进剂等，如有机硅油、滑石粉、云母粉等。ABC干粉灭火剂的基料主要有磷酸铵盐、硫酸铵等。我国使用的ABC灭火剂的第一主要成分为磷酸二氢铵（含量大于75%）。

BC灭火剂适用于扑灭B类火灾、C类火灾和带电设备火灾，ABC干粉灭火剂扑灭A、B、C类火灾。干粉灭火剂不能用于扑救D类火灾，也不能用于扑救自身能够释放氧或提供氧源的化合物的火灾。另外，由于干粉灭火剂喷射后残留的干粉不易处理，因此干粉灭火剂不适用于扑救精密仪器设备和精密电器设备引起的火灾。

超细干粉灭火剂不适用于敞开式空间灭火。由于超细干粉灭火剂喷射后分散在空间中会影响能见度，并且对人的呼吸道有刺激作用，因此不适用于有人场所火灾的扑救。

4. 实验室的一般灭火方法

化学实验室一旦着火，应首先采取措施防止火势蔓延，立即熄灭附近所有火源（如酒精灯、煤气灯），切断电源，移开易燃易爆物品，并视火势大小，采取不同的扑救方法。

对于在容器（如烧杯、烧瓶、热水漏斗等）中发生的局部小火，可用石棉网、表面皿等盖灭；有机溶剂在桌面或地面上蔓延燃烧时，可撒上细沙或用灭火毯扑灭；钠、钾等金属着火，通常用干燥的细沙覆盖。钠、钾等金属着火严禁用水或水基型灭火器进行扑救，也不能用二氧化碳灭火器。

若衣服着火，一般小火可用湿抹布、灭火毯等包裹使火熄灭；若火势较大，可就近用水浇灭，必要时可就地卧倒打滚使火熄灭。

在反应过程中，若因冲料、渗漏、油浴着火等引起反应体系着火，处理不当会加重火势。有效的扑灭方法是用几层灭火毯包住着火部位，隔绝空气使其熄灭，必要时在灭火毯上撒些细沙。若仍不奏效，必须使用灭火器进行灭火。

四、实验室爆炸事故与预防

1. 化学实验室发生爆炸事故的原因

化学实验室发生爆炸事故的原因主要有以下几个方面。

① 一些活泼性物质混合后发生爆炸，或者在受热、摩擦、撞击时发生爆炸。如活泼金属钾或钠与水、锌粉或镁粉与硫黄、镁粉与硝酸银或重铬酸铵、铝粉与氧化铜或氧化铅、浓硫酸与高锰酸钾、氧化亚锡与硝酸铋、强氧化剂与一些有机物等。

② 易燃易爆气体大量逸入空气中，达到爆炸极限后，引起爆炸。如氢气、乙炔、天然气、有机蒸气等。

③ 一些本身容易爆炸的化合物，如硝酸盐类、硝酸酯类、三碘化氮、芳香族多硝基化合物、重氮盐、叠氮化物、有机过氧化物（如过氧乙醚和过氧酸）等，受热或被敲击时会爆炸。如在使用四氢呋喃或乙醚进行蒸馏时，这类试剂放久后可能产生一定量的过氧化物，若在对这些物质进行蒸馏前，未检验有无过氧化物存在，在过氧化物被浓缩达到一定程度或蒸干时易发生爆炸。

④ 使用和制备易燃、易爆气体，如氢气、乙炔等，未在通风橱内进行，或在其附近使用明火。

⑤ 搬运钢瓶时不使用钢瓶车，使气体钢瓶在地上滚动，或撞击钢瓶表头，随意调换表头使气体钢瓶减压阀失灵等。

⑥ 反应过于激烈而失去控制。

⑦ 加压或减压实验中使用不耐压的玻璃仪器。如在进行减压蒸馏时，若使用平底烧瓶或锥形瓶作为蒸馏瓶或接收瓶，因其不能承受较大的负压而发生爆炸。

2. 爆炸事故的预防

为预防爆炸事故发生，必须遵守以下几点：

① 凡是有爆炸危险的实验，必须遵守实验教材中的指导，在专门的防爆设施中进行。

② 高压实验必须在远离人群的实验室中进行。

③ 在进行高压、减压实验时，应使用防护屏或防爆面罩。

④ 绝不允许随意混合各种化学药品，如高锰酸钾和甘油。

⑤ 在点燃氢气、一氧化碳等易燃气体之前，必须先检验并确保其纯度。

⑥ 银氨溶液不能留存，某些强氧化剂（如氯酸钾、硝酸钾、高锰酸钾等）或其混合物不能研磨。

⑦ 钾、钠应保存在煤油中；而磷应保存在水中。

⑧ 一些易燃的有机溶剂，要远离明火，用后立即盖好瓶塞。

五、利器扎伤、烫伤和化学灼伤事故的预防

1. 利器扎伤

在切割玻璃管或向木塞、橡胶塞中插入温度计、玻璃管以及使用注射器等器材时容易发生割伤、扎伤。在进行化学实验过程中，要做好利器扎伤事故的预防。

① 在将玻璃管、温度计插入塞中时，塞上的孔径与玻璃管的粗细要吻合。玻璃管的锋利切口必须在火中熔光，管壁上用几滴水或甘油润湿后，轻轻旋入，切不可用猛力插入。

② 注射器针头在使用后不要丢弃在垃圾桶中，应放入利器回收桶中。

③ 处理打坏仪器的玻璃碎屑时，要用镊子夹取，不能用手直接抓取，也不能用抹布处理。

万一被利器扎伤，要先取出伤口处的玻璃碎屑等异物，用水洗净伤口，挤出一点血，涂上碘伏。若严重割伤且大量出血，应立即送医治疗。

2. 烫伤

在烧熔和加工玻璃管、加热坩埚、使用蒸发皿、进行燃烧实验时容易发生烫伤。为了预防烫伤，实验过程中需要用心、专心、细心地规范操作。烧热的玻璃管应放在石棉网上，待冷却后再使用或进行下一步操作。

万一被烫伤，应立即用大量水冲洗或浸泡伤处，以迅速降温，必要时送医治疗。

3. 化学灼伤

碱金属、溴、磷、浓酸、浓碱等化学药品和其他具有刺激性的物质溅入眼睛，会对眼睛造成灼伤；强酸强碱滴在皮肤上会造成皮肤灼伤；具有刺激性、恶臭和有毒的气体或蒸气通过呼吸道吸入可造成呼吸道灼伤。因此，在进行化学实验过程中，要做好化学灼伤事故的预防工作。

① 必须用药匙、量器取用化学药品，禁止用手直接接触任何化学药品，取用有毒试剂时要佩戴乳胶手套。

② 防止任何化学药品或者玻璃屑等异物进入眼内，必要时要佩戴护目镜（见图1-1）、护目罩（见图1-2）或护面屏（见图1-3）。

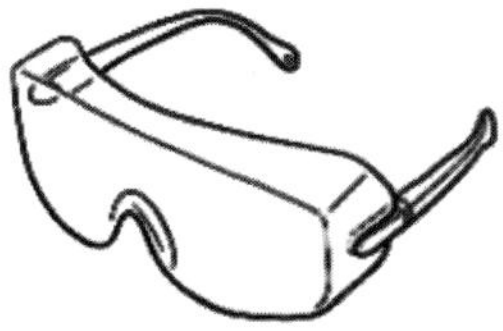

图 1-1　护目镜

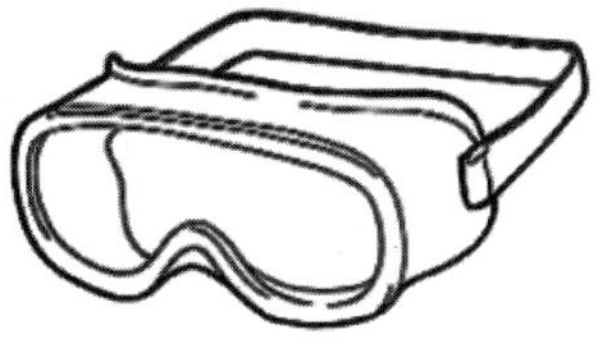

图 1-2　护目罩

图 1-3　护面屏

③ 在使用或者实验过程中产生具有刺激性、恶臭和有毒的化学物质（如 H_2S、NO_2、Cl_2、Br_2、CO、SO_2、SO_3、HCl、HF、浓硝酸、发烟硫酸、浓盐酸）时，必须在通风橱中进行。

④ 严禁在酸性介质中使用氰化物。

⑤ 进行化学实验操作必须严格规范，禁止用嘴吸方法吸取任何液体，禁止品尝任何试剂，不得用鼻子直接嗅气体。

练习题

一、判断题

1. (　　) 烧杯可以承受一定的温度，用酒精灯加热时不需要在杯底垫石棉网。
2. (　　) 棕色试剂瓶主要用于盛放见光易分解的试剂或试液。
3. (　　) 具有刻度的玻璃仪器就是量具。
4. (　　) 具塞量筒用于量取易挥发液体的体积。
5. (　　) 化学试剂按纯度分为高纯试剂、优级纯试剂、分析纯试剂、化学纯试剂。
6. (　　) 选用化学试剂时，尽量采用高纯试剂或者优级纯试剂。
7. (　　) 分析实验室用水分为一级、二级和三级三个级别。
8. (　　) 广泛 pH 试纸的变色范围为 1～14，其精度为 1 个 pH 单位。
9. (　　) 二氧化碳灭火器不适用于扑救 D 类火灾。

二、选择题

1. 下列玻璃仪器中，(　　) 是称量瓶。

A. 　B. 　C. 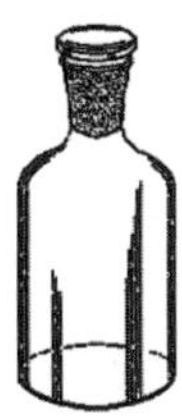　D. 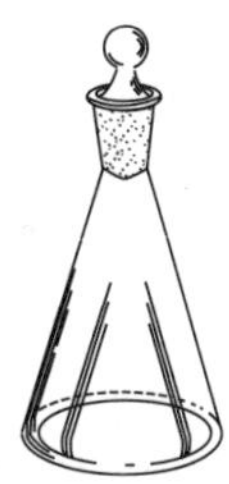

2. 下列玻璃仪器中，(　　) 是碘量瓶。

A. 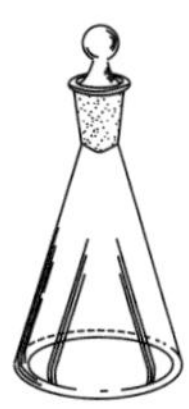　B. 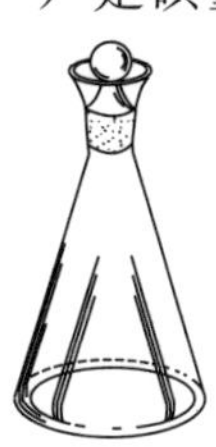　C. 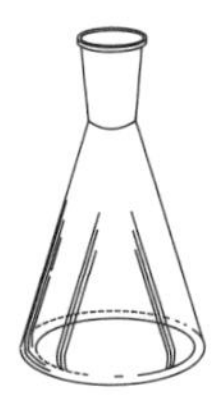　D. 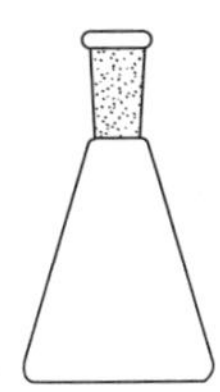

3. 下列玻璃仪器中，（　　）属于量器类玻璃仪器。

A. 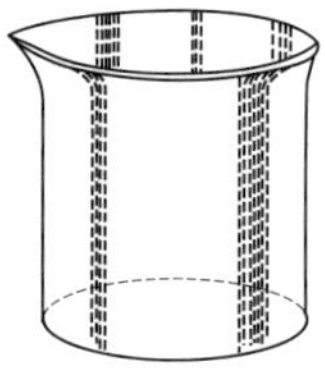
B. 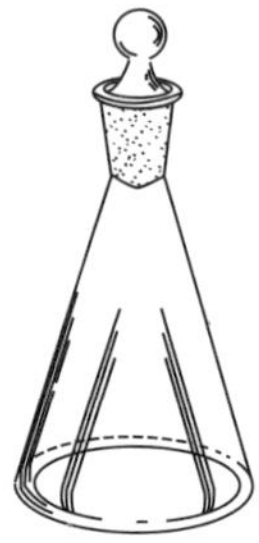
C. 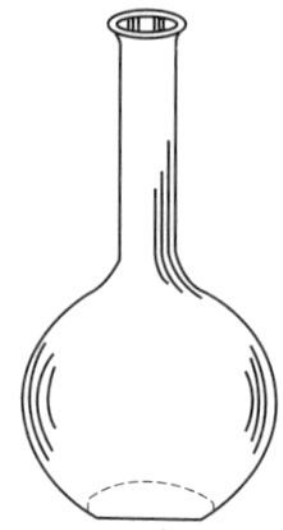
D. 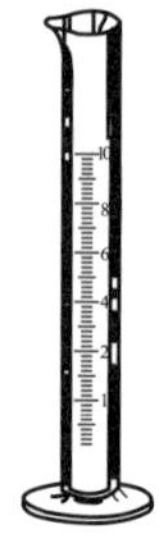

4. 下列玻璃仪器中，（　　）属于量入式量器。

A. 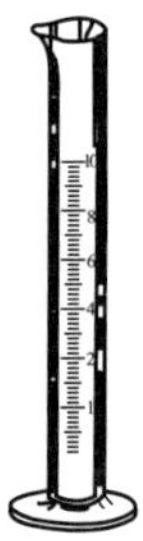
B. 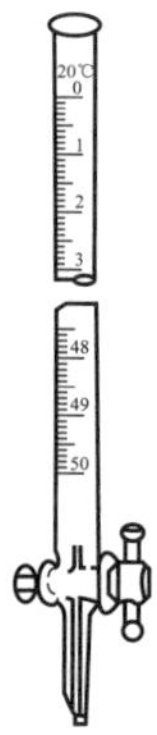
C. 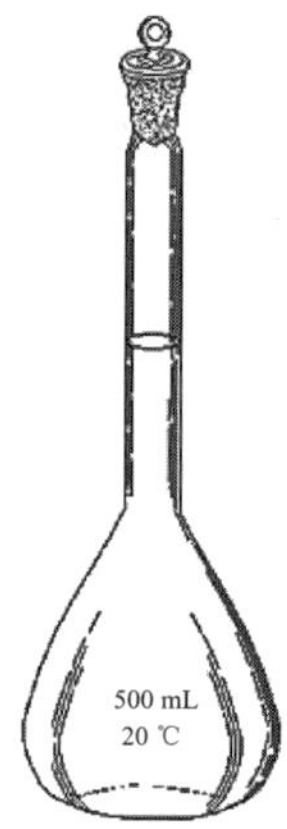
D. 

5. 关于移液管上标注的“20℃，25mL，Ex，A”的含义叙述，（　　）是正确的。

A. 在标准温度 20℃时，标称容量 25mL，量入式，A 级

B. 在标准温度 20℃时，标称容量 25mL，量出式，A 级

C. 在标准温度 20℃时，定容至刻度，管内的液体体积为 25mL

D. 在温度 20℃时，定容至刻度，管内液体体积为 25.00mL

6. 具玻璃旋塞的无色滴定管常用来盛装（　　）。

A. 见光易分解的溶液　B. 酸性溶液　C. 碱性溶液　D. 任何溶液

7. 带乳胶管的滴定管常用来盛装（　　）。

A. 氧化性溶液　B. 酸性溶液　C. 任何溶液　D. 碱性溶液

8. 具聚四氟乙烯旋塞的无色滴定管不能用来盛装（　　）。

A. 氧化性溶液　B. 酸性溶液　C. 碱性溶液　D. 见光易分解的溶液

9. 右图所示的瓷器皿的名称是（　　）。

A. 坩埚　B. 点滴板　C. 蒸发皿　D. 研钵

10. 坩埚主要用于（　　）。

A. 加热少量液体　B. 盛装少量液体　C. 灼烧固体物　D. 用于配制溶液

11. （　　）不是锥形瓶的主要用途。

A. 配制溶液　B. 作为滴定反应的容器

C. 加热反应时可减少溶液损失　D. 作滴定反应的容器时便于摇动

12. 分析纯试剂瓶标签的颜色是（　　）。

A. 绿色　　B. 红色　　C. 蓝色　　D. 黄色

13. 化学纯试剂的英文缩写是（　　）。

A. G. R.　　B. A. R.　　C. C. P.　　D. L. R.

14. 用于化学分析的工作基准试剂，其主成分含量应为（　　）。

A. ≥98%　　B. ≥99%

C. 99.5%～100%　　D. 99.95%～100.05%

15. 氢气钢瓶瓶身的颜色和字色分别是（　　）。

A. 深绿和白　　B. 淡绿和大红　　C. 淡蓝和大红　　D. 深绿和黑色

16. 氧气瓶的瓶身漆色为（　　）。

A. 淡蓝色　　B. 灰色　　C. 深绿色　　D. 草绿色

17. 在进行一般化学分析实验配制溶液时，应选用（　　）。

A. 自来水　　B. 一级水　　C. 二级水　　D. 三级水

18. 下列关于定量滤纸和定性滤纸的叙述，（　　）不正确。

A. 一张直径为 125mm 的一等品定量滤纸，灼烧后其灰分质量不超过 0.00010g

B. 一张直径为 125mm 的一等品定性滤纸，灼烧后其灰分质量远超过 0.00010g

C. 定量滤纸被称为无灰滤纸

D. 在进行重量分析实验时，可以用定性滤纸代替定量滤纸

19. 下列是闻试剂瓶中气体的示意图，（　　）是正确的。

A.

B.

C.

D.

20. 精密仪器着火，宜采用（　　）进行灭火。

A. 二氧化碳灭火器　　B. 化学泡沫灭火器　　C. 干粉灭火器　　D. 水

21. 金属钾、钠着火，宜采用（　　）进行灭火。

A. 二氧化碳灭火器　　B. 化学泡沫灭火器　　C. 干粉灭火器　　D. 干沙

22. 在进行化学实验时，不小心将酒精灯中的酒精洒落在实验台上并引起燃烧，下列采取的扑救方法中，（　　）是更合适的。

A. 立即用二氧化碳灭火器进行扑救　　B. 立即用干粉灭火器进行扑救

C. 立即用细沙覆盖或用灭火毯扑灭　　D. 用工作服进行扑救

专题 2
化学实验基本操作

专题 2-1　玻璃仪器的洗涤与干燥

一、玻璃仪器的洗涤

玻璃仪器上的污物分为可溶性物质、不溶性物质、油污等，可以根据玻璃仪器的外形、是否是量器、污物的性质、污染程度以及实验要求选择物理、化学方法进行洗涤，详见表 2-1。

通常情况下，先选用物理方法洗涤，后选用化学方法洗涤。需要使用铬酸洗液洗涤时，不要先用水洗，而是直接用铬酸洗液浸泡，最后用水清洗。玻璃仪器洗净的标志是仪器透明，且器壁里外不挂水珠。

表 2-1　玻璃仪器的洗涤方法

玻璃仪器洗涤示意图	说明
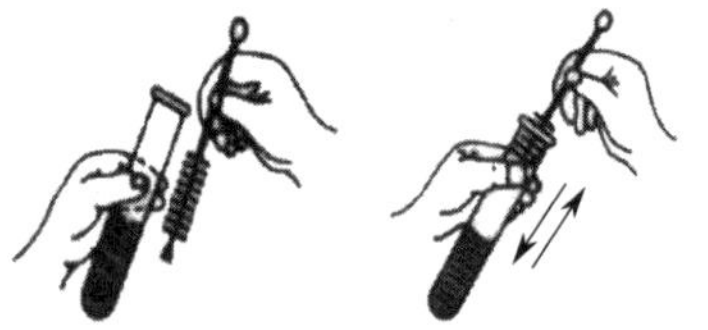 刷洗	用毛刷蘸去污粉、肥皂或洗涤剂，洗去油污和有机物质。若油污和有机物仍然洗不干净，可用热的碱液洗
 振荡水洗	氧化性污物可用还原性洗涤剂浸泡后振荡洗涤，还原性污物可用氧化性洗涤剂浸泡后振荡洗涤。如器壁上的二氧化锰可用盐酸洗涤
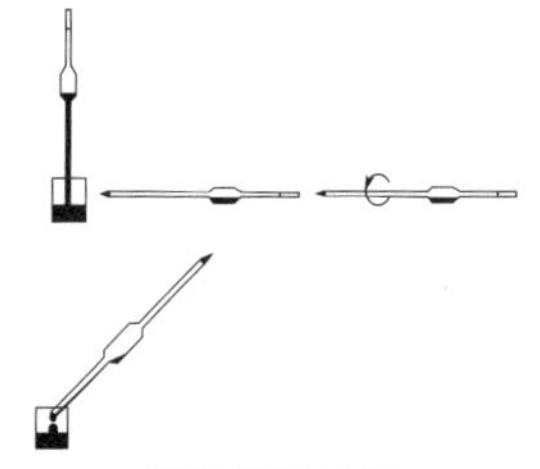 移液管的洗涤	若移液管无明显油污，可直接用自来水洗涤；若移液管有明显油污，应用铬酸洗液进行洗涤。 铬酸洗液是由浓硫酸和重铬酸钾配制而成的洗液。 (1)将铬酸洗液缓缓吸入移液管球部或吸量管约 1/4 处，再用右手食指按住管口，把移液管横过来，左手扶住管下部的适当位置(不要接触管尖部位)，慢慢开启右手食指，一边转动移液管，一边使管口降低，让洗液浸润全管。 (2)洗液从上口放回原瓶。

续表

玻璃仪器洗涤示意图	说明
	(3)用自来水冲洗后，再用洗耳球吸取蒸馏水洗涤 3 次，洗过的水从下口放出。 【注意】铬酸洗液具有强酸性和强氧化性，使用时应特别小心。铬酸洗液可以反复使用，用后立即倒回原瓶中；洗液的瓶塞应及时盖上，以免洗液吸水而失效；若洗液的颜色变为绿色时，说明洗液已失效不能再用
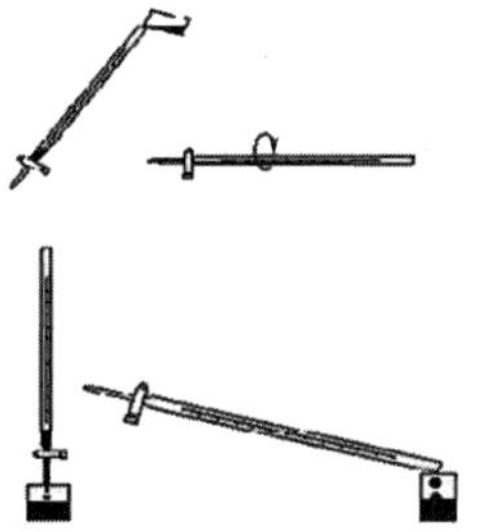 滴定管的洗涤	若滴定管无明显油污，可直接用自来水冲洗。若滴定管有明显油污，应用铬酸洗液进行洗涤。 用铬酸洗液洗涤时，先关闭具塞滴定管的旋塞，倒入 10～15mL 洗液，两手平端滴定管，并不断转动，直到洗液浸润全管为止。然后打开旋塞，将洗液放回原瓶中。若油污严重，可倒入洗液浸泡一段时间。 【注意】在用铬酸洗液洗涤无塞（碱式）滴定管时，可将滴定管倒立于装有铬酸洗液的烧杯中，用洗耳球或抽水泵吸取洗液，待洗液徐徐上升至顶端处，让洗液浸泡一段时间后，将洗液放回原瓶中
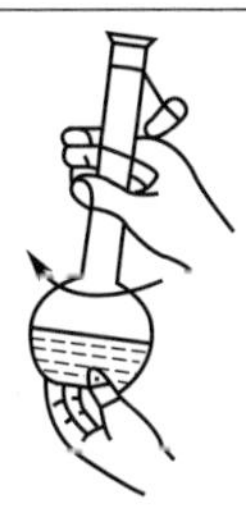 容量瓶的洗涤	洗涤容量瓶时，先用自来水洗几次，倒出水后，内壁如不挂水珠，即可用蒸馏水洗好备用。 若要用铬酸洗液洗涤容量瓶，先尽量倒出瓶内残留的水，再倒入适量铬酸洗液（250mL 容量瓶，倒入 10～20mL 洗液），倾斜转动容量瓶，使洗液布满内壁，然后将洗液慢慢倒回原瓶。用自来水充分洗涤容量瓶及瓶塞，每次洗涤应充分振荡，并尽量使残留的水流尽，最后用蒸馏水洗 3 次

二、玻璃仪器的干燥

洗净的仪器可采用晾干、烤干、烘干、吹干等方法进行干燥，详见表 2-2。带有刻度的仪器不能用加热的方法进行干燥。

表 2-2　玻璃仪器的干燥

玻璃仪器干燥方法示意图	说明
 晾干	仪器洗净后可倒置在干净的实验柜内或仪器架上，任其自然干燥。 要注意环境的清洁，以免污染洗净的仪器
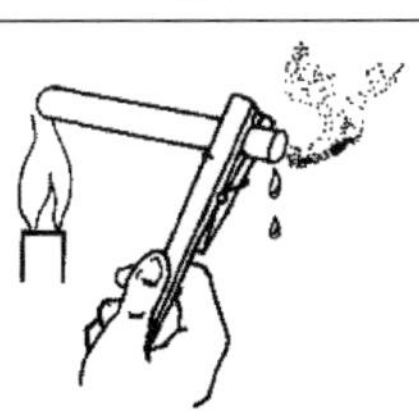 用火焰烤干试管	试管外壁擦干后，用小火烤干。 试管口向下倾斜，以免水珠倒流使试管炸裂。应先从试管底部开始，慢慢移向管口，不见水珠后再将管口朝上，把水汽赶尽

续表

玻璃仪器干燥方法示意图	说明
 用火焰烤干蒸发皿	蒸发皿、烧杯等可置于石棉网上，用小火烤干
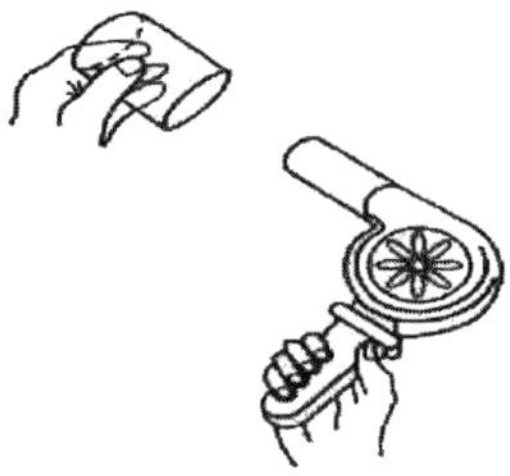 用电吹风机吹干烧杯	用电吹风机的热空气流将玻璃仪器吹干
 气流烘干器烘干	将洗涤干净的玻璃仪器放在气流烘干器上进行干燥
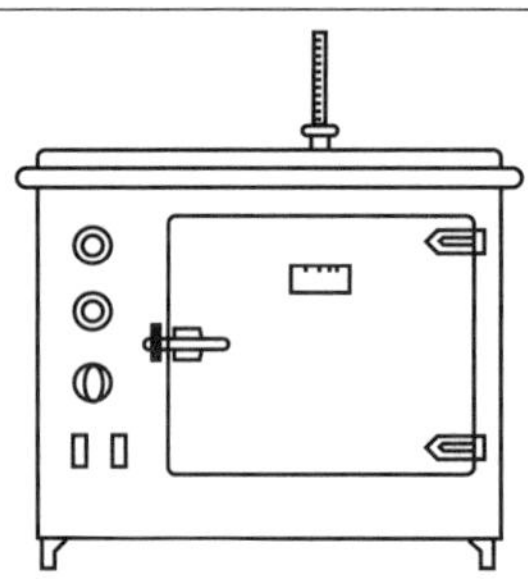 用恒温干燥箱烘干	恒温干燥箱有自动控温装置和温度显示装置，常用来干燥玻璃仪器。 将洗净的仪器口朝下放在搪瓷盘内，并将搪瓷盘放入烘箱内，在105℃进行烘干

专题 2-2　加热和冷却

一、加热

实验室常见加热热源有酒精灯、酒精喷灯、本生灯、电热套、电炉、电加热板、烘箱等，详见表 2-3。实验室常见的加热方法分为直接加热法和间接加热法，详见表 2-4。

表 2-3　实验室常见的加热热源

加热热源示意图	说明
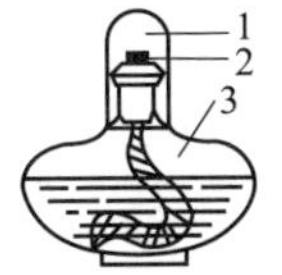 酒精灯 1—灯帽；2—灯芯；3—灯壶 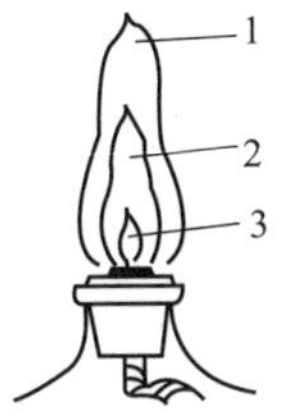 酒精灯的灯焰 1—外焰；2—内焰；3—焰心	**酒精灯的使用：** 酒精灯是实验室中常用的加热仪器，由灯壶、灯帽和灯芯三部分组成。酒精灯的加热温度一般为 400～500℃，灯焰分为焰心、内焰（还原焰）和外焰（氧化焰）三部分，其中外焰温度最高。通常用外焰进行加热。 可将一张滤纸垂直插于灯焰方向插入灯焰中，然后立即抽出，根据炙烤留下的痕迹检验酒精灯灯焰的温度。 【注意】酒精量应在灯壶容积的 1/4 到 2/3 之间；点燃酒精灯要用火柴或木条，不准用燃着的酒精灯去点燃另一个酒精灯；熄灭酒精灯时应用灯帽盖灭，不能用嘴吹灭。酒精灯不用时应及时熄灭，盖好灯帽，以免酒精挥发
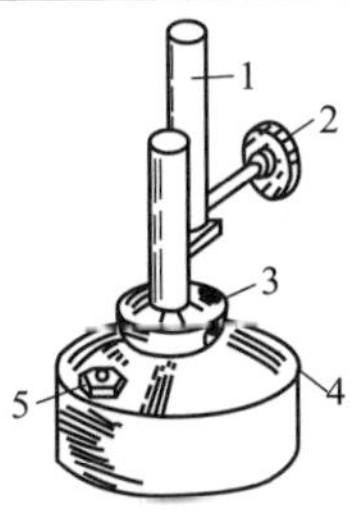 座式酒精喷灯 1—灯管；2—空气调节阀；3—预热盘；4—酒精加入孔；5—酒精贮罐	**座式酒精喷灯的使用：** 先在预热盘中注入酒精，点燃后使铜质灯管受热，待盘中酒精将近燃完时，开启灯管上的空气调节阀。来自贮罐的酒精在灯管内受热气化，与来自气孔的空气混合。用火点燃管口气体，通过调节阀来控制火焰的大小。酒精喷灯的火焰温度在 800℃左右，最高可达 1000℃。 用毕后，用石棉网盖住管口使火焰熄灭，同时将湿抹布盖在灯座上，使其降温
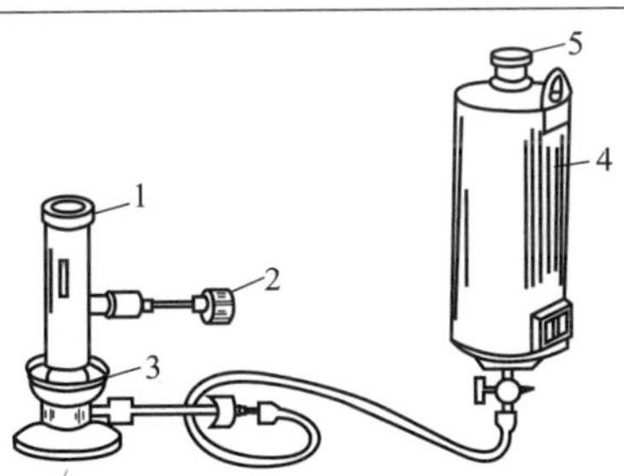 挂式酒精喷灯 1—灯管；2—调节阀；3—预热盘；4—酒精贮罐；5—贮罐盖 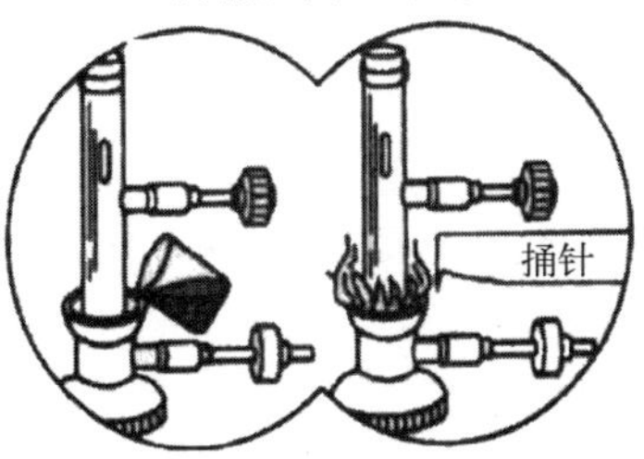 点燃操作	**挂式酒精喷灯的使用：** 关闭调节阀，打开酒精贮罐旋塞，在预热盘内注 2/3 容量的酒精，用火柴把预热盘内酒精点燃，对灯管加热，待酒精气化，打开调节阀，让酒精从喷口喷出，此时预热盘内燃烧的火焰便可把喷出的酒精蒸气点燃。若不能点燃，也可用火柴来点燃。 当喷口火焰点燃后，调节空气进气量，使管口形成稳定的高温火焰。 用毕后，先关闭酒精贮罐下的旋塞，待灯焰熄灭后再旋紧调节阀

续表

加热热源示意图	说明
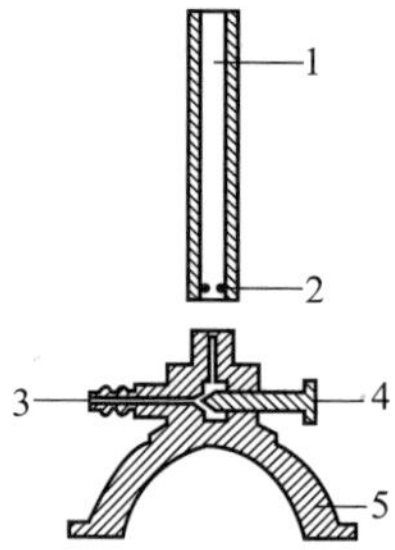 本生灯 1—灯管；2—空气入口；3—燃气入口； 4—针形阀；5—灯座 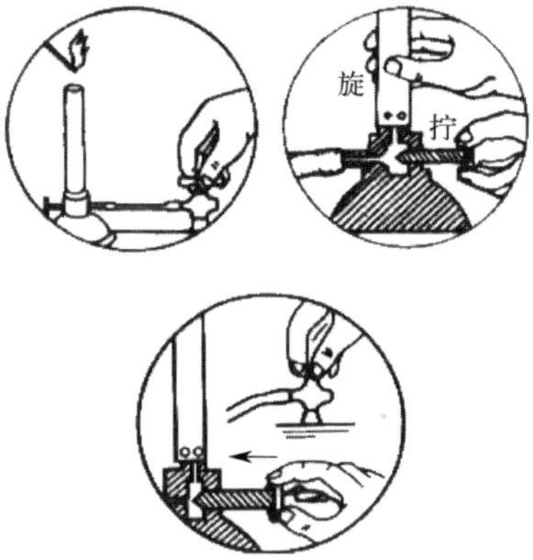 点燃操作 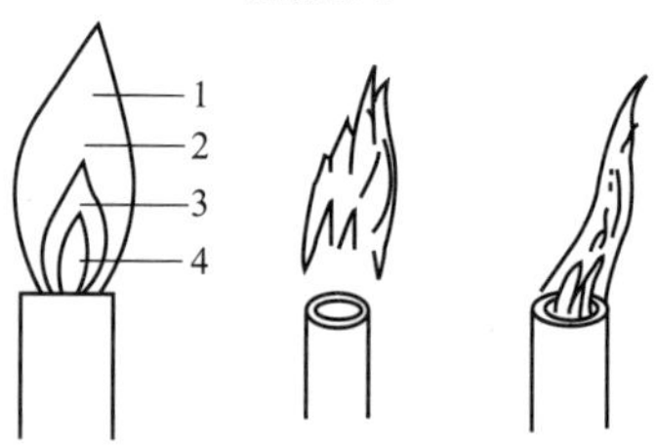 正常火焰　临空火焰　侵入火焰 1—氧化焰；2—最高温处；3—还原焰；4—焰心	**本生灯的使用：** 本生灯使用的燃料为煤气或天然气，因此又称为煤气灯。 使用时应先关闭本生灯的空气入口和燃气入口，然后将燃着的火柴移近灯口，再慢慢打开针形阀，点燃本生灯。 旋转灯管调节空气进入量，拧针形阀调节燃气进入量，使二者的比例合适，形成分层的正常火焰。 使用完毕，应先关闭燃气开关，使火焰熄灭，再将针形阀和灯管旋紧 **本生灯的三种火焰：** 正常火焰分为三层，内层焰心的温度为 500℃左右，中层还原焰的温度在 1000℃左右，外层氧化焰的温度最高可达 1550℃。 临空火焰是指火焰在灯管上空燃烧，是由于燃气和空气的进入量过大，使气流冲出管外燃烧产生的。 侵入火焰是由于进入的燃气量过小，空气量过大引起的。 【注意】若出现临空火焰或侵入火焰，应立即关闭燃气，重新按照正确的操作方法调节燃气和空气的进入量后，再点燃。侵入火焰会将灯管烧得很烫，切勿立即用手触碰，以免烫伤

表 2-4　实验室常见的加热方法

直接加热法	
加热操作示意图	说明
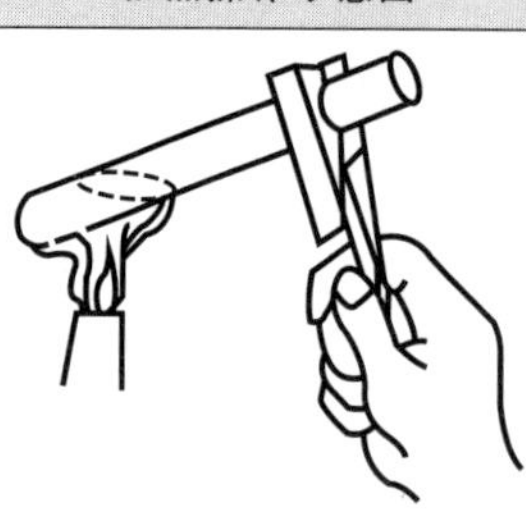 加热试管中的液体	用试管夹夹住试管的中上部，先加热液体的中上部，然后再加热试管的下部，使液体各部分均匀受热。 【注意】试管中盛装液体的量不能超过试管容积的 1/3，加热时试管口不要对着自己或别人

续表

直接加热法	
加热操作示意图	说明
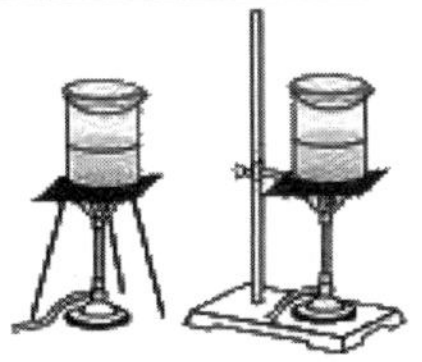 加热烧杯中的液体	先将烧杯外壁的水擦干，再将烧杯放在石棉网上进行加热
 加热试管中的固体	先将火焰来回移动使试管均匀受热，再将火焰集中在固体物质部位加热。 【注意】试管口必须略向下倾斜，以防止管口冷凝的水倒流至试管受热部位而导致试管炸裂
 灼烧坩埚	当需要高温下加热固体时，可将固体放在坩埚中，将泥三角放在铁圈上，再将坩埚放在泥三角上，用氧化焰灼烧

间接加热法	
加热操作示意图	说明
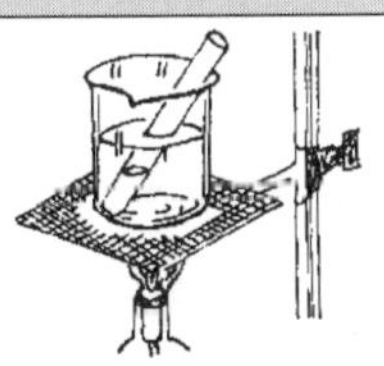 烧杯水浴加热	当被加热物体要求受热均匀，且温度不超过 100℃时，可使用水浴加热。 【注意】随着水浴中的水不断蒸发，应适当添加热水
 水浴锅加热	水浴锅的材质有铜和铝两种，带有一组同心圆环盖子。 利用水浴锅既可进行水浴加热，也可进行水蒸气加热。将容器浸在水中即进行水浴加热，而将烧杯、蒸发皿放在水浴锅盖子上即可利用水蒸气进行加热
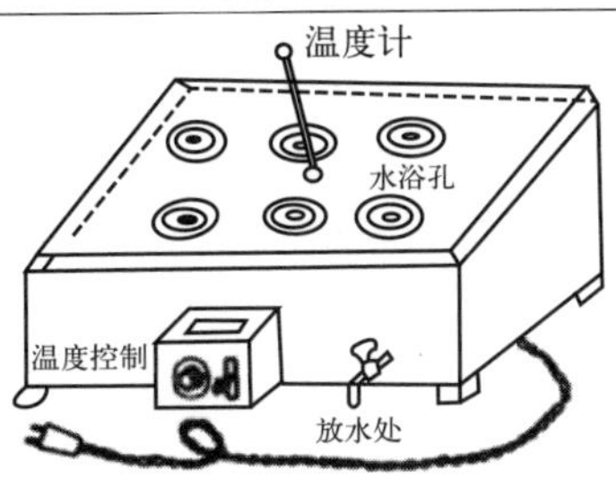 电热水浴锅加热	电热水浴锅带有多个水浴孔，可同时加热多个样品

续表

间接加热法	
加热操作示意图	说明
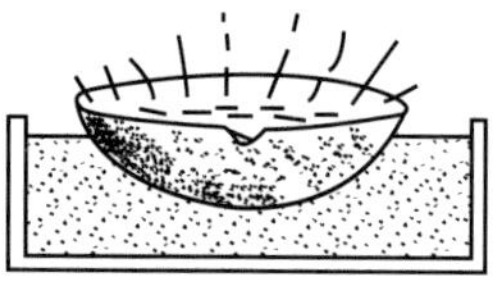 	用铁盆装干燥的沙子，把反应容器半埋在沙中加热。适合于需要加热至 80℃以上的液体，最高可加热至 200℃以上。 【注意】沙浴需要插入温度计，温度计水银球必须靠近加热容器
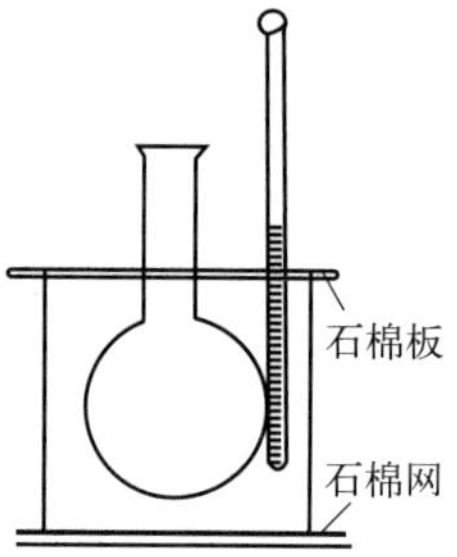 	利用热空气进行间接加热，对于沸点在 80℃以上的液体均可使用。把容器放在石棉网上，即为简单的空气浴，但是物体受热不均匀。 【注意】一般不用于回流低沸点易燃的液体和减压蒸馏
 	用于加热盛于容器中的固体、液体。为了使容器底部受热均匀，通常要在容器和电炉之间放一块石棉网
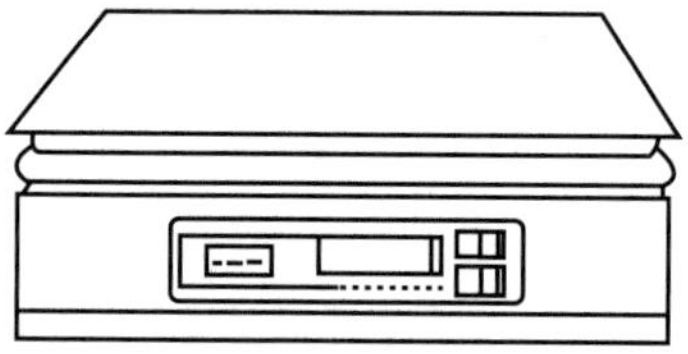 	电加热板是平面的，常用于直接加热烧杯、锥形瓶、平底烧瓶等
 	用于加热圆底烧瓶，加热温度最高可达 450～500℃。圆底烧瓶置于电热套的中央，不能接触电热套内壁。 由于电加热套不是明火，因此可用于加热易燃的有机物
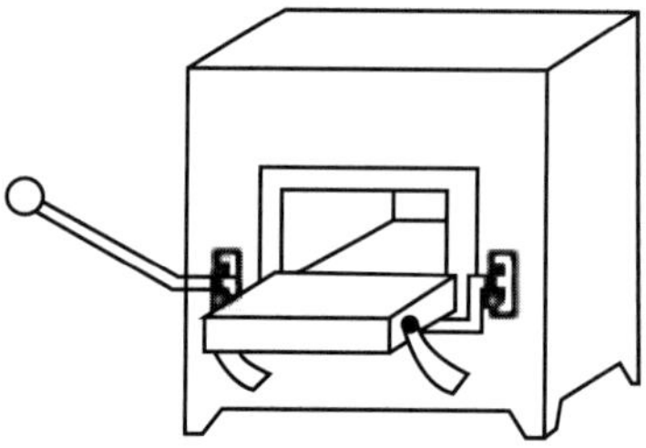 	马弗炉用电热丝或硅碳棒加热，温度在 950℃以下的用镍铬丝，最高温度达 1300℃的用钼丝，最高温度达到 1600℃的用硅碳棒。通常用于样品的灼烧，测定样品的灰分

续表

间接加热法	
加热操作示意图	说明
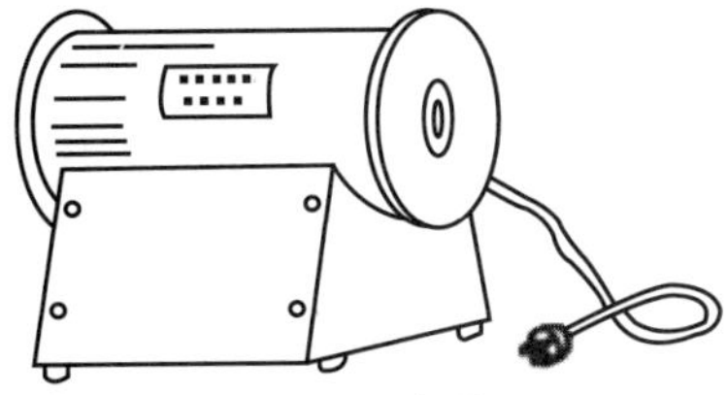 用管式炉加热	管式炉属于高温电炉，使用电热丝加热的管式炉最高温度为950℃，使用硅碳棒加热的管式炉最高温度可达1300℃。被加热的样品应放在瓷管或石英管中，也可以放在瓷舟或石英舟中

二、冷却

在进行化学实验过程中，为了将温度控制在一定范围内，需要进行适当的冷却。根据不同要求，选择合适的冷却方法。常用的冷却方法有自然冷却、流水冷却、冷水（冰水）冷却、冰盐水冷却、冷冻剂冷却等，详见表 2-5。

表 2-5　冷却操作

冷却操作示意图	说明
 流水冷却	当需要快速冷却时，可将盛有溶液的器皿用流水冲淋
 冷水（冰水）冷却	将盛有需要冷却物质的容器放在冷水或冰水中进行冷却。在冰水中可使其温度降至0℃左右
 冰盐水冷却	将盛有需要冷却物质的容器放在冰盐水中进行冷却。不同的冰盐水，其冷却温度不同。如100g碎冰与30g氯化钠混合，温度可降至－20℃

专题 2-3　玻璃管加工操作

玻璃管加工操作主要包括玻璃管的切割、熔光、弯曲，滴管和毛细管的制作，以及塞子钻孔与玻璃导管的装配等，详见表 2-6。

表 2-6　玻璃管加工操作

玻璃管的折断与熔光操作示意图	说明
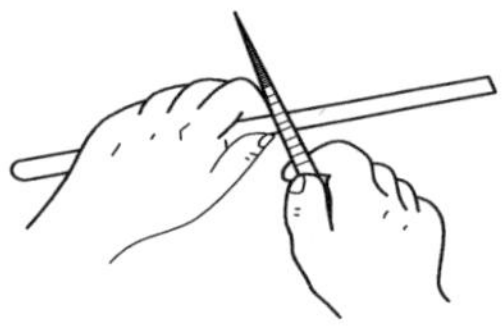 挫痕	将玻璃管平放在桌面上，左手按住要切割的部位，右手用锉刀的棱边(或薄片小砂轮)在要切割的部位按一个方向用力锉一次，锉出一道与玻璃管垂直的凹痕
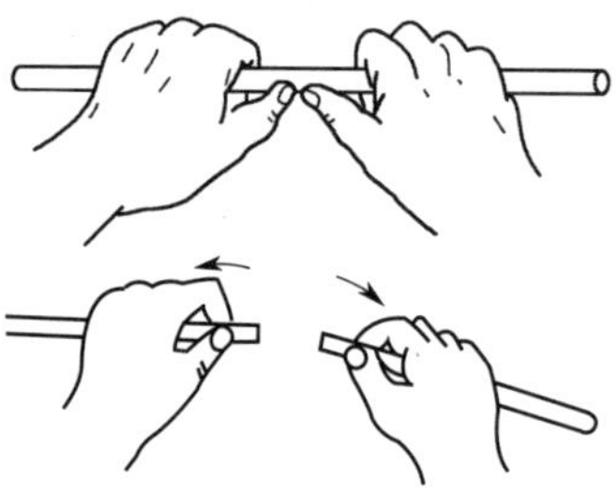 截断	双手握住玻璃管，将两个拇指齐放于锉痕背面，并轻轻地由锉痕的背面向外推折，同时两食指分别向外拉，将玻璃管截断
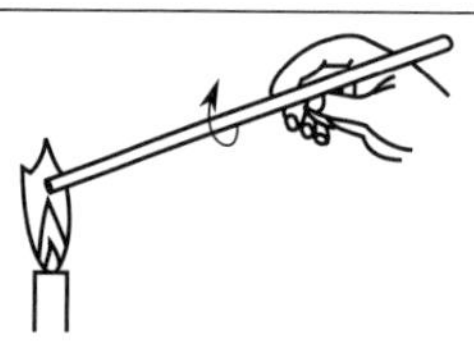 熔光	将刚切割的玻璃管的一头斜插入酒精喷灯或本生灯的氧化焰中加热，角度一般为 45°，并不断来回转动，直至管口变成红热平滑为止。 【注意】①未熔光的玻璃管的断面是很锋利的，容易划伤皮肤；②加热到红热的玻璃管温度很高，冷却时一定要放在石棉网上
玻璃管的弯曲操作示意图	**说明**
 加热	两手持玻璃管的两端，左右手心向上，用拇指、食指和中指夹住玻璃管，将中间部位放于火焰中加热，边加热边向一个方向转动，转动时要保证玻璃管在一条轴线上转动。先将玻璃管在酒精喷灯的弱火焰中左右移动预热，以除去管中的水汽。然后将欲弯曲的部位放在氧化焰中加热，并不断地慢慢转动玻璃管，使之受热均匀(受热部分约为 5cm)
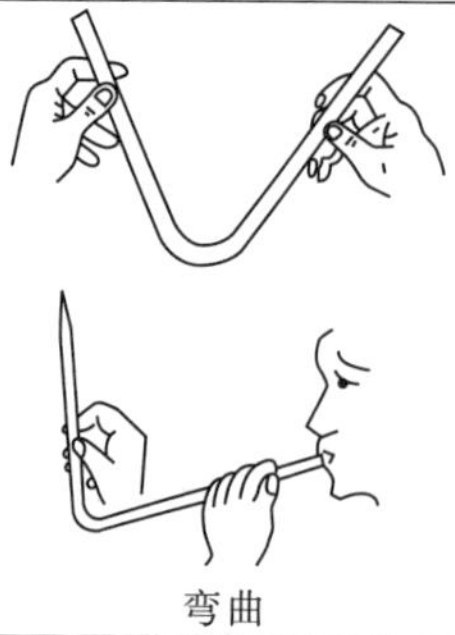 弯曲	当玻璃管加热到适当软化但又不会自动变形时(玻璃管颜色变黄)，迅速离开火焰，然后轻轻地顺势弯曲至所需角度。若欲将玻璃管弯成很小的角度，可分几次弯曲，玻璃管的弯曲部分、厚度和粗细必须保持均匀。 【注意】若弯管内侧出现凹陷，可将凹进去的部位在火焰中烧软，用手或乳胶头封住弯管的一端，用嘴向管内吹气，至凹进去的部位变得平滑

续表

滴管制作操作示意图	说明
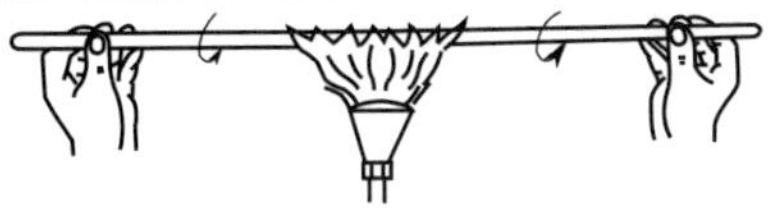 加热	两手持玻璃管的两端，将中间部位放于火焰中加热，边加热边向一个方向转动，待玻璃管足够软(烧成红黄色或放开右手立刻下垂的程度，比弯曲玻璃管要软)，从火焰中取出
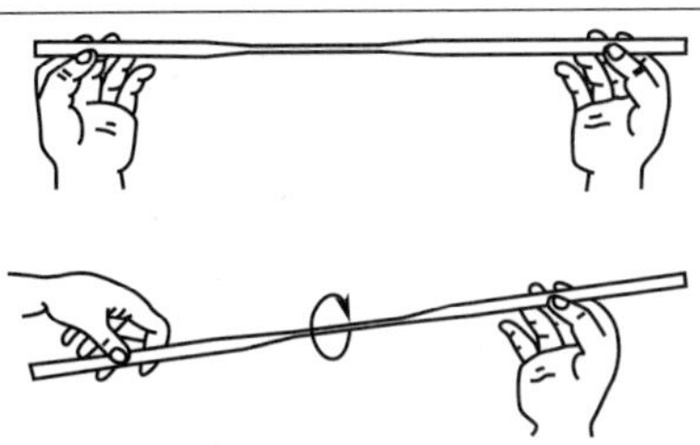 拉伸	左右手以同样速度将管子向两侧拉伸，边拉边来回搓动，先慢拉，后用力拉，保证拉成的滴管在同一轴线上。 将拉制好的玻璃管放于石棉网上冷却。 【注意】拉伸时绝对不能使玻璃管上、下移动，玻璃管拉好后两手不要立即松开，仍要慢慢转动，直至拉伸部位变硬为止
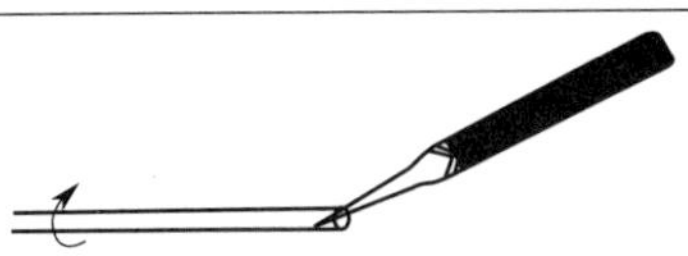 用金属锉刀翻边  扩口	冷却后，从拉细的中间部位切断，将滴管口置于氧化焰中灼烧至发红，将金属锉刀斜插入管口内，迅速均匀旋转，使得管口边缘稍向外翻，然后将管口放在石棉网上稍微用力下压，使它形成小喇叭口
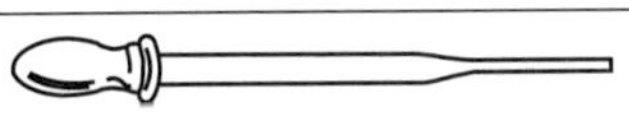 装配	在滴管口上套上乳胶头
毛细管制作操作示意图	**说明**
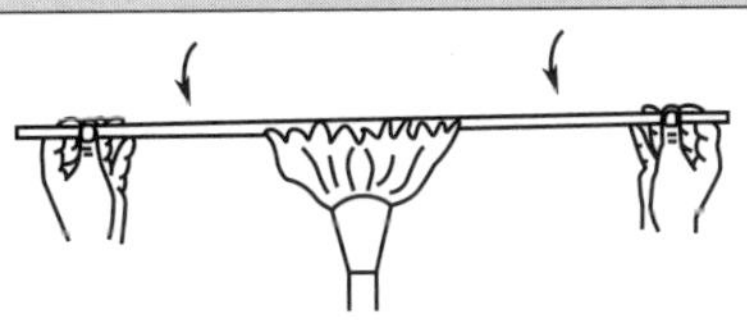 加热 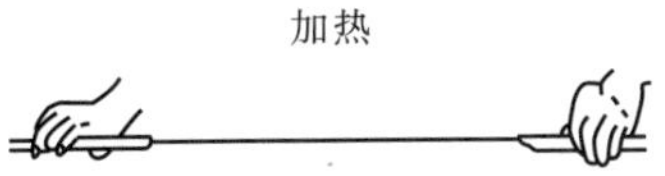 拉伸	选取粗细、长度适当的干净玻璃管，两手持玻璃管的两端，将中间部位放于火焰中加热，边加热边向一个方向转动，待玻璃管足够软，从火焰中取出，左右手以较快的速度将管子向两侧拉伸(速度的快慢和拉伸的幅度将影响毛细管的粗细)
 切割	将拉制好的毛细管用锉刀小心地切割成适当长度。 若需要一端管口封闭，将一端管口置于弱火焰中灼烧封闭，另一端用小火熔光
塞子的钻孔及与导管的装配操作示意图	**说明**
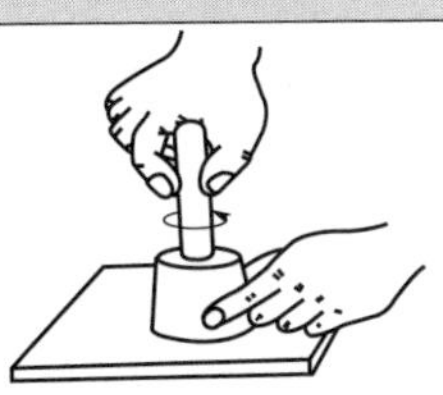 钻孔	在实验台上放一块木垫板，并将要钻孔的橡胶塞的小头向上，平放在垫板上。左手用力按住塞子，右手握住钻孔器的手柄，在选定的位置上，沿垂直方向边轻压边转动往下钻透塞子

续表

塞子的钻孔及与导管的装配操作示意图	说明
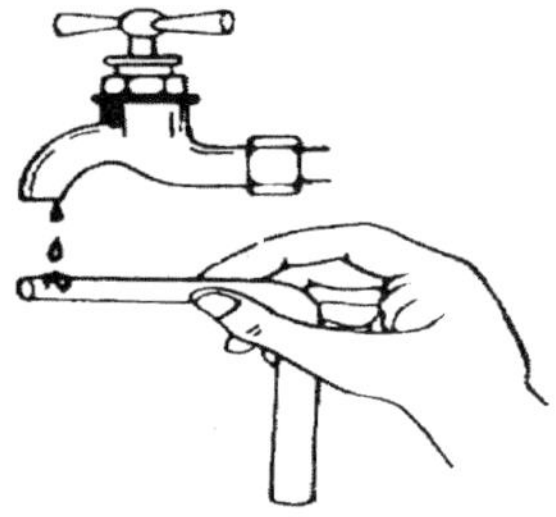 润湿管口 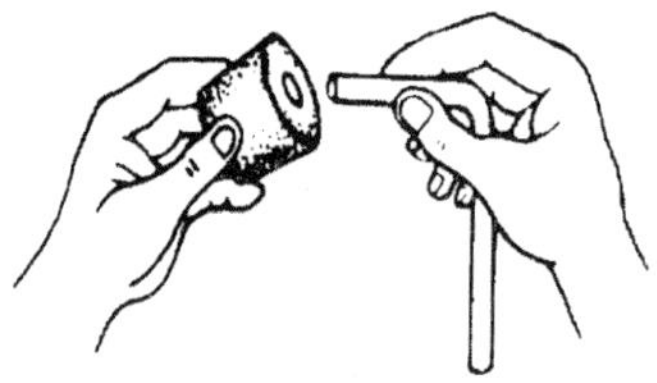 对准塞孔  旋入塞孔 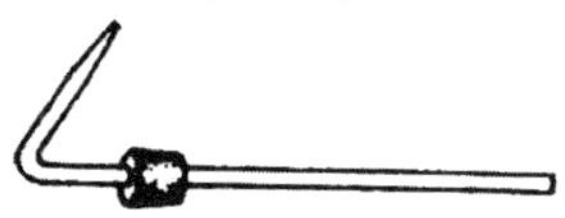 装配好的导管	先用右手拿住导管靠近管口的部位，用少许水将管口润湿，然后左手拿住塞子，使导管口与塞孔相对，先将导管口略插入塞孔，再用柔力慢慢地将导管旋进塞子，并穿过塞孔至所需的长度为止。 【注意】塞孔大小应与玻璃导管的粗细匹配。在将导管旋入塞孔时不能用力过猛，防止折断玻璃导管对手造成伤害

专题 2-4　试剂的取用

一、固体试剂的取用

在一些基础化学实验中，有些实验对试剂的用量要求不是很精确，不必称量。若对试剂用量有一定的要求时，则需要称量，详见表 2-7。

表 2-7　固体试剂的取用

固体试剂取用示意图	说明
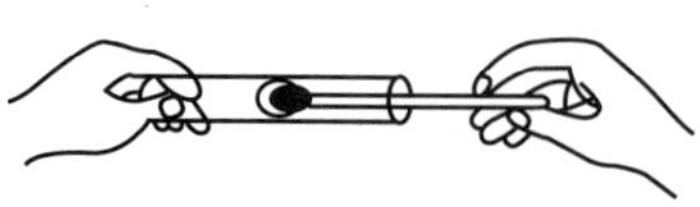 用纸槽向试管中加入固体试剂	一般用牛角匙或塑料匙取用固体试剂。牛角匙或塑料匙的两端分别为大小两个药匙，取较多的试剂时用大匙，取少量试剂时用小匙。 用过的药匙必须立即洗净擦干，以备取用其他试剂。

续表

固体试剂取用示意图	说明
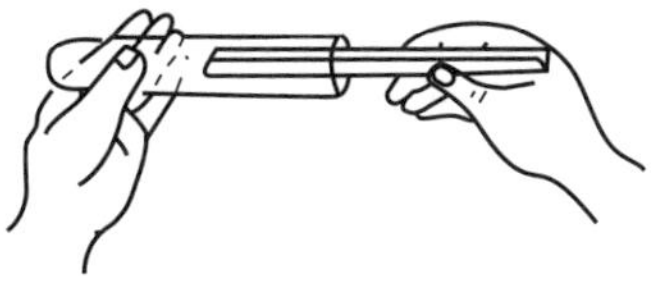 用药匙向试管中加入固体试剂  沿管壁滑入块状固体试剂	向干燥的试管中加固体试剂时，可将取出的药品放在对折的纸片上，将纸片伸进试管 2/3 处，再将试管慢慢竖直，将药品倾入管底； 也可用药匙采用上述方法将药品倾入管底；块状固体试剂可以使其沿倾斜的试管壁缓缓滑入试管底部。 【注意】用过的药匙必须洗净擦干后才能再取另一种试剂，或者专匙专用；多取的试剂不能放回原瓶，只能放在另一指定的容器内备用
 钠的取用	取用金属钠时，用镊子从煤油中取出钠块，用滤纸吸干表面煤油，用小刀切出小块，用镊子夹取
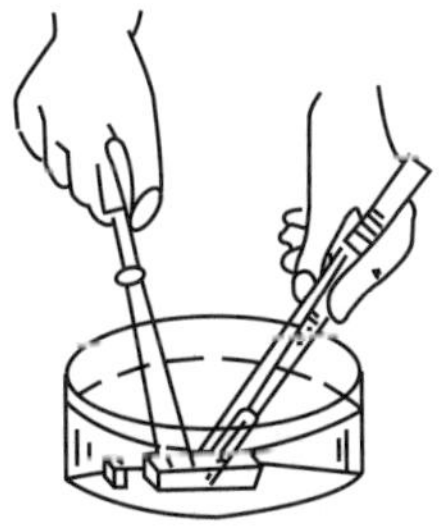 白磷的取用	取用白磷要用镊子夹取，在水中切成小块，取出后立即使用

二、液体试剂的取用

不需要准确计量的液体试剂可以从试剂瓶中倒出适量，使用量很少的液体试剂通过滴瓶取用则更加方便。若对试剂用量要求比较精确时，需要量取，详见表 2-8。

表 2-8　液体试剂的取用

液体试剂取用示意图	说明
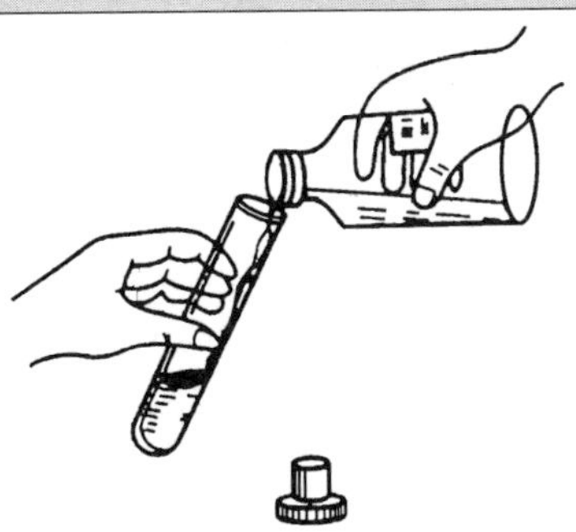 从细口瓶中倒入试管中	将液体试剂从细口瓶加入试管中时，先将瓶塞取下，倒置在桌面上，一只手拿住试管，并使试管稍微倾斜，另一只手握住试剂瓶上贴标签的一面，逐渐倾斜试剂瓶，使试剂沿着试管壁流入试管中

续表

液体试剂取用示意图	说明
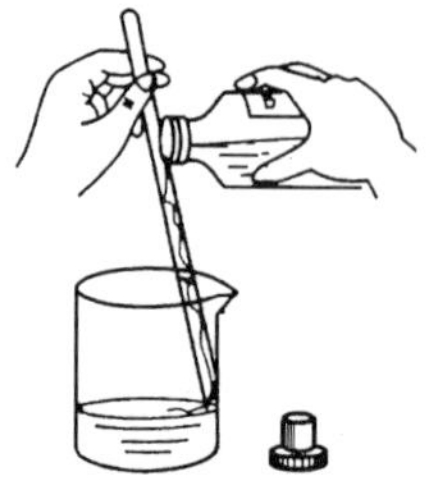 从细口瓶中倒入烧杯中	将液体试剂从细口瓶加入烧杯中时，一只手握住试剂瓶上贴标签的一面，另一只手持玻璃棒，逐渐倾斜试剂瓶，使试剂沿着玻璃棒注入烧杯中。待达到所需量后，将试剂瓶口在玻璃棒上靠一下，再逐渐竖起试剂瓶，以免遗留在瓶口的液滴流到细口瓶的外壁
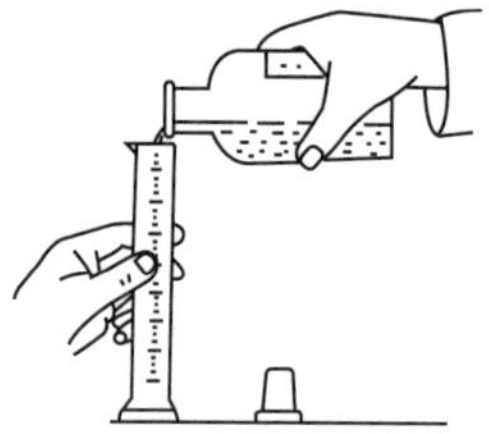 量筒量取	当取用量要求比较精确时，可用量筒量取。 量取时，一手握住试剂瓶上贴标签的一面，另一只手扶住量筒，逐渐倾斜试剂瓶，将瓶口靠在量筒口上，使试剂以适当的流速和流量流入量筒中，当液面至所需刻度时，立即竖起瓶口，稍停一下再将试剂瓶移开量筒。 从量筒的尖嘴部位将试剂倒入其他容器。在倒入黏度比较大的液体时，应保持一些倾倒时间，使液体充分流出
 滴瓶 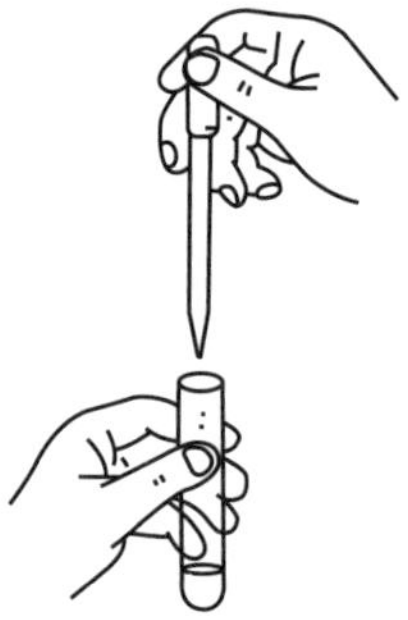 滴管的规范操作	滴瓶是一个具有磨砂滴管并附有橡胶帽的无塞小口试剂瓶，滴管的中部是一个与瓶体上口口径锥度相适应的磨砂球泡，起到密封作用。当使用的液体试剂每次用量很少时，多会选用滴瓶来盛装该溶液。 从滴瓶中取用液体试剂时，用中指和无名指夹住滴管颈部，拇指和食指虚按乳胶头，提起滴管，若滴管中已存有溶液，即可滴用；若滴管中无溶液，则轻压乳胶头赶出空气后，随即伸入溶液中，放松手指吸入溶液，再提起滴管至要加入试剂的容器上方，手指轻压乳胶头，使液体逐滴滴入。使用完后将滴管插入滴瓶中即可。 【注意】不可在滴瓶内赶出气泡，以免溶液变质；滴管管尖部分不能伸入容器内，以免污染试剂；不可把吸有溶液的滴管横置或滴管口向上倒置

三、物质的称量

物质的称量方法有直接称量法、递减称量法和固定质量称量法，详见表 2-9。若称量质量精度要求不高时可采用直接称量法，使用的称量仪器为托盘天平或电子天平；若称量质量精度要求很高时可采用递减称量法，使用的称量仪器为电光分析天平或电子分析天平。

表 2-9　称量操作

固体物质称量	
直接称量操作示意图	说明
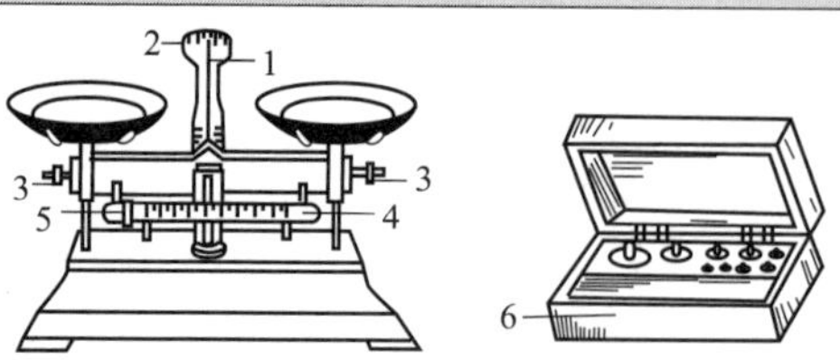 托盘天平 1—指针；2—刻度盘；3—平衡调节螺钉； 4—游码标尺；5—游码；6—砝码盒	**用托盘天平称量：** 托盘天平又称为台秤，分度值(感量)通常为 0.1g。 称量物品前，将游码推至标尺最左侧，即零刻度位置，调节平衡螺母使天平处于平衡状态。

笔记

续表

固体物质称量	
直接称量操作示意图	**说明**
 用镊子夹取砝码 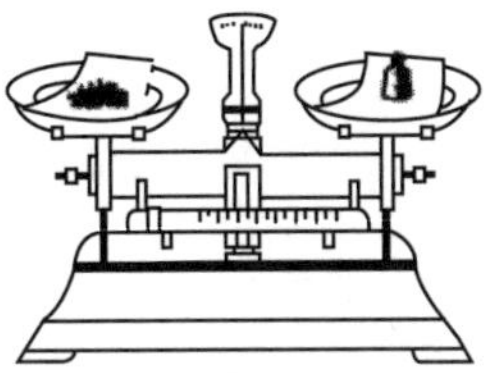 用托盘天平称量	称量前，先将游码移至左侧零点位置，调节左右两侧平衡螺钉，使天平指针处于平衡状态。 称量物品时，左盘放被称物品，右盘放砝码（10g 或 5g 以下的质量用游码）。当添加砝码至天平的指针停在刻度盘的中间位置时，台秤处于平衡状态，这时砝码加游码的质量读数即为被称物品的质量。 【注意】被称的药品不能直接放在台秤的盘上，应放在称量纸、表面皿或其他容器中；吸湿性强或有腐蚀性的药品必须放在玻璃容器内，并快速称量；取放砝码必须用镊子夹取，不能用手拿取
 用电子天平称量	**用电子天平称量：** 调节好天平水平，接通电源预热，按 ON 键，使称量模式为 0.000g。若读数不显示为 0.000g，按 TAR 键使其显示为 0.000g。 按 TAR 键清零，得容器（或称量纸）置于秤盘上，天平显示容器质量，再按 TAR 键，显示零，即去除皮重。再置称量物于容器中，或将称量物（粉末状物或液体）逐步加入容器中直至达到所需质量，显示的数值即为被称物品的净质量
递减称量操作示意图	**说明**
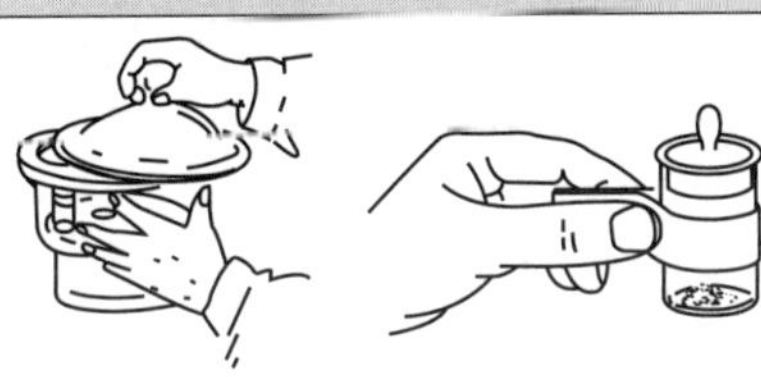 用纸条取放称量瓶操作	递减称量法用于称量一定质量范围的样品或试剂，适用于称量易吸水、易氧化或易与二氧化碳反应的样品或试剂。由于称取试样的质量是由两次称量之差求得，故也称差减法。 递减法称量使用的称量瓶通常放在干燥器中，取放称量瓶时应使用纸条套住瓶身，不能用手直接拿取
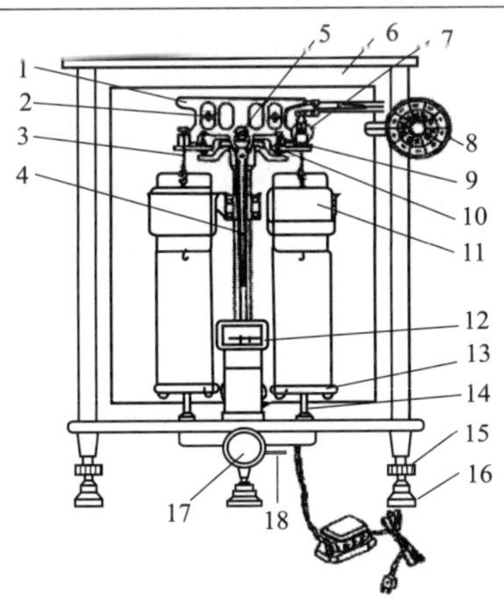 半机械加码电光分析天平 1—横梁；2—平衡螺钉；3—吊耳；4—指针；5—支点刀；6—框罩；7—圈码；8—指数盘；9—承重刀；10—支架；11—阻尼内筒；12—投影屏；13—秤盘；14—盘托；15—螺旋脚；16—垫脚；17—旋钮（升降枢）；18—投影屏微动调节杆	**用电光分析天平称量：** 称量前检查并调节天平的零点。将称量瓶置于天平左盘的中央，关上天平左门。按照“由大到小，中间截取，逐级试重”的原则在右盘加减砝码。先用镊子取放克以上砝码，关上天平右门，再依次调整百毫克组和十毫克组圈码，待标尺停稳后即可读数，称量出称量瓶和样品的总质量 m_1。

续表

固体物质称量	
递减称量操作示意图	说明
 将样品敲到小烧杯中	将称量瓶从天平左盘取出，在接收容器上方用称量瓶盖垂直敲击瓶口，使试样慢慢落入容器中，瓶盖始终不要离开接收容器上方。当倾出试样的质量接近所需量时，一边继续用瓶盖轻敲瓶口，一边逐渐将瓶身竖直，使黏附在瓶口上的试样落回称量瓶，然后盖好瓶盖，准确称其质量 m_2。 两次质量之差，即为试样的质量。按上述方法连续递减称量，可称量多份试样。 【注意】调节零点和读取读数时，要关闭天平侧门；在加减砝码或取放称量瓶等物品时，必须在天平处于休止状态下进行
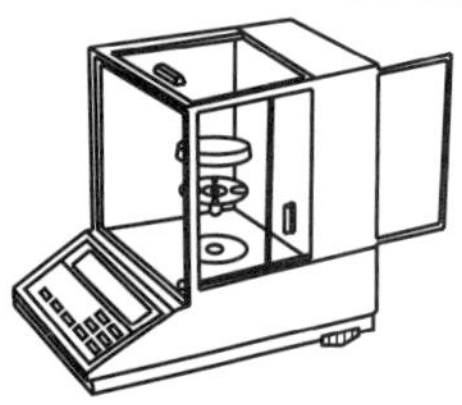 电子分析天平  将样品敲到锥形瓶中	**用电子分析天平称量：** (1)调节好天平水平，接通电源预热，按 ON 键，使称量模式为 0.0000g。若读数不显示为 0.0000g，按 TAR 键使其显示为 0.0000g。 (2)将盛有样品的称量瓶放在天平秤盘上，按 TAR 键清零，使其显示为 0.0000g。 (3)将称量瓶从天平上取出，在接收容器的上方用称量瓶盖垂直敲击瓶口，使试样慢慢落入容器中，瓶盖始终不要离开接收容器上方。估计敲出的样品接近需要量时，将称量瓶放在天平秤盘上，读数显示为负值，显示的数值的绝对值即为敲出样品的质量。若不在所需质量范围内，取下称量瓶继续敲击，直至所需的质量
固定质量称量操作示意图	**说明**
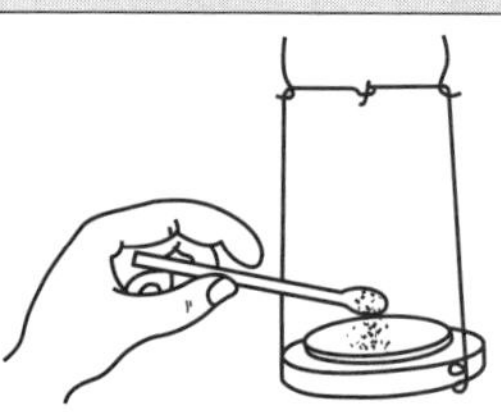 固定质量称量操作(一)  固定质量称量操作(二)	固定质量称量用于称量某一固定质量的试剂(如基准试剂)或试样，适用于称量不易吸潮且在空气中能稳定存在的粉末状或小颗粒试剂或样品。 先称出器皿(或硫酸纸)的质量，然后加入固定质量的砝码，用药匙将试样慢慢加入器皿中(或硫酸纸上)，当所加试样与指定的质量相差不到 10mg 时，小心地将盛有试样的药匙伸向器皿中心上方 2～3cm 处，药匙的另一端顶在手心上，用拇指、中指和掌心拿稳药匙，以食指轻弹勺柄，将试样轻轻少量地抖入器皿中，达到称量要求的质量为止

续表

液体物质称量	
操作示意图	说明
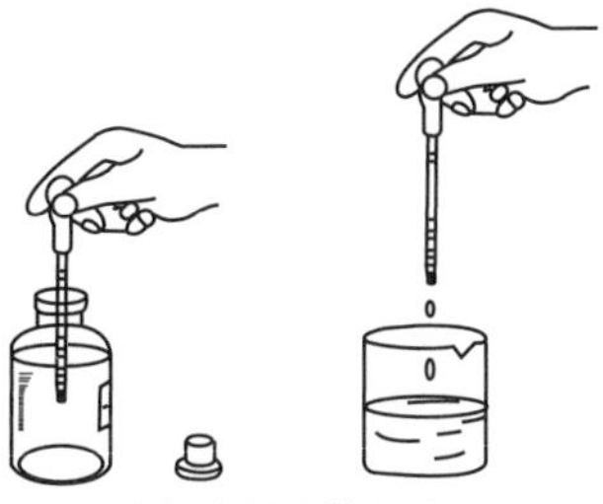 非挥发性液体的称量	对于非挥发性液体，可用烧杯等容器进行称量。 先称量容器质量，滴管加入液体样品后，称得容器与液体总质量，两者之差就是所称液体样品质量
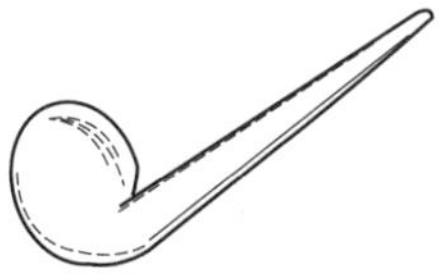 挥发性液体的称量	对于易挥发样品（如发烟硫酸），应采用安瓿称量法。 先精确称量安瓿的质量 m_1，然后用微火烤热球部，迅速将安瓿的毛细管插入试样中，吸入试样后，将毛细管顶端烧结封闭，擦干毛细管外壁所沾样品，再准确称量安瓿和样品质量 m_2，两者质量之差即为样品质量

专题 2-5　容量瓶、移液管和滴定管的使用

一、容量瓶的使用

容量瓶的规范操作步骤为：检漏→洗涤→转移溶液→定容→摇匀（见表 2-10）。

表 2-10　容量瓶的规范操作

操作示意图	说明
 检漏	注入水至标线附近，盖好塞，用滤纸擦干瓶口和盖。一手食指按住瓶塞，其余手指拿住瓶颈标线以上部分，另一只手指尖托住瓶底边缘，将瓶倒置不少于 10s，倒置次数不少于 3 次，观察有无水渗漏（用滤纸一角在瓶塞和瓶口的缝隙处擦拭，查看滤纸是否潮湿）。如不漏水，将瓶塞转 180°，再按照上述方法倒置，观察有无水渗漏，如不漏水即可使用
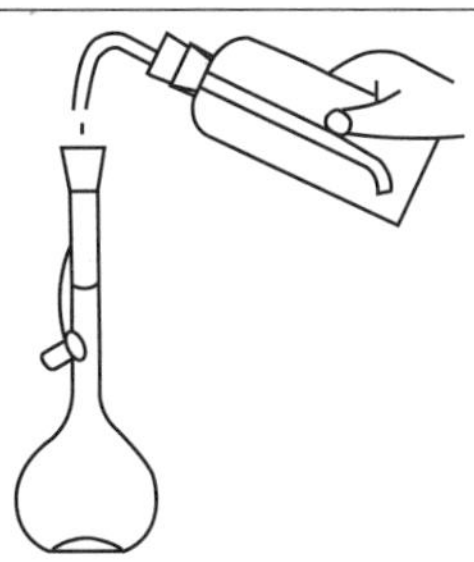 洗涤	对于干净的容量瓶首先用自来水洗涤，再用蒸馏水洗涤 2～3 次。 对于不干净的容量瓶，用铬酸洗涤液或其他专用洗涤液洗涤，再用自来水冲洗，最后用蒸馏水洗涤 2～3 次

续表

操作示意图	说明
 转移溶液	将盛放溶液的烧杯移近容量瓶口，拿起烧杯中的玻璃棒，将玻璃棒下端在烧杯内壁轻轻靠一下，插入容量瓶中，使玻璃棒下端和瓶颈内壁相接触（玻璃棒不能和瓶口接触），再将烧杯嘴紧靠玻璃棒中下部，逐渐倾斜烧杯，使溶液沿玻璃棒和颈内壁缓缓流入容量瓶内。将烧杯嘴贴紧玻璃棒稍向上提，同时将烧杯慢慢直立，烧杯嘴稍离玻璃棒，基本保持在原位置，将玻璃棒提起并放回烧杯中。用洗瓶小心冲洗玻璃棒和烧杯内壁 3～5 次（每次 5～10mL），每次将洗涤液转移至容量瓶中，然后加水稀释至总容积的 3/4 时，将容量瓶拿起，按水平方向旋转摇动几周（不要加塞），使溶液初步混合，继续加水至距离标线 1～2cm 处。 【注意】热溶液应冷却至室温后再移至容量瓶中，若稀释过程中放热的溶液应在稀释至容量总体积的 3/4 时摇匀，并待冷却至室温后，再继续稀释至刻度
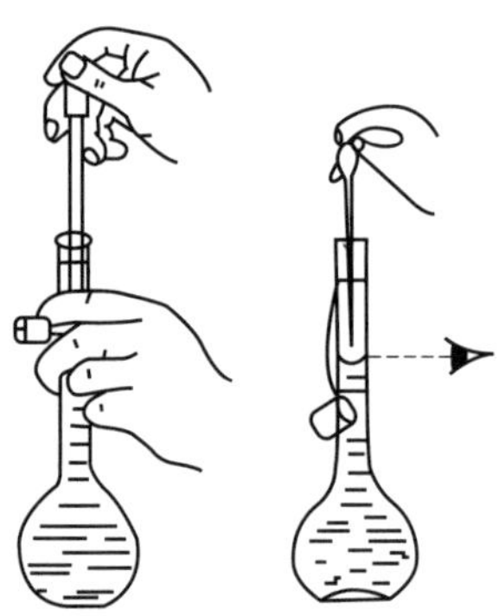 定容	用左手拇指、食指和中指拿起容量瓶，保持容量瓶竖直，使刻度线和视线保持水平，用细长滴管滴加蒸馏水至弯月面下缘与标线相切。 【注意】不能将容量瓶放在实验台上进行定容操作，因为这样不能保证容量瓶竖直，更何况为了使视线与刻度线保持在同一水平，操作者还必须蹲下来观察
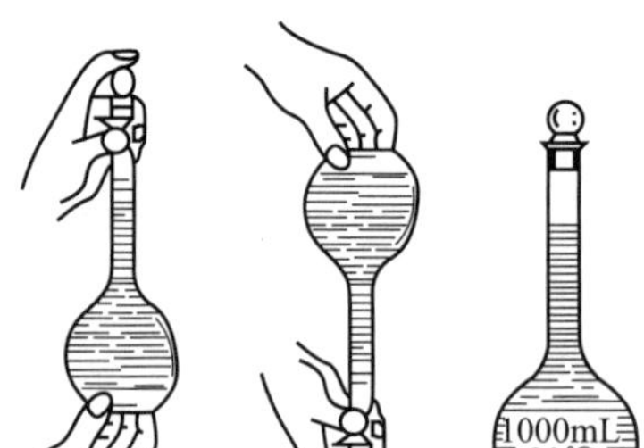 摇匀	盖上瓶塞，用一只手的食指按住瓶塞，另一手指尖托住瓶底边缘（手心不要接触瓶底）。将容量瓶倒置，待溶液全部下移后，再倒转过来。如此反复 10 次以上，使溶液充分混匀，放正容量瓶，将瓶塞稍提起，让瓶塞周围的溶液流下，重新盖好，再倒转振荡 3～5 次，使溶液全部混匀。 【注意】容量瓶不能长久贮存溶液

二、移液管的使用

移液管（单标线吸量管）的规范操作步骤为：溶液润洗→吸取溶液→调定弯液面→放出溶液（见表 2-11）。

表 2-11　移液管的规范操作

操作示意图	说明
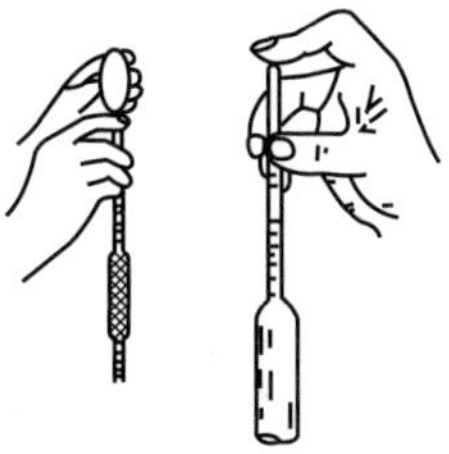 吸液 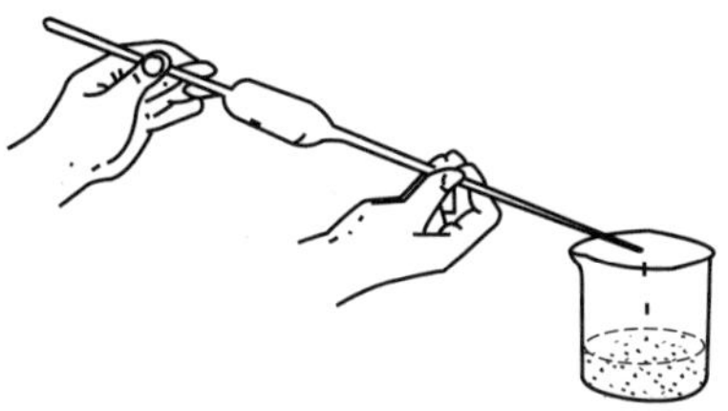 润洗	取一支内、外壁不挂水珠，并用蒸馏水洗涤 3 次的移液管，用洗耳球吹出管尖端残留的水，用滤纸吸干管尖端外部的水分，右手持移液管，并将其插入待移取溶液中 1～2cm 处，左手持洗耳球，用力挤压洗耳球排出空气，将洗耳球的尖端插入移液管口内并压紧，缓慢松开左手，将溶液吸至移液管容量的 1/3 时，移开洗耳球，同时立即用右手食指按住管口，取出后横持并转动移液管，使溶液流遍全管内壁，将溶液从下端尖口处排入废液杯内。如此操作，润洗 3～4 次。 【注意】在吸取溶液时，不能将流液管的管口插入容量瓶（或试剂瓶）的底部，也不能让进入移液管中的溶液回流至容器中
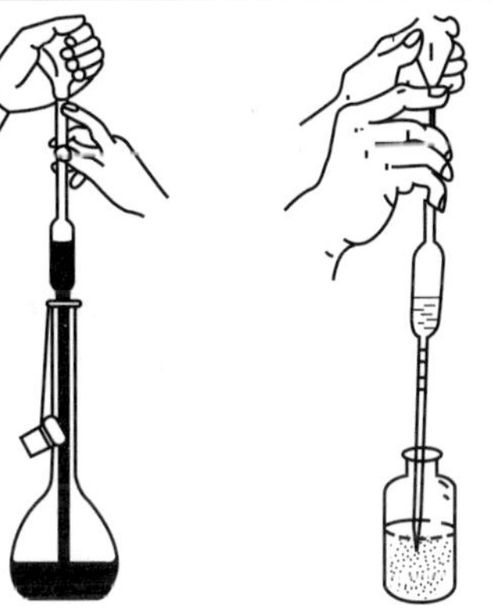 吸取溶液	右手持移液管插入待吸取溶液的液面下 1～2cm 处，左手持洗耳球，排尽洗耳球中的空气，将洗耳球尖端插入移液管口中，左手下压洗耳球，右手上提移液管，使洗耳球和移液管接触处密实不漏气，然后缓慢放松挤压洗耳球，使溶液进入移液管中。 当管内液面上升至标线以上约 1～2cm 处时，移开洗耳球，同时迅速用右手食指堵住管口。 【注意】不能使移液管插入溶液太深，要边吸边使移液管往下移动，始终保持流液管口位于液面下 1～2cm，以防吸空导致气泡进入移液管
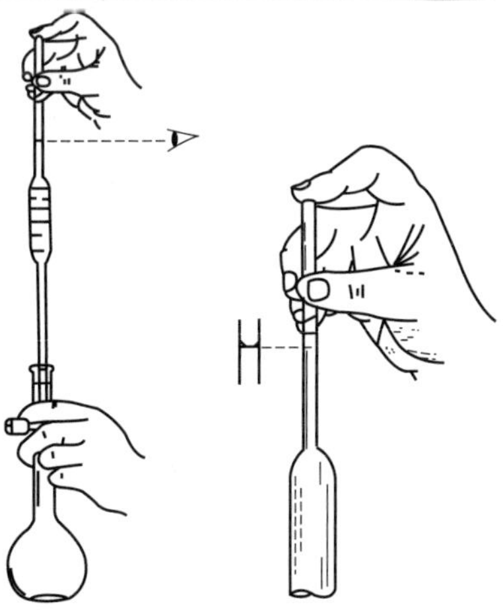 调定弯液面	左手放下洗耳球，拿起容量瓶（或试剂瓶），将移液管提出液面，管尖端接触待吸液容器内壁，使移液管保持垂直，且使移液管的刻度线和视线保持在同一水平。稍稍减小右手食指按压的力度（可微微转动移液管），使管内液面缓慢匀速下降，当弯液面底线与标线上缘相切时，立即用食指压紧管口。 【注意】在调定弯液面时，若液面下落至标线以下，应重新吸取溶液至刻度线以上，再次进行调节

续表

操作示意图	说明
 向锥形瓶中放出溶液	左手放下容量瓶(或试剂瓶)，拿起锥形瓶并使其倾斜约 45°，右手将移液管放入锥形瓶中，使移液管的流液口接触锥形瓶的内壁，移液管保持竖直，放开右手食指，将溶液放入锥形瓶中，至弯液面到达流液口处静止 15s。 【注意】为保证液体完全流出，将移液管在接收容器移走以前，应遵守等待时间的规定(一般为 15s)

三、滴定管的使用

滴定管分为具塞滴定管和无塞滴定管，具塞滴定管又分为具玻璃塞和具聚四氟乙烯塞滴定管。不同类型的滴定管在使用操作时有不同的要求，详见表 2-12。

表 2-12　滴定管的规范操作

具玻璃塞滴定管	
操作示意图	说明
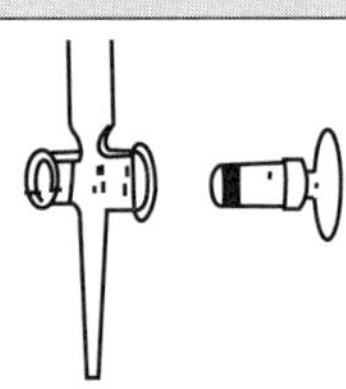 取下旋塞  用试纸擦旋塞槽  涂凡士林	**涂凡士林操作：** 一支较长时间不使用的和使用了较长时间的具玻璃塞滴定管，因玻璃旋塞闭合不好或转动不灵活，导致实验中漏液和操作困难，必须重新涂抹润滑剂(凡士林)。 先将滴定管放在平台上，取下旋塞，用滤纸片擦干玻璃旋塞、旋塞孔和旋塞槽。 用手指蘸取少量凡士林，在旋塞的两端沿圆周各涂上薄薄的一层凡士林。 【注意】凡士林用量要适中，防止中间旋塞孔进入凡士林
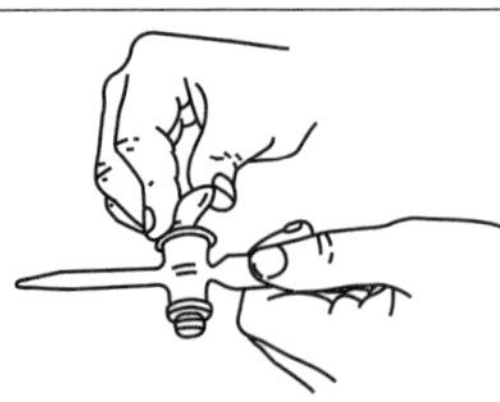 装旋塞	将涂好凡士林的旋塞直插入旋塞槽中，向同一方向转动旋塞，直至旋塞和旋塞槽内的凡士林全部透明为止。 【注意】若旋塞孔内有凡士林，说明凡士林涂得太多；若转动不灵活，说明凡士林涂得太少或未涂抹均匀。出现这种情况均需要重新涂抹。 为了防止旋塞掉落，可剪下一圈乳胶圈，套在旋塞尾部的凹槽内

续表

具玻璃塞滴定管	
操作示意图	说明
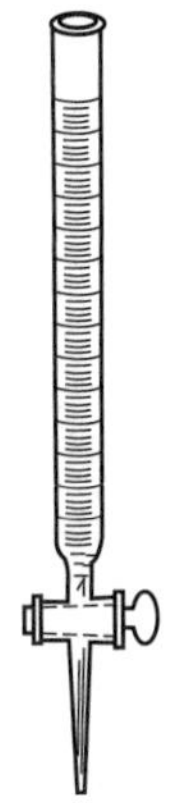 检漏	**检漏操作：** 进行检漏时，关闭旋塞，加水至零刻度线附近，擦干滴定管外壁，将其直立夹在滴定管架上，静置 5～10min，观察滴定管下管口是否有液珠滴出，用干的滤纸在旋塞槽两端贴紧旋塞擦拭，若发现滤纸潮湿，说明渗水。若不漏水，将活塞转动 180°，静置 2min，按前述方法检漏。 【注意】若出现任何漏水情况，应再重新涂抹凡士林，直至不再漏水为止
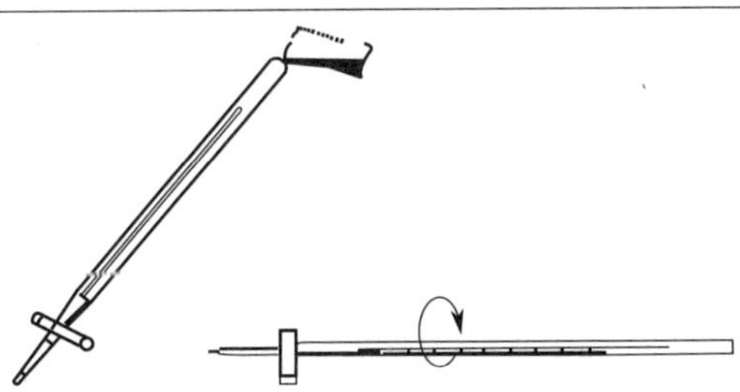 润洗	**润洗操作：** 进行润洗时，关闭滴定管旋塞，向滴定管中加入约 10mL 待装溶液，从下口放出少量（约 1/3）以洗涤尖嘴部分，再关闭旋塞，双手横持滴定管，慢慢转动使溶液与管壁充分接触，然后将溶液从管口倒入废液烧杯中，将管内溶液全部放完后再进行下次洗涤。至少润洗 3 次
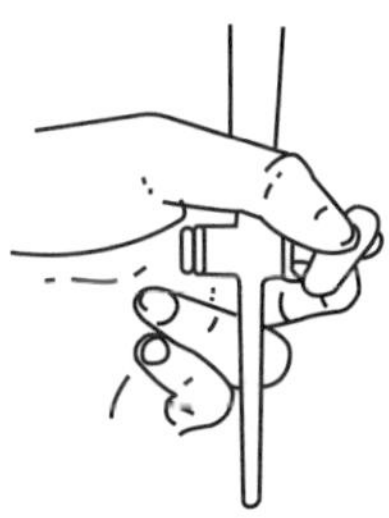 装液、排气泡	**装液、排气泡操作：** 装液时，关闭旋塞，一手持滴定管上部，另一只手握住试剂瓶，瓶口放在滴定管口上，以一定的流速向滴定管中加入溶液至零刻度线以上。 赶气泡时，左手的大拇指从滴定管内侧放在旋塞柄的上部，食指和中指从滴定管外侧放在旋塞柄的下部两端，以控制旋塞。转动旋塞使溶液迅速冲出以排出下端存留的气泡。 【注意】手心不要触碰旋塞尾部，以防旋塞松动产生漏液
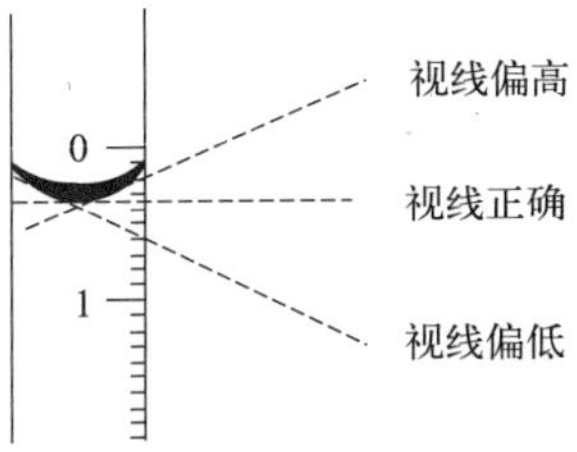 读取初读数（0.35mL）	**调零、读取初读数：** 调零时，调节液面在零刻度线处或零刻度线以下，将滴定管夹在滴定台上，静置约 1min 后再进行读数。 读取初读数时，一只手的拇指在前，食指和中指在后持在零刻度线以上部位，保持滴定管垂直，视线与弯月面下缘实线的最低点相切，读取初读数。将滴定管夹在滴定台上进行下一步操作。 【注意】标称溶量为 50mL 的滴定管，每 1mL 刻度线之间有 10 个分格，每 1 分格为 0.1mL，每 1 分格还可以估读出 0.01～0.09mL。因此，滴定管读数在小数点后应该有两位数字。初读数可以为 0.00mL、0.02mL、0.10mL、0.15mL 等

续表

具玻璃塞滴定管	
操作示意图	说明
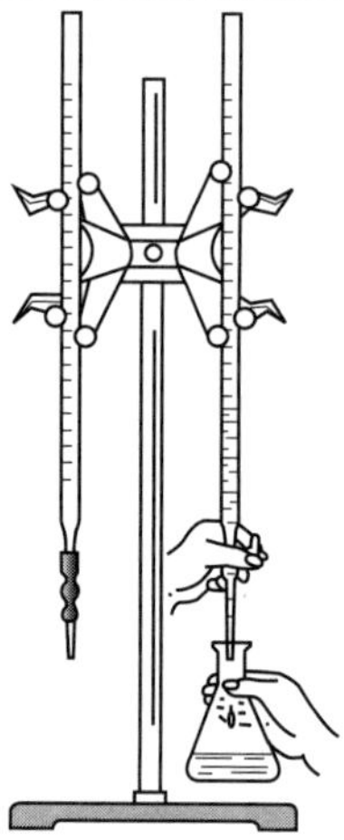 滴定操作 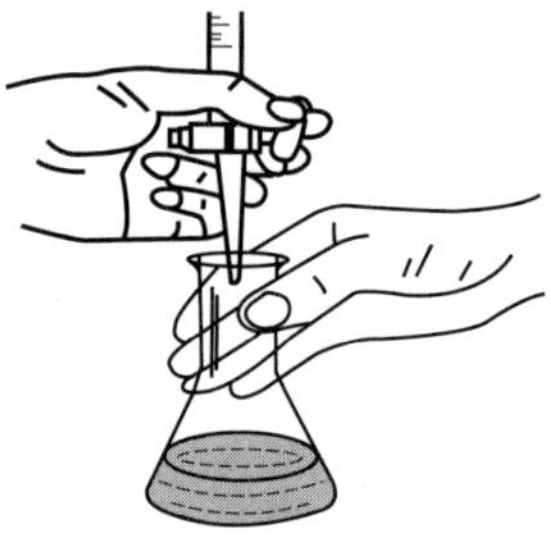 在锥形瓶中滴定  在烧杯中滴定	**滴定操作：** 进行滴定时，右手持锥形瓶，将滴定管的管尖部分插入锥形瓶口下 1～2cm 处，左手握持滴定管的旋塞，开启旋塞使液体逐滴加入，边滴边按同一方向摇动锥形瓶，使锥形瓶中的溶液旋转起来，以利于滴入溶液的扩散和反应的进行。临近终点时，应放慢滴加速度，必要时半滴加入(即将溶液悬挂在滴定管尖端，用锥形瓶的内壁靠下，用少量蒸馏水冲下)，然后摇动锥形瓶，观察溶液颜色变化，直至滴定到溶液出现终点颜色 30s 不褪色即为到达滴定终点。记录滴定终点读数。 【注意】 ①锥形瓶的瓶口不能碰到滴定管，溶液应直接落入锥形瓶的溶液中，不可沿锥形瓶壁往下流动，否则会附着在瓶壁上没有及时和被测物发生反应。 ②通常以 3～4 滴/s 为宜，快速滴定时不能使液体呈连续直线状下落。 ③在接近滴定终点前，要逐滴加入，滴入一滴溶液后用力摇匀，观察溶液颜色的变化。 ④在滴定终点前不宜过早地进行半滴加入操作，这样不仅会延长滴定时间，还会因过多地用蒸馏水进行冲洗，改变溶液的酸度而影响滴定的准确度。 ⑤在烧杯中进行滴定时，用左手控制滴定管，右手用玻璃棒搅拌溶液，边滴入边搅拌
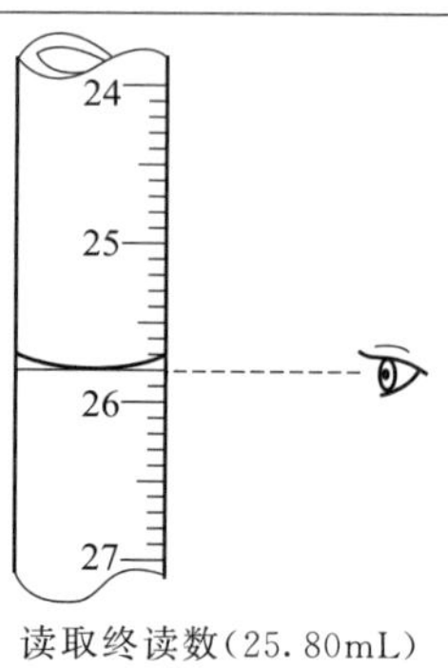 读取终读数(25.80mL)	**读取终读数：** 滴定到终点后等待 30s 左右，取下滴定管，用拇指、食指和中指持滴定管内液面上方适当位置，保持滴定管垂直，视线与弯月面下缘实线的最低点相切，读取终读数。

续表

具玻璃塞滴定管	
操作示意图	**说明**
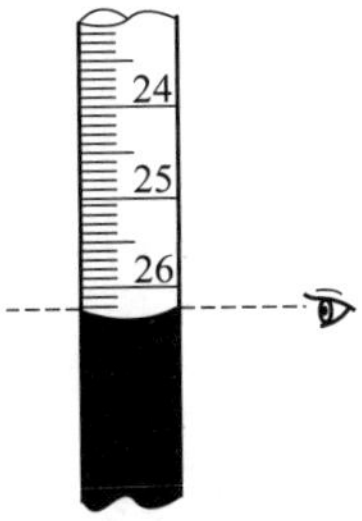 装深色溶液时的读数(26.20mL) 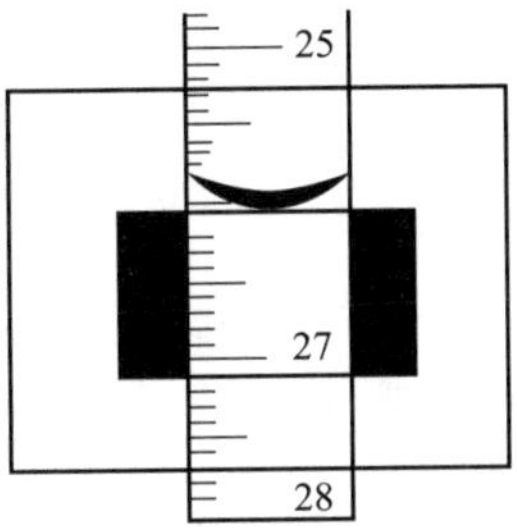 使用黑白板读数(26.05mL) 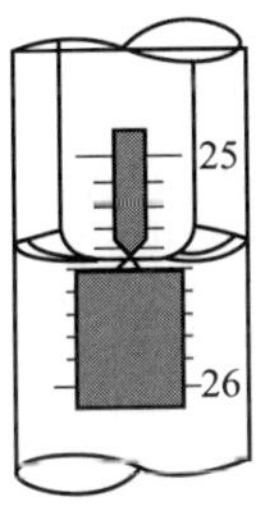 带蓝线的滴定管读数(25.42mL)	【注意】 ①对于无色溶液和浅色溶液来说，应读取弯月面下缘；对于颜色较深的有色溶液来说，应读取液面上缘。 ②为了便于读数，可采用读数卡(白纸板上涂有黑色的长方形)。 ③对于带有白底蓝线的滴定管，应读取上、下两蓝线的交点处。 ④无论采用何种方法读数，初读数和终读数应采用同一标准

具聚四氟乙烯塞滴定管	
操作示意图	**说明**
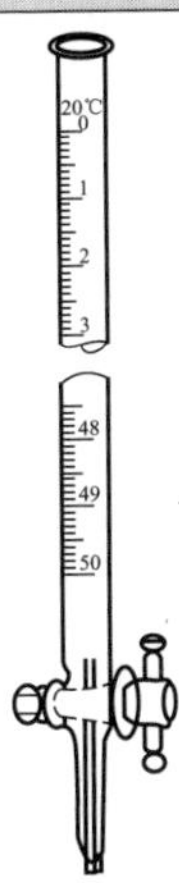 具聚四氟乙烯滴定管	具聚四氟乙烯滴定管在使用时不需要涂润滑剂，只要将旋塞一端的螺母旋紧或旋松以调节旋塞转动的灵活性，其余操作同具玻璃塞的滴定管

续表

无塞滴定管	
操作示意图	说明
 检漏	**检漏操作：** 选择一直径大小合适、圆滑的玻璃珠，置于长度适中、管内径合适的橡胶管中，连接管尖和管身。 装水至零刻度线附近，擦干滴定管外壁和管尖的液滴。把滴定管直立夹在滴定管架上，静置 5～10min，观察液面是否下降，滴定管下管口是否有液珠滴落。若发现漏水，应调换胶管中的玻璃珠，再检漏。若不漏水，可以使用
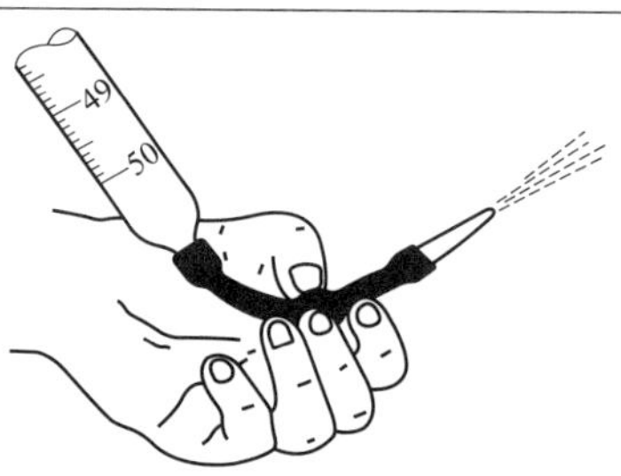 排出气泡	**润洗、装溶液和排气泡操作：** 润洗、装溶液方法与具塞滴定管相同。 排气泡时，一只手拿住无塞滴定管，另一只手的拇指和食指捏住胶管中的玻璃珠，使胶管向上弯曲，并使管尖高于玻璃珠，必要时倾斜滴定管，用力捏挤玻璃珠侧上方，使溶液从尖嘴喷出，这样就能排出胶管和管尖部位的气泡。 【注意】无塞滴定管中的气泡一般是藏在玻璃珠附近，使用前必须仔细检查，并将管内气泡完全赶尽
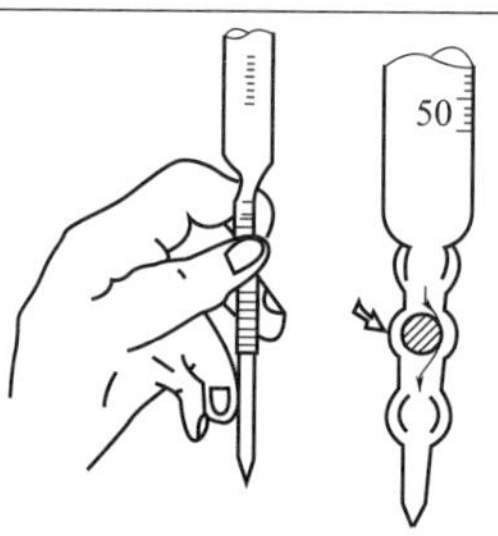 挤压玻璃珠使溶液滴出 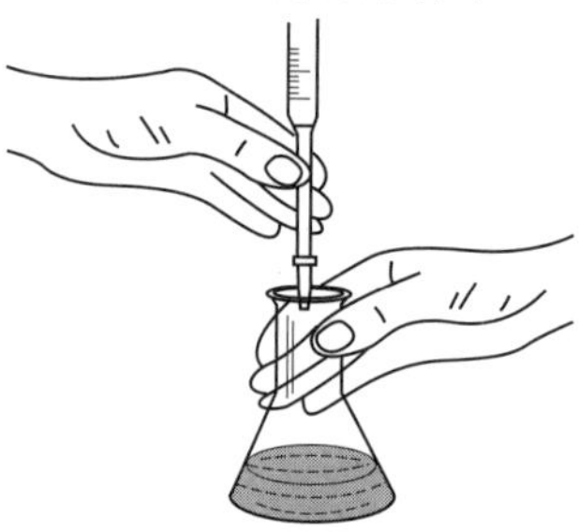 在锥形瓶中进行滴定操作 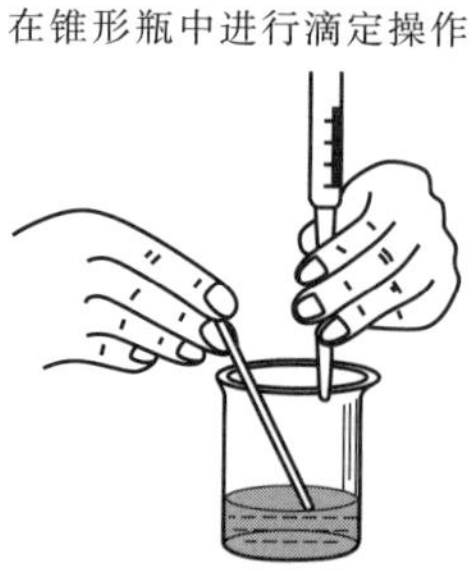 在烧杯中进行滴定操作	左手的拇指在前，食指在后，捏住胶管中玻璃珠的一侧(建议在外侧)中间稍偏上处，使胶管与玻璃珠之间形成一条缝隙，溶液即可流出。通过控制捏挤的缝隙大小，控制滴定速度。 【注意】不能捏挤玻璃珠下方的胶管，否则松开手指后，会导致空气从管尖进入，形成气泡，导致体积计量误差。 右手持锥形瓶，将滴定管的管尖部分插入锥形瓶口下 1～2cm 处，左手挤压玻璃珠，使溶液逐滴加入锥形瓶中，边滴边按同一方向摇动锥形瓶。 【注意】通常以 3～4 滴/s 为宜，快速滴定时不能使液体呈连续直线状下落。在烧杯中进行滴定时，用左手控制滴定管，右手持玻璃棒搅拌溶液，边滴入边搅拌

笔记

专题 2-6 物质的分离和提纯

物质的分离分为固-液分离和液-液分离。固态物质的提纯方法主要有重结晶、升华和层析；液态物质的提纯方法主要有（减压）蒸馏、分馏和层析。

一、固-液分离

固-液分离操作主要有倾析、常压过滤、减压过滤和离心分离等（见表 2-13）。

表 2-13 固-液分离的基本操作

倾析	
操作示意图	说明
 倾析操作 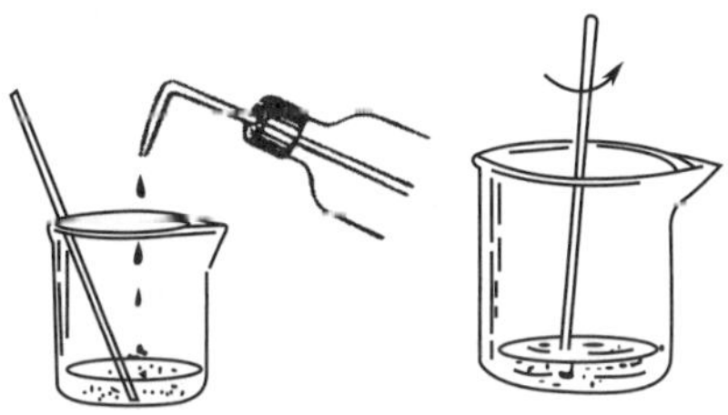 洗涤沉淀	当沉淀或重结晶的颗粒较大时，静止后能很快沉降至容器底部时，常用倾析法进行分离和洗涤。 倾析法是指将沉淀上部的溶液倾入另一个容器中，使沉淀与溶液分离的操作方法。 将一根玻璃棒平放在待进行固-液分离的烧杯口上(玻璃棒的一端穿过烧杯嘴)，拇指在前，中指和无名指在后，食指压住玻璃棒，拿起烧杯，缓慢倾斜，使烧杯中上层清液沿玻璃棒流入另一个烧杯中。 如需洗涤沉淀时，只要向盛沉淀的容器内加入少量洗涤液，充分搅拌均匀，待沉淀沉降到容器底部后，再用倾析法分离出上部的清液。如此反复操作 2～3 次，即能将沉淀洗净
常压过滤	
操作示意图	说明
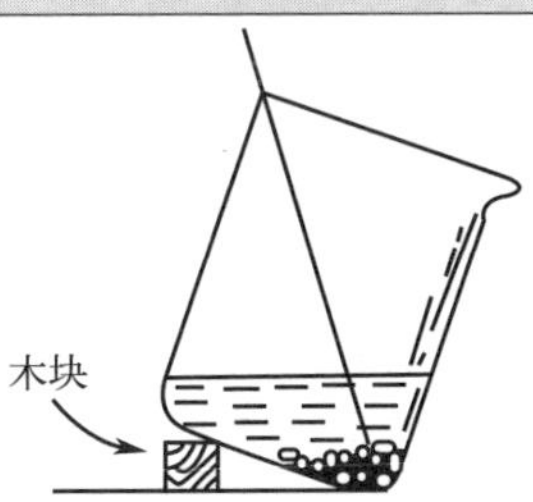 沉淀的静置	用一块小木块垫在烧杯底部，将烧杯倾斜静置一段时间，使沉淀和上层清液分开，便于转移上层清液。 【注意】不要让玻璃棒靠在烧杯嘴上
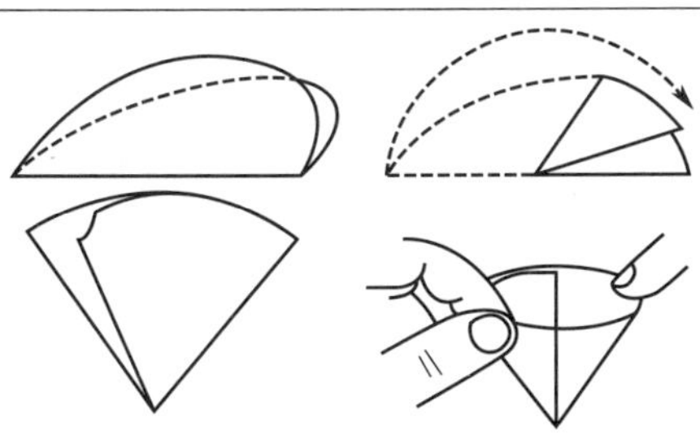 滤纸的折叠	把一圆形滤纸对折两次成扇形，撕去滤纸的一角，展开后呈圆锥形。 【注意】滤纸有定性滤纸和定量滤纸两种，在定性实验中常用定性滤纸，而在定量分析中采用定量滤纸

续表

常压过滤	
操作示意图	说明
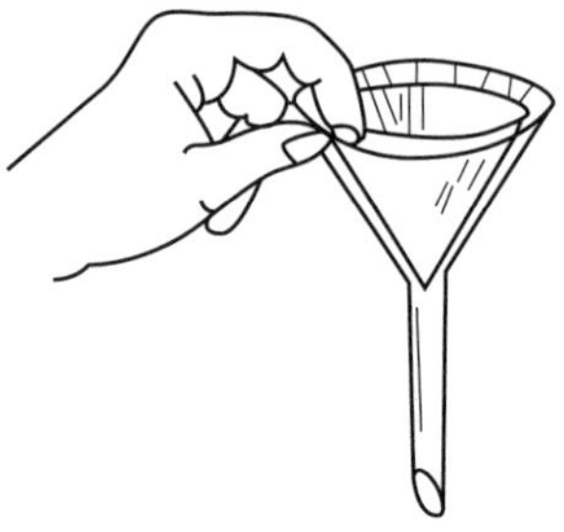 将滤纸放入漏斗中	在将滤纸放入漏斗中时，将滤纸三层一侧放在漏斗下端出口处短的一侧，使其紧贴漏斗内壁，再用少量蒸馏水润湿滤纸。 【注意】必须使滤纸的边缘略低于漏斗的边缘。必要时剪去多余滤纸；若滤纸与漏斗间有气泡，轻压滤纸赶去气泡；必要时可加入适量的水使漏斗颈中充满水形成水柱
 过滤操作	按照左图所示搭建好过滤装置，使漏斗下端出口处长的一侧紧靠烧杯内壁，将玻璃棒下端抵靠在三层滤纸处，倾斜烧杯并使烧杯嘴紧靠在玻璃棒上，将上层清液小心沿玻璃棒慢慢倒入漏斗内（液面低于滤纸的边缘约 1cm）。 【注意】一贴、二低、三靠
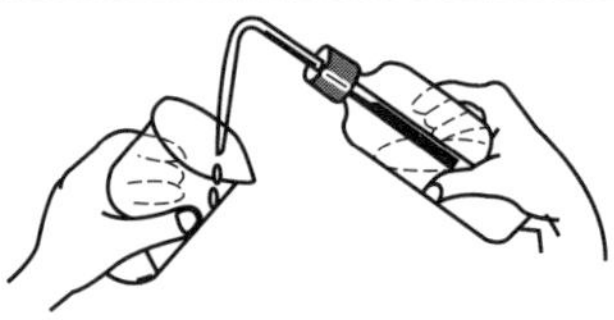 洗涤沉淀及容器	待上层清液转移完后，用少量洗液洗涤烧杯中的沉淀，静置后用倾析法将溶液转移至滤纸上。如此洗涤烧杯中的沉淀 3～4 次。 加入少量洗涤液于烧杯中，充分搅拌，立即将沉淀和溶液一起转移至滤纸上
 吹洗残留的沉淀	对于烧杯中留下的少量沉淀，可采用吹洗的方法将沉淀吹洗至漏斗中。一只手用倾析的操作方法，将玻璃棒的一端靠在三层滤纸上，另一只手用洗瓶吹洗烧杯内壁，使洗涤液沿玻璃棒流入漏斗中。 【注意】若仍有少量沉淀黏附在烧杯壁上吹洗不下来，可用沉淀帚擦洗后，再吹洗至漏斗中
 洗涤滤纸中的沉淀	为了将沉淀表面所吸附的杂质除去，可用洗瓶吹出水流，从滤纸上部多层边缘开始沿漏斗壁螺旋向下冲洗滤纸和沉淀，将沉淀冲洗至滤纸的底部

笔记

续表

减压过滤	
操作示意图	说明
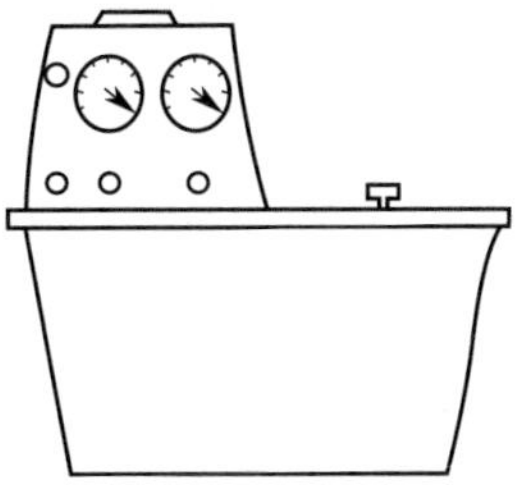 循环水式真空泵	循环水式真空泵产生的负压带走瓶内的空气，使抽滤瓶内的压力减小，由于布氏漏斗的液面上与抽滤瓶内形成压力差，从而加快过滤速度
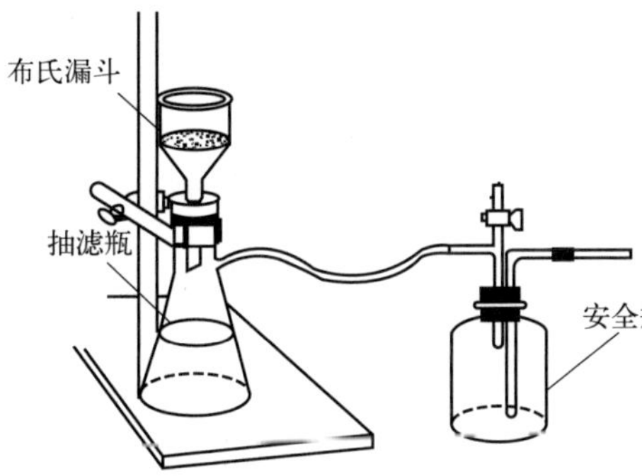 减压过滤装置 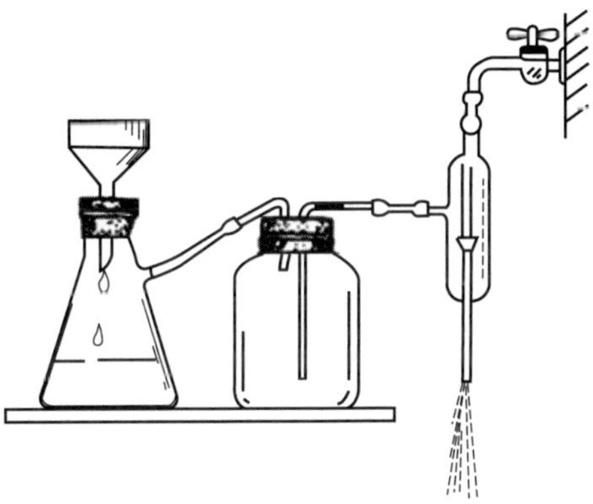 水压真空泵减压过滤装置	减压过滤装置由布氏漏斗、抽滤瓶、安全瓶、橡胶管、循环水式真空泵等组成。 ①滤纸准备。将布氏漏斗倒立在滤纸上并用力压使之出现一痕迹，用剪刀沿痕迹内缘剪下，滤纸的大小以稍小于布氏漏斗的内径，以能遮住漏斗底部所有的小孔为宜。将剪好的滤纸平放于布氏漏斗中，加少量蒸馏水润湿，放入抽滤瓶中压紧，使布氏漏斗下端的斜面对着抽滤瓶侧面的支管。 ②装置连接。用橡胶管将安全瓶进口与真空泵抽气管接口连接起来。 ③过滤。打开真空水泵，摇动盛沉淀物的容器使沉淀物与溶剂混匀，先将容器中的少许溶液沿玻璃棒转入漏斗中，每次转入的量不能超过漏斗容量的 2/3，最后将剩余的沉淀转入布氏漏斗中，直至液体被吸干。 ④沉淀洗涤。拔掉橡胶管，关好真空水泵，向漏斗中加入洗涤液刚好浸没所有的沉淀，用玻璃棒轻轻松动所有的固体，使固体洗涤完全。待布氏漏斗下端有液体滴下时，再次连接好橡胶管，开启真空水泵，将沉淀中的水分吸干，然后拔掉橡胶管，关闭真空水泵。 ⑤沉淀取出和滤液倒出。将漏斗取下倒放于滤纸上或容器中，在漏斗的边缘轻轻敲打或用洗耳球从漏斗出口处向里吹气，滤纸和沉淀即可脱离漏斗。然后从抽滤瓶的上口倒出滤液。 【注意】若过滤的溶液有强酸性或强氧化性，应采用玻璃砂芯漏斗
 真空抽滤装置	真空抽滤装置由漏斗、弹簧夹、玻璃抽滤底座、磨砂接口瓶和循环水式真空泵等组成。 将滤膜置于漏斗和底座之间的夹层中，用弹簧夹固定住，将带真空接头的底座下端与磨砂接口瓶对接。 将底座一侧的真空接头用管子与真空泵连接，打开真空泵开关，向漏斗中加入待过滤的固液混合物，进行抽滤

续表

离心分离	
操作示意图	说明
 离心试管	当被分离的沉淀量很少时，用一般方法过滤会使沉淀粘在滤纸上难以取下，应采用离心分离法。 离心分离需要使用离心试管
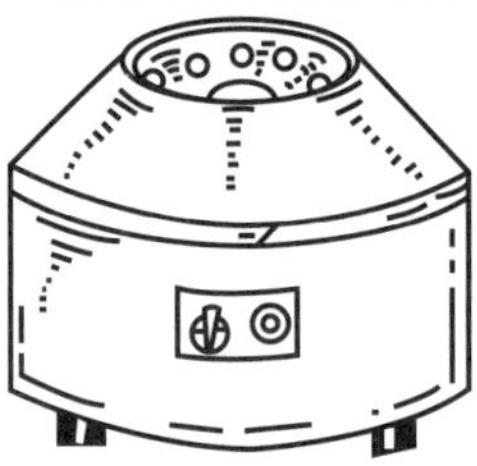 电动离心机	将盛有溶液和沉淀的离心试管对称地放置在离心机中，盖好盖子，打开离心机开关，逐渐加速，离心1～2min，再逐渐减速，最后关停。 【注意】离心管必须对称放置，以保持平衡；离心机必须盖上盖子后才能开启；开启离心机时转速应逐渐调快
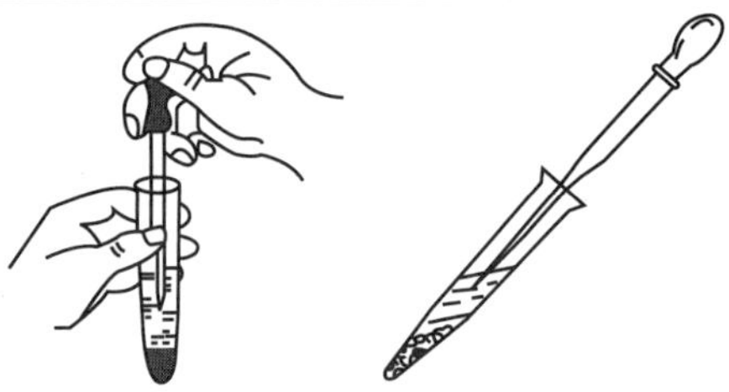 吸取上层清液	待离心沉降后，取出离心试管，一只手持离心管，另一只手持胶头滴管，用手指捏紧胶头排空其中的空气，然后轻轻地将滴管插入清液中，吸取上层清液，放入接收器中
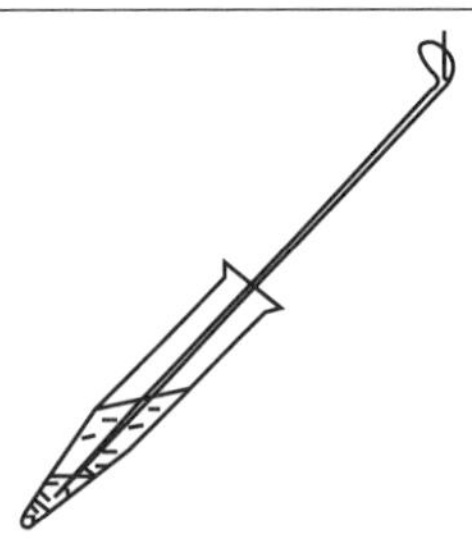 洗涤离心管中的沉淀	若沉淀需要洗涤，向离心试管中加入适量洗涤液，充分搅拌后再离心分离。如此反复洗涤2～3次

二、液-液分离

液-液分离主要包括萃取、蒸馏和分馏、色谱分离等。

1. 萃取

萃取是一种利用溶质在互不相溶的两种溶剂中溶解度的不同，用一种溶剂把溶质从另一溶剂所组成的溶液中提取出来的操作方法。当两种溶剂混合时，溶质会从溶解度较小的溶剂转移到溶解度较大的溶剂中，从而实现分离和富集（见表2-14）。

表 2-14　萃取操作

萃取操作示意图	说明
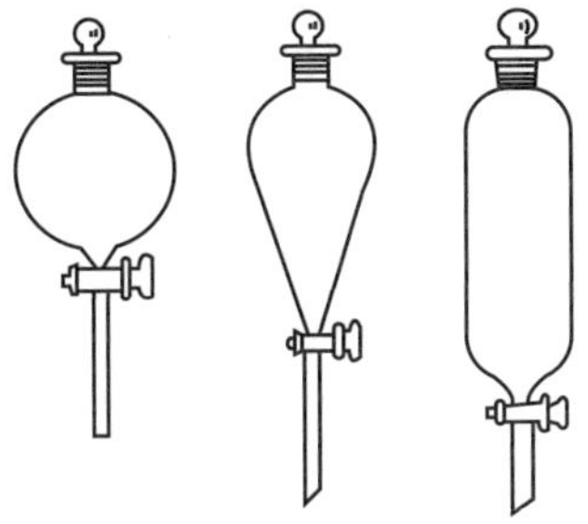 分液漏斗选择	选择一个适当容量的分液漏斗，检查分液漏斗旋塞和玻璃塞是否漏液。若旋塞漏液，可在旋塞上涂抹凡士林(方法同具玻璃塞滴定管)
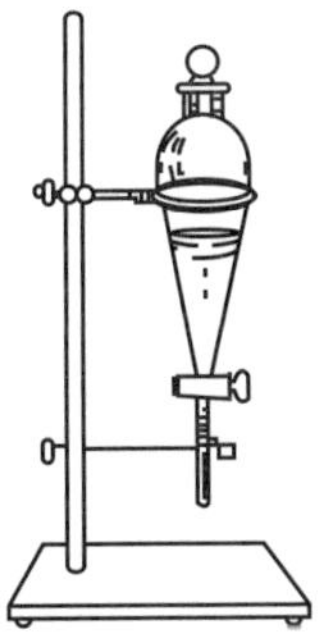 加入待萃取液体和萃取剂	选取与原溶剂互不相溶，且对溶质有较大的溶解度，又不与溶质发生化学反应的萃取剂。 关闭旋塞，先加入待萃取溶液，再加入萃取剂，盖好玻璃塞。 【注意】加入萃取剂的量一般为加入待萃取溶液体积的 1/3，分液漏斗中溶液的总体积不超过分液漏斗容量的 3/4
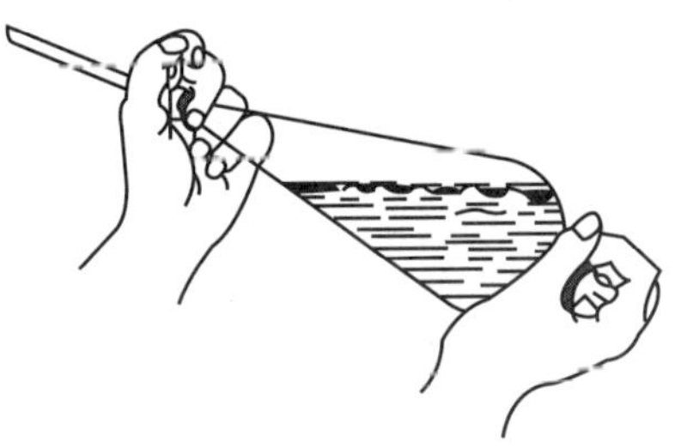 振荡操作	取下分液漏斗，用右手食指的根部抵住玻璃塞，大拇指、食指和中指拳握在塞子的柄上，使分液漏斗倾斜，旋塞一端在上；左手无名指和小指拳握，使分液漏斗的玻璃管穿过虎口，大拇指在前，食指和中指在后，控制旋塞的转动。 振荡分液漏斗，使两种液体充分混合，让溶质充分转移到萃取剂中。振荡过程中要不时打开旋塞放气，以防止分液漏斗内压强过大冲出漏斗。 【注意】对于有气孔的玻璃塞子，要盖好塞子确保封闭气孔后再颠倒分液漏斗；振摇时要缓慢，每振摇几次后，要立即打开旋塞放气，关好旋塞再次振摇，如此重复数次
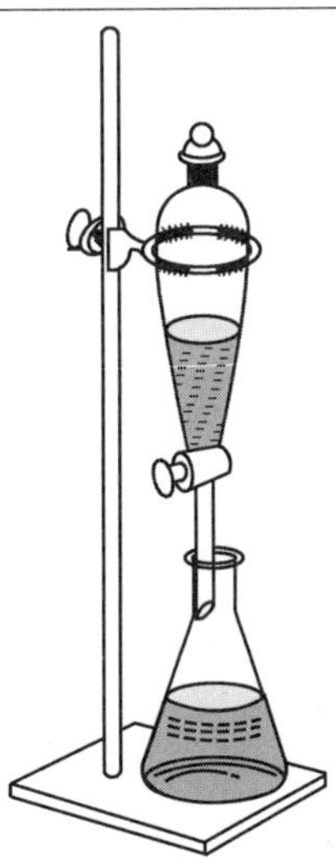 静置分层后分离液体	将分液漏斗放在铁架台的铁圈上静置，使混合液分层。 取下玻璃塞子(对于有气孔的塞子，旋转玻璃塞，对好放气孔，可以不取下塞子)，将旋塞慢慢旋开，使下层液体通过旋塞从下端放出，当下层液体刚好流尽时，迅速关闭旋塞。 将上层液体从分液漏斗上口倒出，分别收集在不同容器中，这样就实现了溶质与原溶剂的分离。 【注意】①分液时有时在两液相之间可能出现一些絮状物也应同时放出，然后将水溶液倒回分液漏斗中，再用新的萃取溶剂萃取。 ②在萃取时，可利用“盐析效应”，即在水溶液中先加入一定量的电解质(如氯化钠)，以降低有机物在水中的溶解度，从而提高萃取效果

2. 蒸馏和分馏

蒸馏分为普通蒸馏、水蒸气蒸馏和减压蒸馏，详见表2-15。混合物各组分的沸点差较小时（1～2℃），应用分馏柱进行分馏。

表 2-15　蒸馏和分馏操作

蒸馏装置示意图	说明
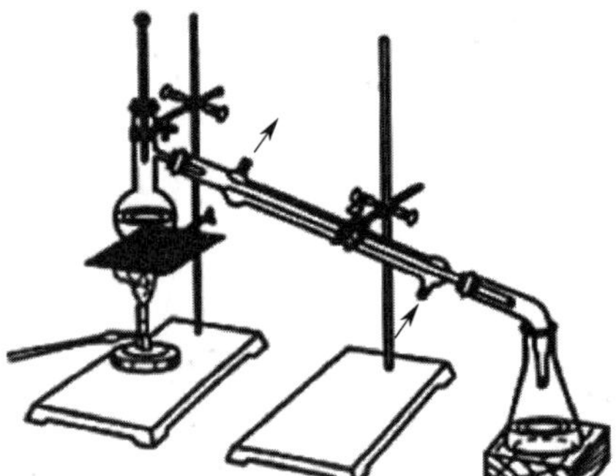 普通蒸馏装置 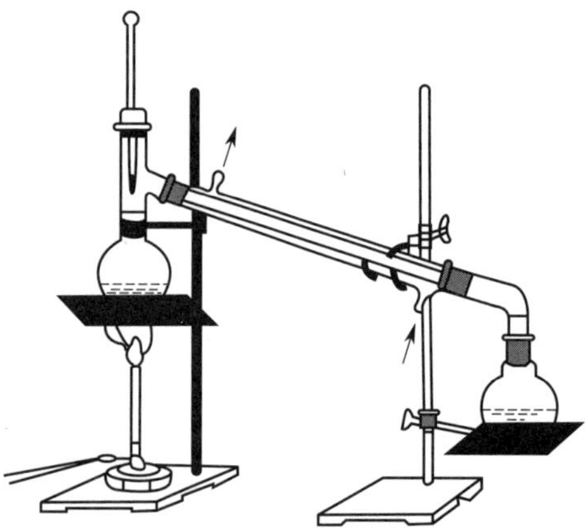 标准磨口组合的普通蒸馏装置 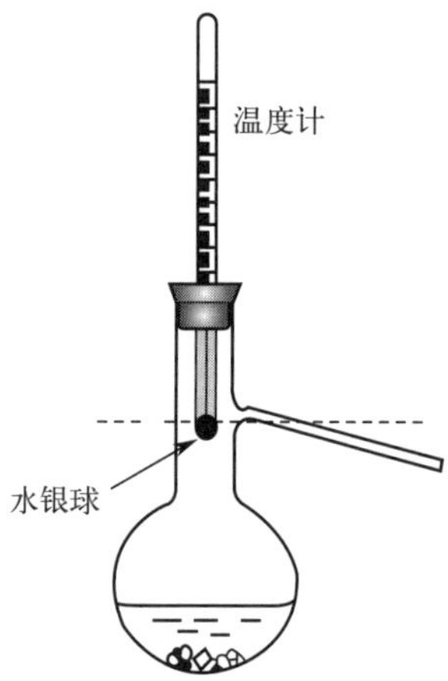 温度计水银球的位置	**普通蒸馏：** 普通蒸馏是在常压下进行的蒸馏操作，用于分离和提纯在常压下沸腾而不分解的液体。 实验室普通蒸馏装置主要由蒸馏烧瓶、温度计、冷凝管、接液管和接收器（圆底烧瓶或锥形瓶）等部分组成。 装置搭建遵循从下到上、从左到右的顺序。要求蒸馏烧瓶的支管伸出塞子外约2～3cm；温度计水银球的上端和蒸馏烧瓶支管的下沿平齐；烧瓶中加入的液体不能超过蒸馏烧瓶体积的2/3；冷凝管的夹子应夹在冷凝管的中下部（重心位置）。 进行蒸馏时，通过长颈漏斗加入待蒸馏的液体，或沿着面对支管的烧瓶颈壁小心加入。加入碎瓷片或沸石止沸，从下至上通入冷凝水。 先小火加热使液体沸腾，调节火焰，使蒸馏的速度保持在1～2滴/s，当不再有馏出液滴出或温度突然下降时，立即停止加热。 拆卸装置时，先停止加热，再停止通冷凝水，待冷却后再按照从右向左、从上到下的顺序拆卸。 【注意】加热前，须检查装置搭配是否正确，仪器间连接是否紧密，是否漏气

续表

蒸馏装置示意图	说明
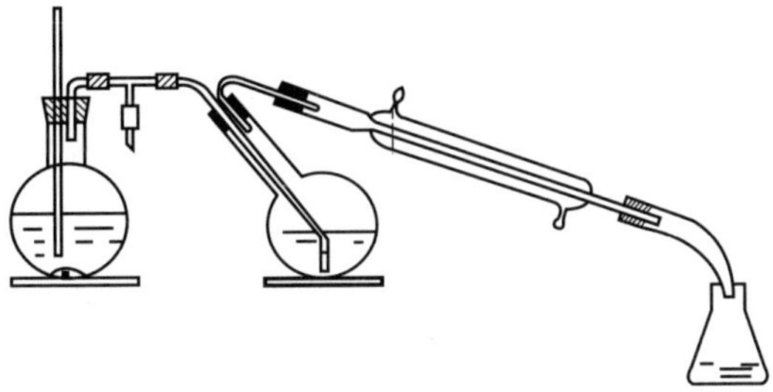 水蒸气蒸馏装置	**水蒸气蒸馏：** 通常所说的水蒸气蒸馏是指将水蒸气发生器产生的水蒸气通入被蒸馏的液体中，将被蒸物与水蒸气一起蒸出的操作。 水蒸气蒸馏装置由水蒸气发生器、长颈烧瓶、冷凝管和接收器组成。 水蒸气发生器常用金属制成，也可以用大的圆底烧瓶，一般盛水量为其容量的 2/3，最多不能超过容量的 3/4。安全管应插到发生器底部，如果体系内压力增大，水会沿玻璃管上升，起到调节压力的作用。 长颈的圆底烧瓶向水蒸气发生器方向倾斜 45°角，瓶内液体不超过其容积的 1/3。在水蒸气发生器与插入长颈烧瓶的蒸汽导入管之间用橡胶管连接一个 T 形管，T 形管下端连接一段带有螺旋夹的乳胶管，用于及时放掉蒸汽冷凝后的水。 蒸汽导管的下端应尽量接近长颈烧瓶的瓶底，但不可与瓶底接触，弯曲部分位于瓶中液体的中央并与瓶底垂直。蒸汽导管与冷凝管连接的导管成 30°角。 进行蒸馏时，先通入冷凝水，打开 T 形管下端的螺旋夹，加热水蒸气发生器，直至水沸腾，当有大量水蒸气产生时，将螺旋夹拧紧，使水蒸气通入长颈烧瓶中。为了不使长颈烧瓶中的液体积累过多，必要时可在长颈烧瓶下面垫一张石棉网，用小火加热，蒸馏速度控制在 2～3 滴/s。 当接收器无明显的油状物质被蒸出时，先打开螺旋夹，停止对水蒸气发生器加热
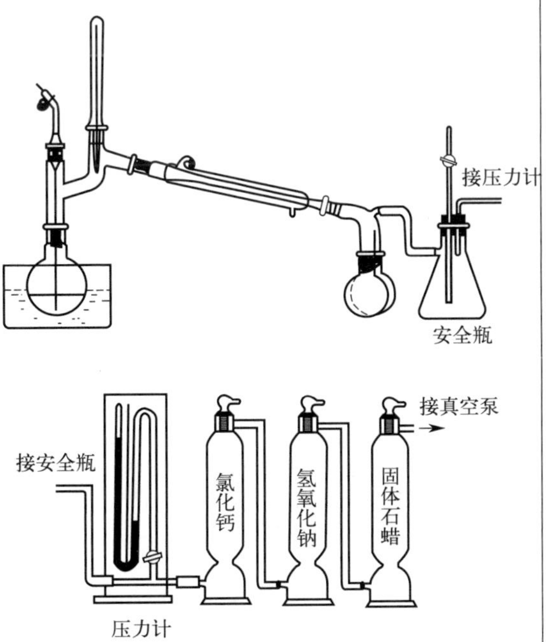 减压蒸馏装置	**减压蒸馏：** 减压蒸馏是指降低蒸馏瓶内的压力，在低于常压沸点的情况下将被蒸馏物分离出来，因此减压蒸馏常用来分离提纯那些在常压沸点时易于分解的物质。 **减压蒸馏装置：** 减压蒸馏装置由烧瓶、温度计、冷凝管、接收瓶、安全瓶、压力计、吸收塔和真空泵组成。 烧瓶中插入一根毛细管，毛细管的底端距离烧瓶底 1～2mm，毛细管上端口的玻璃管套乳胶管，乳胶管中放入细铁丝，外用螺旋夹 A 半旋紧。 温度计水银球的上端与蒸馏头支管下边缘平齐。 装有无水氯化钙的吸收塔用于吸收水分，装有块状氢氧化钠的吸收塔用于吸收酸，装有块状固体石蜡的吸收塔用于吸收有机物。 **减压蒸馏操作：** 通过长颈漏斗向烧瓶中加料(体积不超过烧瓶容量的 1/2)。通冷凝水，打开旋塞 2，开启真空泵，然后缓慢关闭旋塞 2，调节螺旋夹 1，使进气量能在毛细管底端冒出一连串的气泡。打开旋塞 3，当达到所要求的真空度且压力稳定后，开始加热。在液体沸腾后，温度达到要求时，转动尾接管接收馏分。 蒸馏完毕，移去热源，冷却后，旋开螺旋夹 1，关闭旋塞 3，缓慢打开旋塞 2，平衡压力，最后关闭真空泵

续表

分馏装置示意图	说明
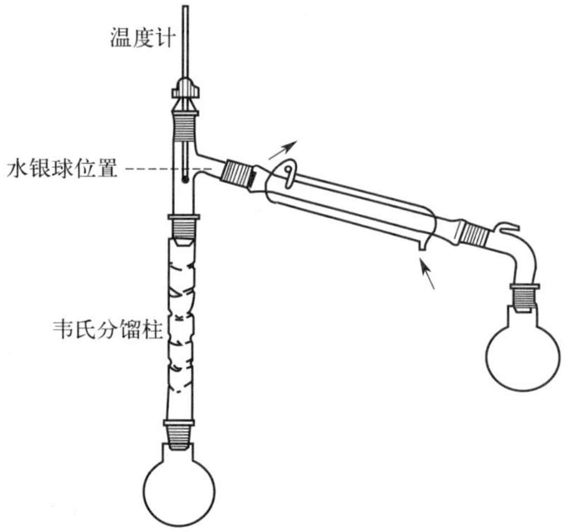 简单分馏装置	分馏是在分馏柱内反复进行气化、冷凝、回流等程序，将挥发性较高的组分与挥发性低的组分在分馏柱顶部分离开来，经冷凝管冷凝回收的操作。 分馏装置主要由圆底烧瓶、分馏柱、温度计、冷凝管和接收器组成。分馏装置与普通蒸馏装置相比较，只是用圆底烧瓶与分馏柱代替了蒸馏烧瓶。装置的搭建与普通蒸馏装置基本相同。 进行分馏操作时，通过长颈漏斗加入待分馏的液体，并加入防爆剂。 通入冷凝水，先小火加热，再慢慢加热至液体沸腾，调节火焰，控制馏出液的速度为 1～2 滴/s。当不再有馏出液或温度突然下降时，停止加热。 拆卸装置时，先停止加热，再停止通冷凝水，待冷却后按照从右向左、从上到下的顺序拆卸

3. 色谱分离

色谱分离（chromatographic separation）是基于待分离组分的物理化学性质（如吸附力、溶解度、电荷、分子大小等）的不同，在固定相（静止不动的基质）和流动相（液体或气体）之间分配行为的差异，导致各组分在两相中迁移速度的差异，从而实现分离。

将组分在固定相和流动相中的浓度比称为**分配系数**（$K=C_s/C_m$）。K 值大的组分，更易保留在固定相，迁移速度慢；而 K 值小的组分，更易随流动相移动，迁移速度快。

色谱分离又称为层析分离，分为纸层析（paper chromatography，PC）、薄层层析（thin-layer chromatography，TLC）和柱层析（column chromatography，CC），详见表 2-16。

表 2-16 色谱分离

纸色谱	
操作示意图	说明
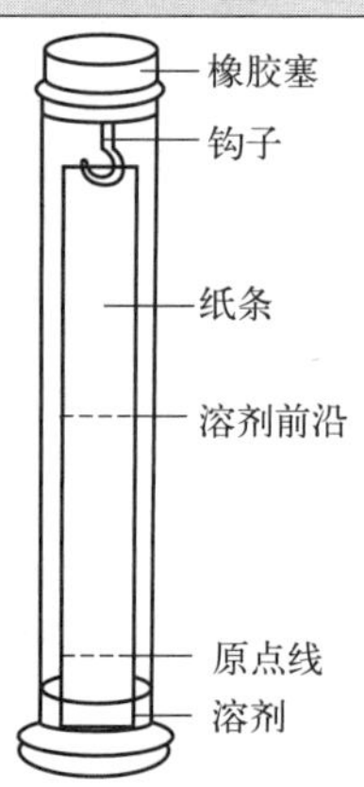 纸色谱装置示意图	纸色谱(纸层析)是用滤纸作为惰性载体，被滤纸纤维吸附的水形成的液膜作为固定相，含有一定比例水的有机溶剂作为流动相(通常称为展开剂)进行分离的方法。 **滤纸准备**：通常将滤纸裁成长度为 25～30cm，宽度为 5cm 的长条，在纸条的一端约 2～3cm 处用铅笔做一记号，或画上一条原点线，作为点样的原点，在距离原点线约 10cm 处画一条垂直线，作为溶剂前沿位置。 **点样**：用毛细管吸取适量样品在原点线中心位置点 2mm 左右的斑点，并在空气中晾干。 **展开**：将展开剂加入层析缸中，把点好样的滤纸条悬挂在层析缸中，使滤纸下端浸入展开剂中约 1cm。当展开剂移动到溶剂前沿标记处时，取出滤纸条在空气中晾干。

续表

纸色谱	
操作示意图	**说明**
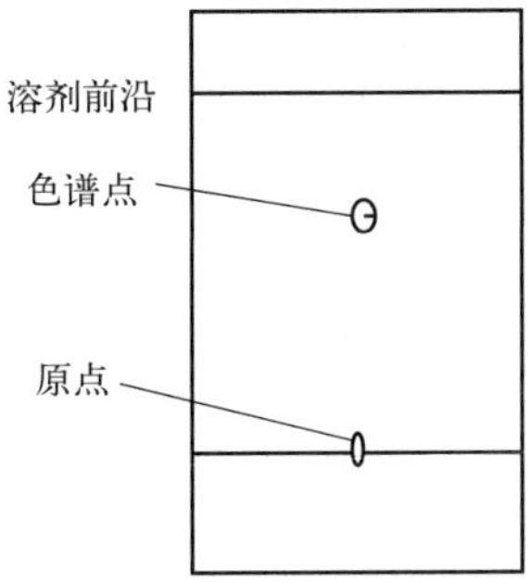 纸色谱展开示意图	【注意】展开的方法分为上行法、下行法、圆形展开法、双向展开法等。 **显色**:对于本身无颜色的分离物,可借助紫外灯观察(若组分有荧光),或喷显色剂。 **计算比移值 R_f**:用铅笔把斑点的轮廓和中心点(层析点)标出,测量斑点中心到原点的距离。 R_f=层析点至原点距离/溶剂前沿至原点距离 极性弱的组分与流动相亲和力强,迁移快,R_f 值大;极性强的组分与固定相亲和力强,迁移慢,R_f 值小。 【注意】相同条件下,R_f 是物质的特征值,可用于定性分析

薄层色谱	
操作示意图	**说明**
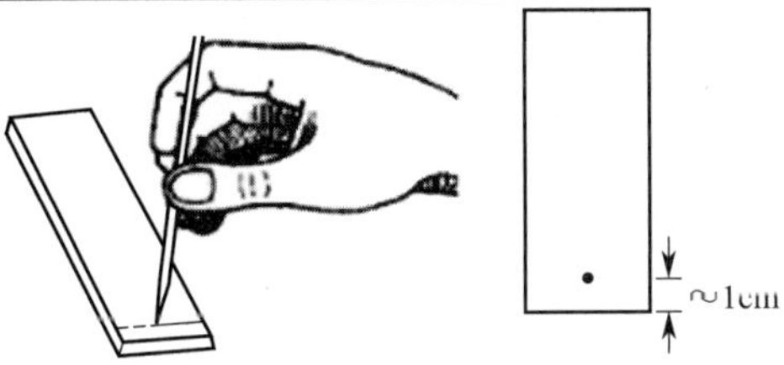 薄层板点样示意图	在平滑的玻璃板上,将硅胶或氧化铝、硅藻土等吸附剂铺成薄层作为固定相,用溶剂(展开剂)作为流动相。 **制板**:使用预制 TLC 板(含荧光指示剂),或自行涂布固定相。 **点样**:用毛细管将样品溶液点在起始线(距底端 1cm 处),斑点直径小于 2mm。
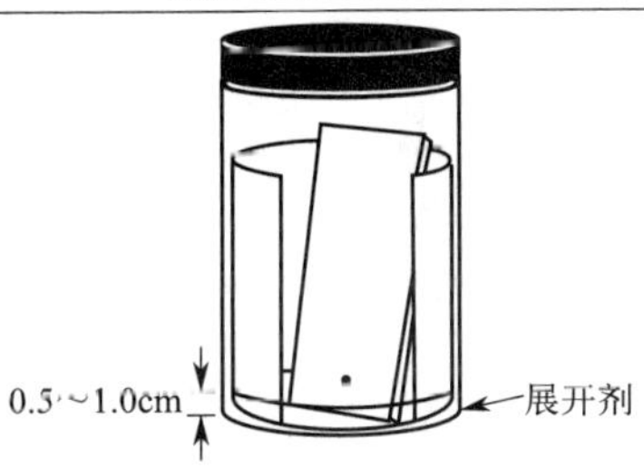 薄层色谱展开示意图  薄层色谱展开剂前沿示意图	**展开**:将点好样的薄层板放入展开缸中(预先饱和蒸气),使展开剂液面低于点样线。溶剂沿固定相上升,带动组分迁移
 碘熏显色示意图	**显色**:紫外灯(UV 254/365nm)观察荧光猝灭斑点,或喷显色剂(如碘蒸气、茚三酮等)使斑点显色

续表

<table>
<tr><th colspan="2">薄层色谱</th></tr>
<tr><th>操作示意图</th><th>说明</th></tr>
<tr><td>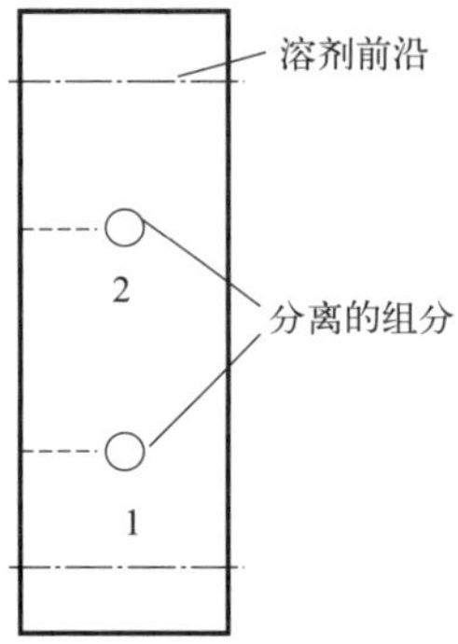

薄层色谱展开后示意图</td><td>计算 R_f 值:R_f=组分斑点移动距离/溶剂前沿移动距离</td></tr>
<tr><th colspan="2">柱色谱</th></tr>
<tr><th>操作示意图</th><th>说明</th></tr>
<tr><td>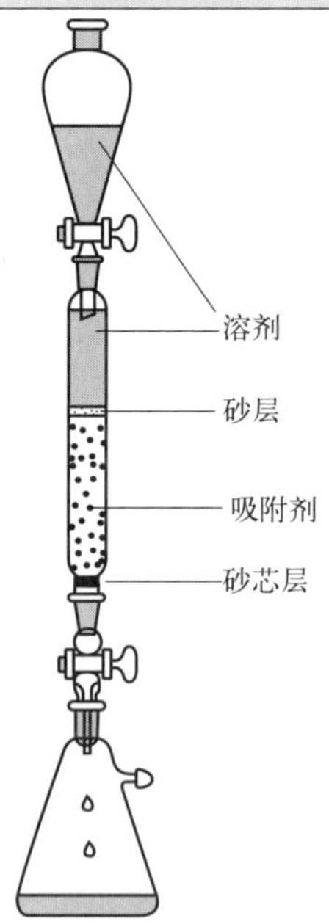

柱色谱示意图
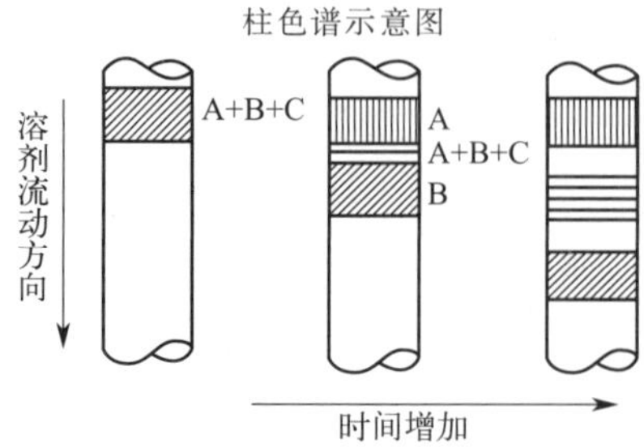

色谱展开示意图</td><td>柱色谱以填充在柱中的硅胶或氧化铝、树脂等作为固定相,以洗脱剂为流动相,利用不同组分在固定相和流动相之间的分配差异,对混合物进行分离和纯化。
装柱:通常分为干法装柱和湿法装柱。干法装柱是将固定相(如硅胶)直接填入柱中,轻敲压实,再用洗脱剂润湿。湿法装柱是将固定相与洗脱剂混合成浆状,倒入柱中自然沉降。
上样:对于液体样品,直接滴加到柱顶端;对于固体样品,溶解于少量洗脱剂后再上样,或吸附于少量硅胶再上样。
洗脱:分为等度洗脱和梯度洗脱。等度洗脱是使用单一溶剂或固定比例的混合溶剂进行洗脱。梯度洗脱是逐步增加洗脱剂极性(如石油醚和乙酸乙酯),以提高分离效果。
收集与检测:用试管按时间或体积分段收集洗脱液。合并相同组分的洗脱液,用 TLC 进行检测</td></tr>
</table>

三、重结晶

从化学反应中制得的固体产品，常含有少量杂质。重结晶是提纯固体化合物的常用方法。重结晶是根据被提纯的化合物在不同温度下溶解度的不同，以及该化合物及其所含的杂质在同一溶剂中溶解度的不同而达到分离的目的。重结晶的过程为：制备饱和溶液→脱色→热过滤→冷却结晶→过滤和洗涤→干燥（见表 2-17）。

表 2-17　重结晶操作

饱和溶液的制备及脱色操作	
操作示意图	**说明**
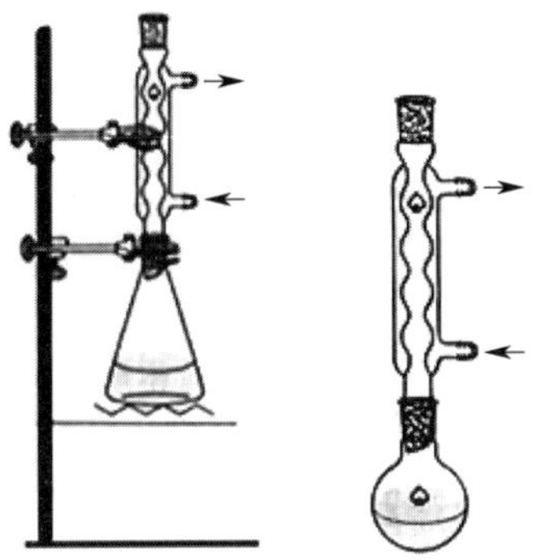 制备饱和溶液和脱色装置	根据选用的溶剂(水或有机溶剂)选择适当的容器和热源。通常情况下选择锥形瓶或烧瓶作为重结晶的容器。若为易挥发溶剂，还必须在锥形瓶或烧瓶上加回流冷凝管。若样品的量过少，可采用 Y 形砂芯漏斗、直形冷凝管回流装置或梨形瓶回流装置。 将样品加入锥形瓶或烧瓶后，先加入比计算量少的溶剂，加热沸腾一段时间后，从冷凝管上口分次添加溶剂，并使溶液保持沸腾，注意观察样品溶解情况，直至样品完全溶解。 对于带有颜色的样品，可加入适量活性炭脱色。活性炭的用量视杂质多少而定，一般为样品的 1%～5% 左右。在溶液冷却的条件下，加入适量活性炭，再煮沸 5～10min
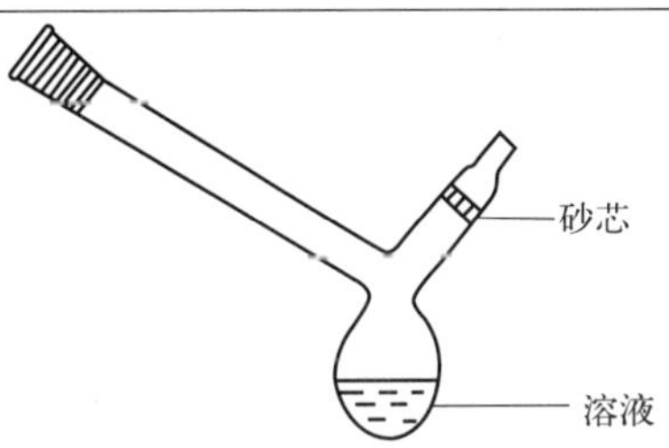 Y 形砂芯漏斗	若样品较少(半微量，少于 500mg)，用一般重结晶操作方法损失较大，可用 Y 形砂芯漏斗。 先将样品放入玻璃球中，加少许溶剂，将玻璃球在水浴或油浴中加热至微沸，用滴管补加溶剂，直至样品全部溶解
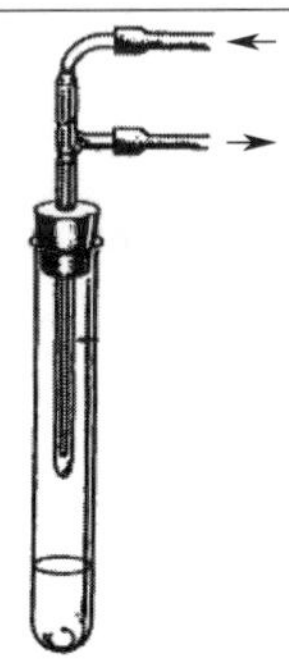 直形冷凝管回流装置	样品量较少时，可以采用直形冷凝管回流装置进行回流。将直形冷凝管插入装有反应物的试管中，用塞子固定好
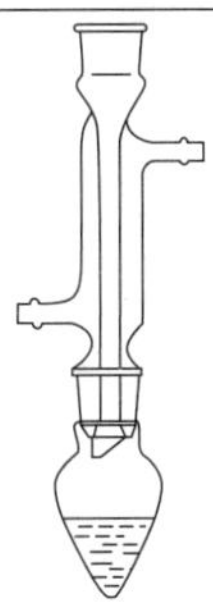 梨形瓶回流装置	样品量较少时，可以采用梨形瓶上接普通冷凝管回流装置进行回流

续表

<table>
<tr><th colspan="2">热过滤</th></tr>
<tr><th>操作示意图</th><th>说明</th></tr>
<tr><td>
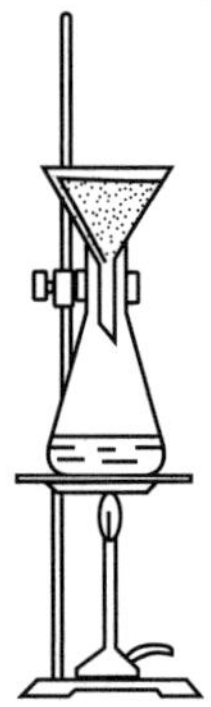

趁热过滤操作</td><td>重结晶溶液是一种具有一定温度的饱和溶液，为了防止溶液在低温情况下析出晶体，常采用热过滤。
在过滤温度要求不高时，可以将漏斗、接收器和玻璃棒放在烘箱或热水中预热后趁热过滤。也可以将漏斗放在锥形瓶上，将锥形瓶放在铁圈上，垫一块石棉网，用小火对锥形瓶进行加热。漏斗中放入折叠滤纸，趁热过滤。
【注意】采用短颈漏斗和折叠滤纸，可以提高过滤速度</td></tr>
<tr><td>
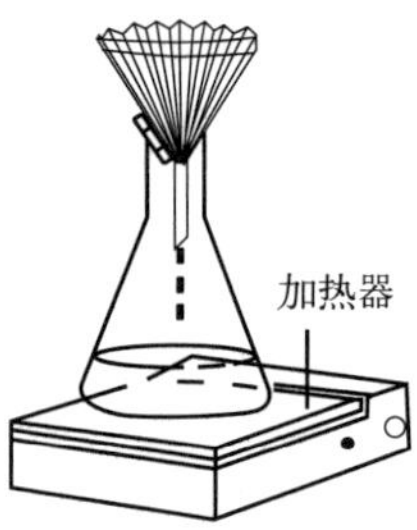

热过滤装置</td><td>将漏斗放在锥形瓶上，将锥形瓶放在电加热器上加热。漏斗中放入折叠滤纸，趁热过滤</td></tr>
<tr><td>
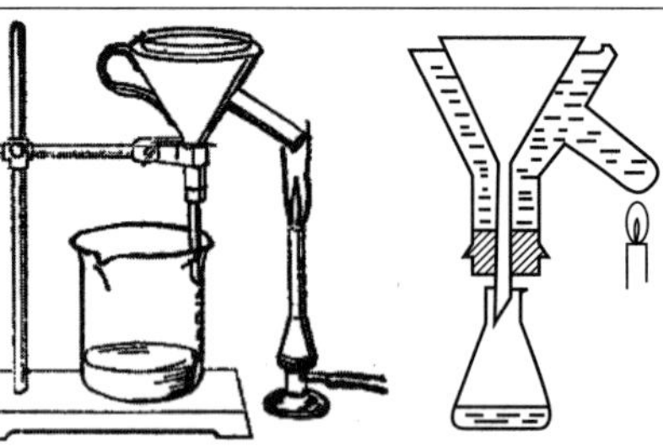

热水保温漏斗热过滤装置</td><td>热水漏斗是一种能保温的金属夹套式漏斗。使用时将玻璃漏斗放在热水漏斗内，将叠好的滤纸放在玻璃漏斗中，夹层中加入水，在加热柄处进行加热，使夹层中的水达到适宜的温度，以维持溶液的温度，将热的溶液趁热过滤</td></tr>
<tr><td>
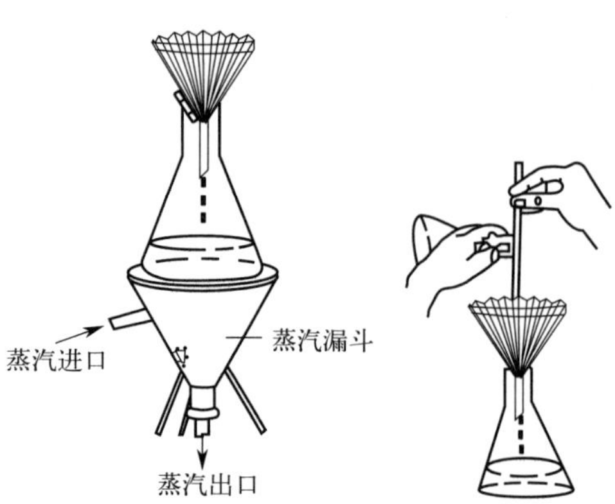

蒸汽保温漏斗热过滤装置</td><td>蒸汽漏斗是一种能保温的金属夹套式漏斗。使用时将玻璃漏斗放在锥形瓶上，将叠好的滤纸放在玻璃漏斗中，再将锥形瓶放在蒸汽漏斗上，通入蒸汽对锥形瓶进行保温，将热的溶液趁热过滤</td></tr>
</table>

续表

热过滤	
操作示意图	说明
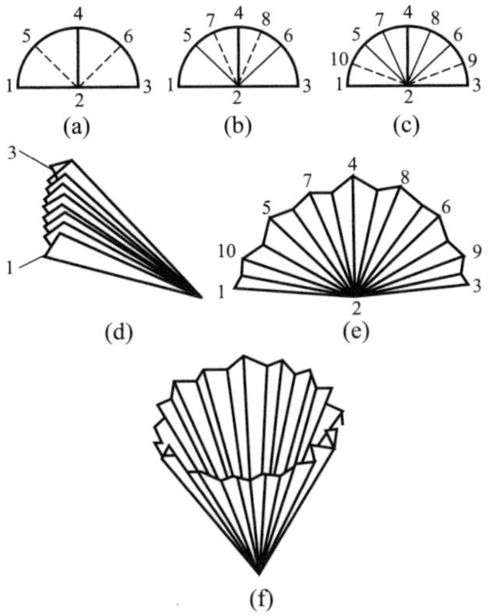 滤纸的折叠方法	将滤纸对折，再对折，打开呈半圆状态时得折痕 2-1、2-3 和 2-4。然后将 2-1 折向 2-4 得到折痕 2-5，将 2-3 折向 2-4 得到折痕 2-6，见图(a)。再将 2-1 折向 2-6 得到折痕 2-7，将 2-3 折向 2-5 得到折痕 2-8，见图(b)。将 2-3 折向 2-6 得到折痕 2-9，将 2-1 折向 2-5 得到折痕 2-10，见图(c)。最后将 2-1 反向折向 2-10，2-10 反向折向 2-5，2-5 反向折向 2-7……至 2-9 反向折向 2-3，见图(d)、图(e)。取开后即得到折叠滤纸，见图(f)

冷却结晶	
操作示意图	说明
 快速冷却	当需要快速冷却时，可将盛有饱和溶液的锥形瓶放在冰水浴中进行冷却。但是，这种快速冷却得到的是小颗粒晶体，表面吸附的杂质也比较多。 【注意】若滤液形成过饱和溶液而不析出晶体时，可用玻璃棒摩擦器壁，或者加入少许晶种，使晶体迅速形成
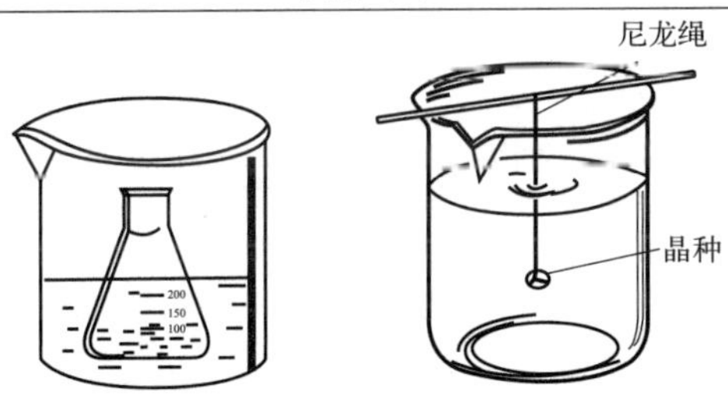 缓慢冷却	将滤液放在室温或保温静置，使其缓慢冷却，可以得到颗粒较大的晶体。 必要时可以用尼龙绳悬挂晶种静置过夜

过滤和洗涤	
操作示意图	说明
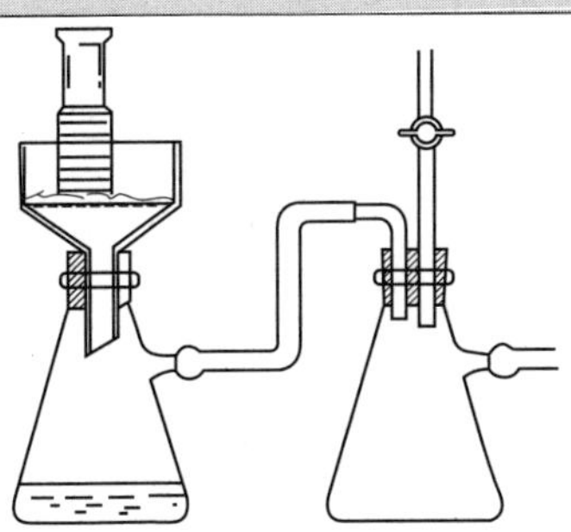 布氏漏斗抽滤装置	结晶与母液分离通常采用布氏漏斗进行抽滤。布氏漏斗通过橡胶塞与吸滤瓶相连，吸滤瓶的侧管通过耐压橡胶管与循环水泵相连。为了操作安全，在吸滤瓶与循环水泵之间接一个安全瓶，以防由于压力降低而使循环水泵中的水倒吸进吸滤瓶中。 【注意】布氏漏斗下端斜口应正对吸滤瓶的侧管，以防止滴下的滤液被抽走

续表

过滤和洗涤	
操作示意图	说明
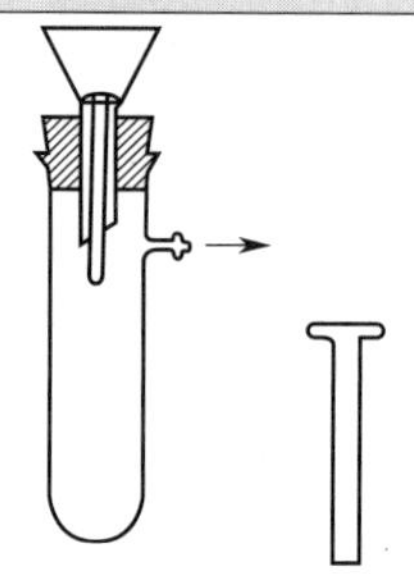 玻璃钉漏斗抽滤装置	对于少量(小于 0.1g)晶体的过滤,可采用玻璃钉漏斗进行抽滤。 玻璃钉漏斗是由一个普通漏斗中插入一根玻璃钉(一头压平的玻璃棒)组成的。所使用的圆形滤纸应略大于玻璃钉圆头的直径。玻璃钉漏斗和抽滤管组成抽滤装置
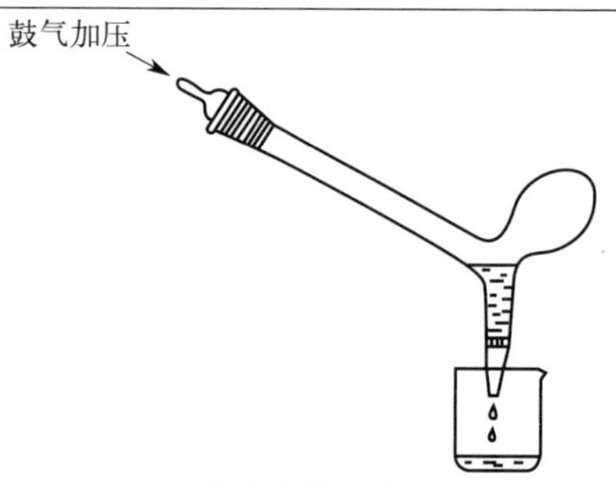 Y 形砂芯漏斗过滤	待样品全部溶解,擦净玻璃球上的水或油,迅速将玻璃球倒置,用橡胶气球通过玻璃管向 Y 形砂芯漏斗内加压,使漏斗内的饱和溶液滤入洁净的容器中
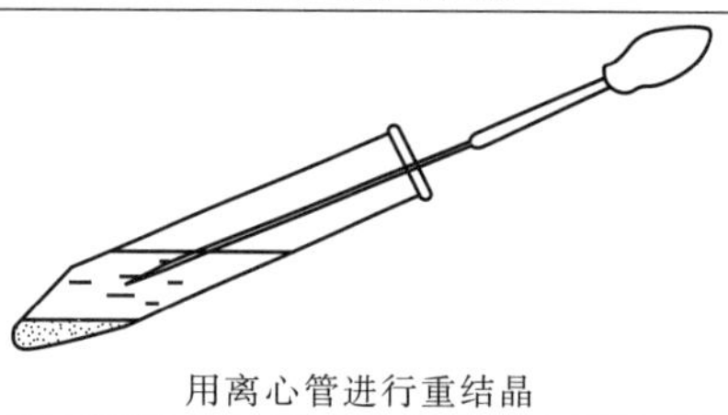 用离心管进行重结晶	少量的固体物质进行重结晶时,最好在离心管中进行。在离心管中得到的晶体经离心作用,集中到离心管的锥形底部,母液则用吸管吸出。晶体可用少量溶剂洗涤,然后移出离心管进行干燥
干燥	
操作示意图	说明
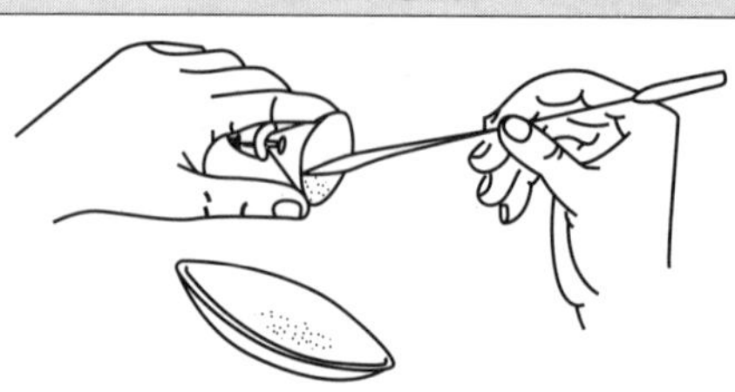 从漏斗中取出晶体、晾干	抽滤后得到的晶体吸附有少量溶剂,必须干燥后才能进行定性分析和定量分析。根据产品的性质选用不同的干燥方法。 将漏斗取下,用刮匙将晶体拨入表面皿中。 若产品不吸水,用于重结晶溶剂的沸点较低(如乙醚、石油醚、丙酮等),可以在空气中晾干。 将晶体放在表面皿或培养皿中均匀铺开,上面盖一张滤纸以防灰尘污染
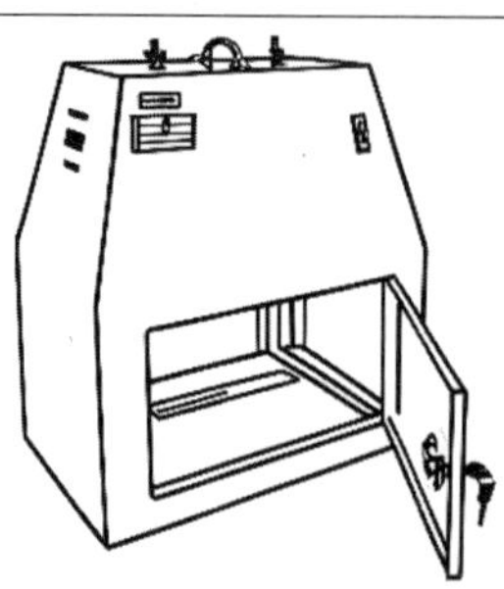 用红外灯干燥箱烘干	对于热稳定性高的化合物,可以在低于化合物的熔点或接近溶剂的沸点下烘干(如用红外灯烘干)

续表

干燥	
操作示意图	说明
 用滤纸吸干	对于含有结晶水的晶体不能采用烘干的方法进行干燥，可将晶体铺在两层滤纸上，再盖上一张滤纸，用手轻轻挤压，吸干晶体表面的水分
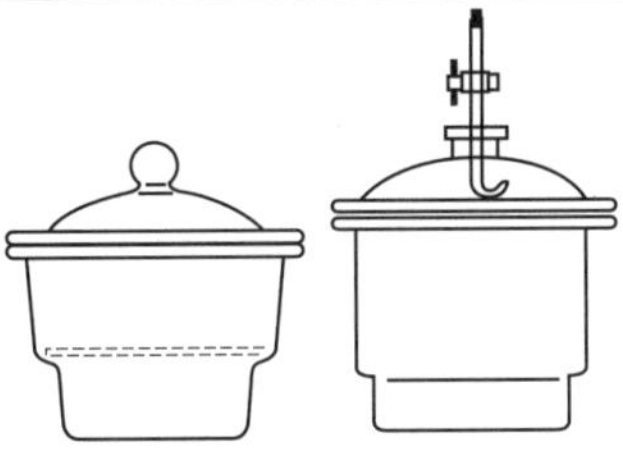 用干燥器干燥	对于受热易分解的晶体，可放在普通干燥器或真空干燥器中进行干燥和保存

专题 2-7　气体的制备、净化和收集

一、气体的制备

通常情况下，实验室制备气体的方法分为三种：第一种方法是固体试剂与固体试剂加热反应，或者是固体试剂加热分解反应；第二种方法是固体试剂与液体试剂在不加热条件下的反应；第三种方法是固体试剂与液体试剂在加热条件下的反应。实验室制备气体的三种方法的装置及使用操作，见表 2-18。

表 2-18　实验室制备气体的装置及操作

固体试剂加热反应	
气体发生装置	说明
 气体发生装置	主要由铁架台、硬质试管、带导管的单孔塞及酒精灯等组成。该装置用于固体试剂制备氧气、氨气、甲烷等。 装置的安装按照从下到上、从左到右的顺序进行。装置安装完毕，先进行气密性检查。将导气管末端没入水中，手握试管或给试管稍稍加热，当有气泡从导管冒出时，说明装置不漏气。 开始给试管加热时，要先预热然后再固定加热有反应物部位。若火焰不能将固体反应物全部同时加热，就需移动火焰。反应中如果有水生成，加热应从试管底部开始，逐渐将灯焰向试管口方向移动。 反应结束，应先把单孔塞拔掉，再撤灯，以防冷水倒流入热的试管里，使试管炸裂。 【注意】①反应物若为两种固体应先分别研细，混合均匀后再装入试管，固体总量应不超过试管容积的 1/3。②试管要固定在铁架台上，管口稍向下倾斜，以防止产生的水滴流到受热的试管底部，使试管炸裂。③为防止反应剧烈时，气流将反应物粉末冲至导气管内，应在试管口放少量玻璃棉或脱脂棉

续表

固体试剂与液体试剂反应(不需要加热)	
气体发生装置	**说明**
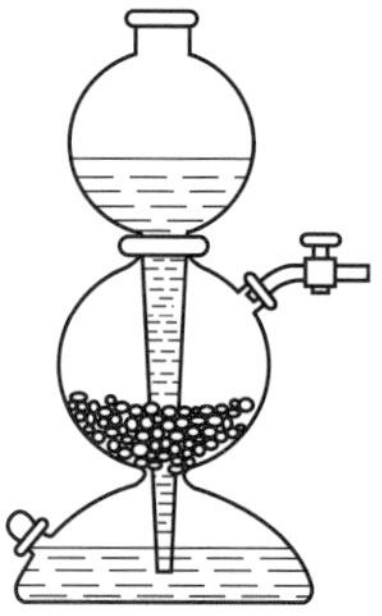 启普气体发生器	启普气体发生器由球形漏斗、球形容器和半球底座容器,以及导气管三部分组成。球形漏斗的长颈伸到半球底部,球形容器中上侧部的开口连接导气管,半球底座容器下侧部的开口可用于倾倒废液。 启普气体发生器常用于在常温下使块状固体与液体反应,制备氢气、二氧化碳、硫化氢、一氧化氮等气体。 检验气密性时,关闭各个侧口,从球形漏斗注入水至球形漏斗中间位置,静置30s,若水位不下降表明气密性良好。 从球形容器中上侧部的开口轻轻放入固体反应物,也可以将球形和半球底座容器平放,从上口放入反应物,之后再装好球形漏斗。固体反应物的量不超过球形容积的1/2。 加入液体反应物时,打开导气管旋塞,从球形漏斗加入液体试剂至液面和固体相平(或略高)。不需反应时,关闭导气管旋塞,生成的气体使球形漏斗中的压力增加而将部分液体压回球形漏斗中,固体和液体不相接触,从而使反应停止。 实验结束需要取出废液和残留反应物时,关闭旋塞,至不再反应,将球形漏斗上口塞好,打开半球底座容器下侧部的开口,再打开球形漏斗上口塞,倾倒出废液,再取出固体残留物,然后清洗干净
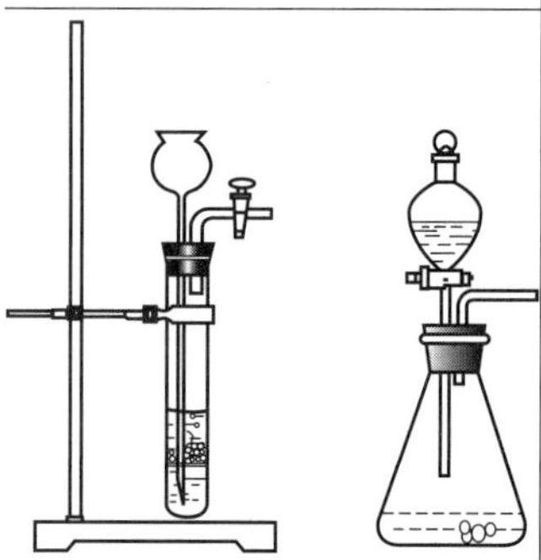 简易气体发生装置	当需要制备气体的量很少,或者使用的固体试剂颗粒很小或为粉末时,可使用简易制气装置。 简易制气装置由反应器(试管、锥形瓶、烧瓶)和滴液漏斗组成。将滴液漏斗放于盛固体的反应器中并密封严密,液体试剂加入漏斗中,使用时旋开滴液漏斗的旋塞,使液体滴到固体上,即有气体产生。 【注意】若使用不带旋塞的滴液漏斗,加入液体试剂后必须保证使滴液漏斗的下端没入液体中

固体试剂与液体试剂加热反应	
气体发生装置	**说明**
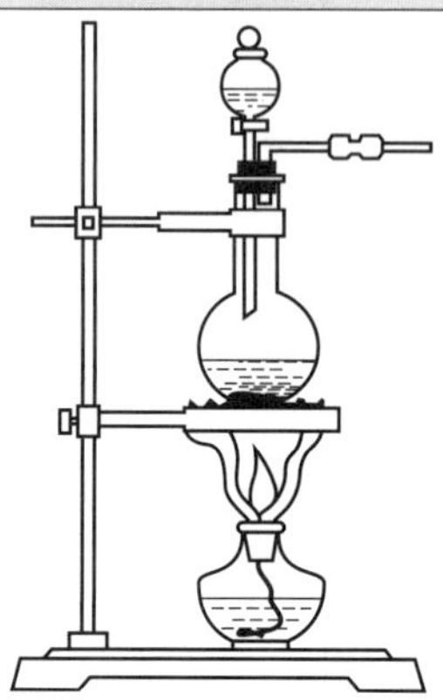 气体发生装置	固体试剂与液体试剂加热反应的气体发生装置主要由反应器(烧瓶、试管、锥形瓶等)、滴液漏斗和酒精灯组成。该装置用于制备氯气、二氧化硫、氯化氢等气体。 安装时将滴液漏斗放于盛固体的反应器中并密封。使用时,将液体试剂加入漏斗中,旋开滴液漏斗的旋塞,使酸液滴到固体上,缓慢加热,使气体产生

二、气体的净化

实验室制备的气体往往含有杂质,有时需要对其进行净化。制备氢气的锌粒中常含有硫、砷等杂质，制得的氢气中常夹杂硫化氢、砷化氢等杂质，可以通过盛有高锰酸钾溶液和醋酸铅溶液的洗气瓶，除去硫化氢、砷化氢及酸雾，再通过盛有无水氯化钙或固体氢氧化钠干燥剂的干燥塔，对气体进行干燥。实验室净化气体的方法见表 2-19。

表 2-19　气体的净化

气体净化装置	说明
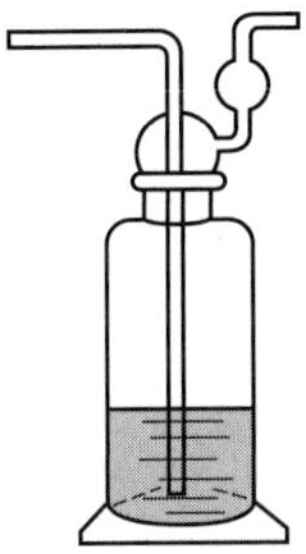 洗气瓶	不纯气体通过液体吸收剂吸收，在洗去气体杂质的同时，混在气体中的微小液滴（酸雾）和少量固体微粒，也可被瓶中的液体阻留。 使用水吸收可溶性气体和酸雾；用 30%～35%氢氧化钾吸收液，吸收二氧化碳、二氧化硫、磷化氢、硫化氢、氯气等酸性气体；用焦性没食子酸（1,2,3-三羟基苯）溶液吸收氧气；用氯化亚铜氨溶液吸收一氧化碳；用溴水吸收烯烃。 使用浓硫酸干燥剂，可以干燥中性气体（如氢气、氧气、氮气、甲烷）和酸性气体（如一氧化碳、二氧化碳、氯气、二氧化硫、二氧化氮、氯化氢、氟化氢等）；不能用来干燥碱性气体（如氨）和强还原性气体（如硫化氢、碘化氢）。 【注意】瓶内盛装洗涤液量不能超过容积的二分之一。长导管为进气导管，短导管为出气导管。 根据操作经验，在直径 5～6mm 的进气导管口上，每秒钟产生一个气泡即为合适的气体流速。 在实验室中可以用锥形瓶、广口瓶、大试管等装配洗气瓶
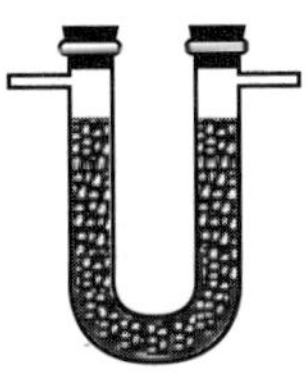 U 形干燥管  干燥管	通常装填无水氯化钙、碱石灰、五氧化二磷等固体干燥剂。 用无水氯化钙干燥氢气、氧气、氮气、氯化氢、一氧化碳、二氧化硫、甲烷、醚、烯烃等；用碱石灰干燥氨、胺类；用五氧化二磷干燥氢气、氧气、氮气、一氧化碳、二氧化碳、二氧化硫、甲烷、乙烯等。 【注意】①干燥剂的颗粒大小要合适，填装得不要太紧。②由于干燥剂易吸潮，因此要在临用前填装。③装填干燥剂时，在气体进出口处放少量棉花或玻璃棉，以防气体把干燥剂吹散。④使用带支管的 U 形干燥管时，填装的干燥剂不应超过支管，更不能填入支管内。⑤干燥管使用完毕，应立即把其中的干燥剂除去，洗净后保存
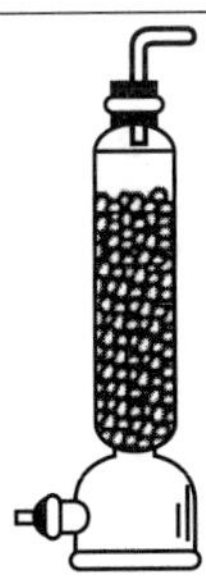 干燥塔	通常情况下，干燥塔中装填无水氯化钙、硅胶等固体干燥剂。 用无水氯化钙干燥氢气、氧气、氮气、氯化氢、一氧化碳、二氧化硫、甲烷、醚、烯烃等；用硅胶干燥剂可以用来干燥氧气、氮气、氨、胺类等

三、气体的收集

实验室收集气体的方法主要有排水和排空气集气两种。排空气集气法又分为瓶口向上排空气法和瓶口向下排空气法（见表 2-20）。

表 2-20　实验室收集气体的方法

气体收集方法	说明
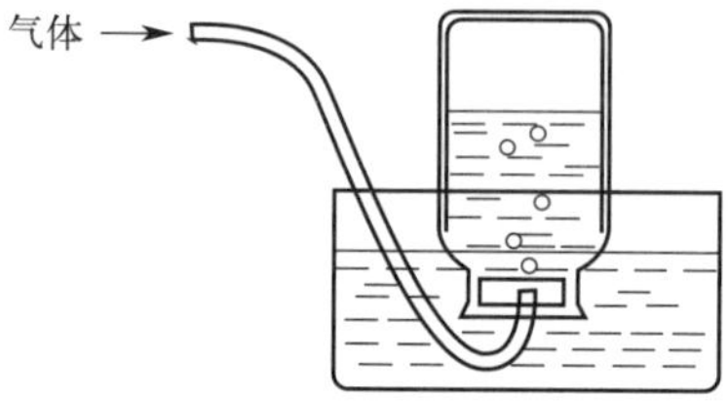 排水集气法	用于收集与水不起反应且难溶于水的气体，如氧气、氮气、氢气、一氧化氮、一氧化碳、甲烷、乙烯和乙炔等气体。 用排水集气法收集气体，容易观察气体是否充满容器，收集的气体较纯净。 在集气瓶中注满水，用玻璃片盖住瓶口。将集气瓶倒立在盛水的水槽中，在水面下将玻璃片移开，把导管口放入集气瓶口进行收集。当瓶中的水全部被排出，气体从瓶内逸出时，表示气体已经充满。在水下用玻璃片将瓶口盖好，取出集气瓶。 若收集的气体密度比空气大，瓶口应朝上放置；若收集的气体密度比空气小，瓶口要向下放置。 【注意】用排饱和食盐水法可以收集氯气；用排饱和亚硫酸钠溶液的方法可以收集二氧化硫
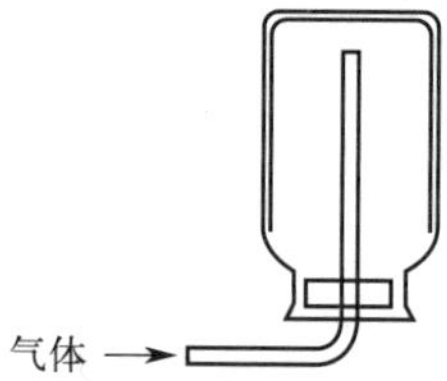 瓶口向下排空气集气法	用于收集不能用排水法收集且比空气密度小的气体，如氨气等。 【注意】插入集气瓶内的气体导管要尽量接近瓶底
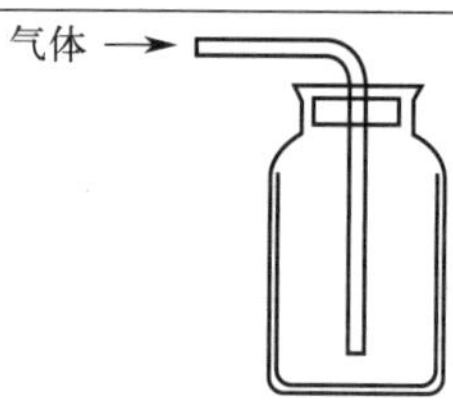 瓶口向上排空气集气法	用于收集不能用排水法收集且比空气密度大的气体，如二氧化碳、二氧化氮、硫化氢、二氧化硫、氯气、卤化氢等。 【注意】插入集气瓶内的气体导管要尽量接近瓶底；对于无色气体可以采用简便方法检验气体是否集满。如用燃着的火柴放瓶口处检验二氧化碳是否集满

练习题

一、判断题

1. (　　) 如图所示的刷洗操作。
2. (　　) 如图所示的给酒精灯添加酒精的操作。
3. (　　) 如图所示的弯曲玻璃管操作。

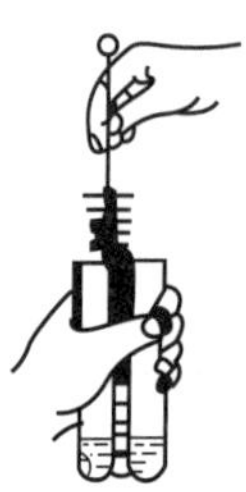

第 1 题图

第 2 题图

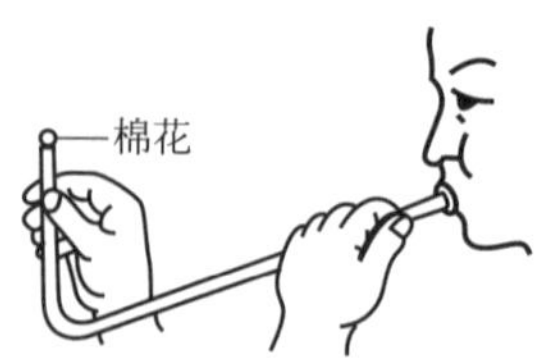

第 3 题图

4. (　　) 如图所示的加热液体操作。
5. (　　) 如图所示的加热固体操作。
6. (　　) 如图所示的蒸发操作。

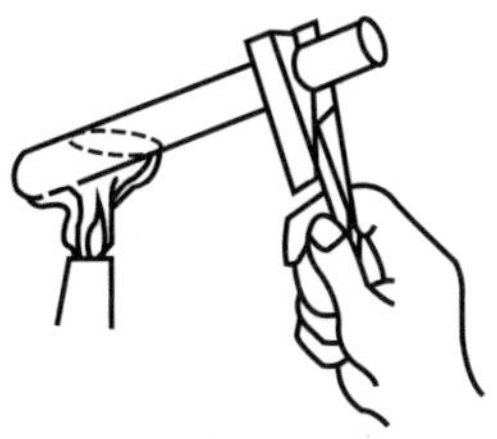

第 4 题图

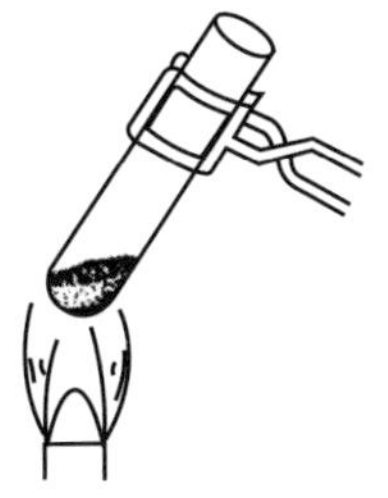

第 5 题图

第 6 题图

7. （　　）如图所示的配制一定物质的量浓度的预摇匀操作。
8. （　　）如图所示的碱式滴定管排气泡操作。
9. （　　）如图所示的在烧杯中进行的滴定操作。

第 7 题图

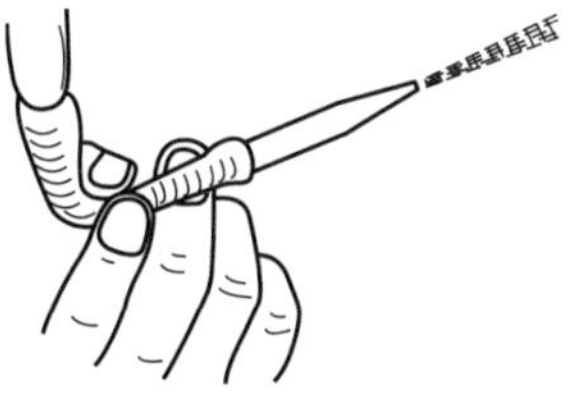

第 8 题图

第 9 题图

10. （　　）如图所示的滴定操作。
11. （　　）如图所示的过滤操作。
12. （　　）如图所示的蒸馏操作时温度计水银球位置。

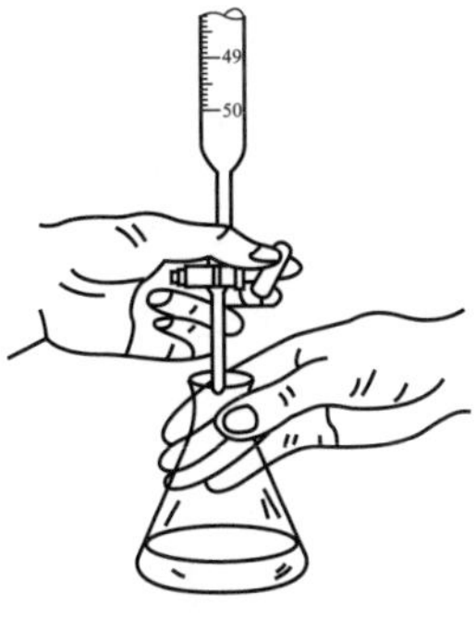

第 10 题图

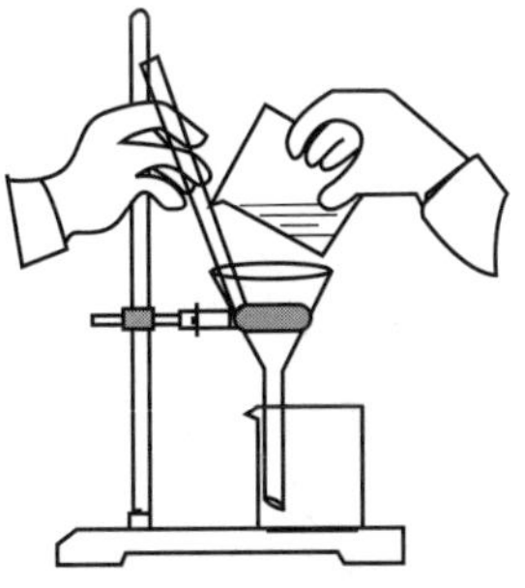

第 11 题图

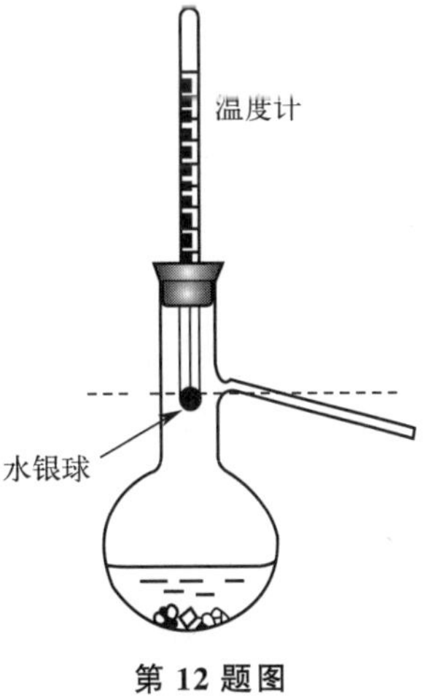

第 12 题图

二、选择题

1. 下列弯曲的玻璃管示意图，（　　）是最好的。

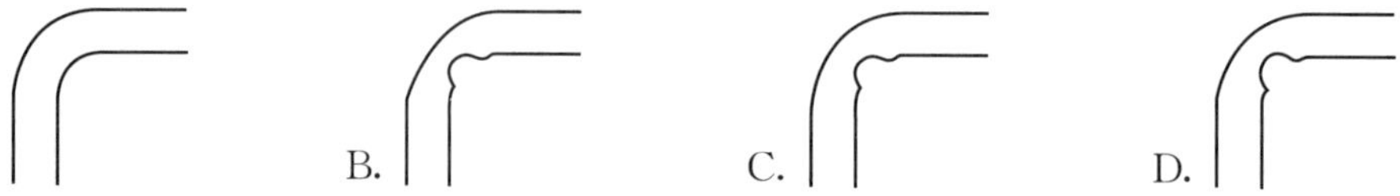

A. B. C. D.

2. 下列塞子与导管连接的操作示意图，(　　) 是规范的。

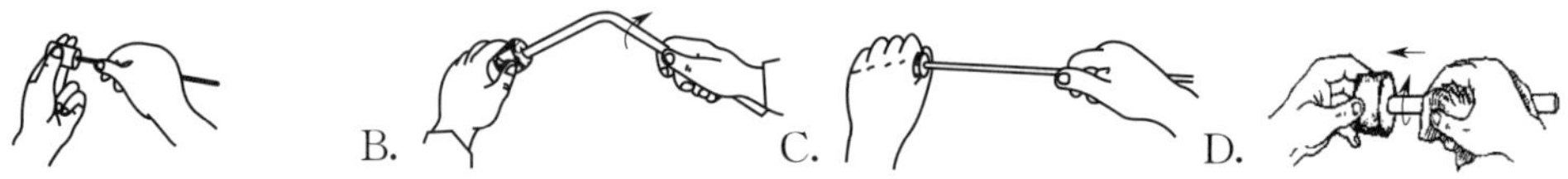

A. B. C. D.

3. 下列酒精灯使用的操作示意图，(　　) 是规范的。

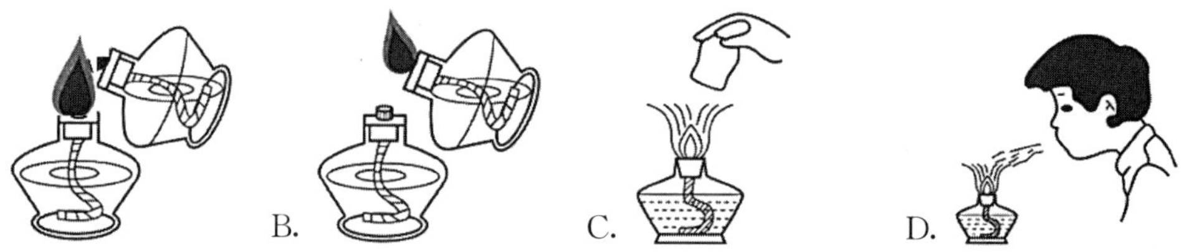

A. B. C. D.

4. 下列加热试管中液体的操作示意图，(　　) 是规范的。

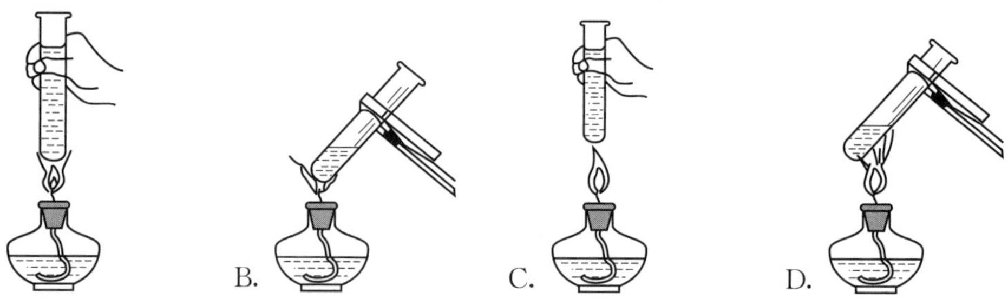

A. B. C. D.

5. 下列使用滴瓶和滴管的操作示意图，(　　) 是规范的。

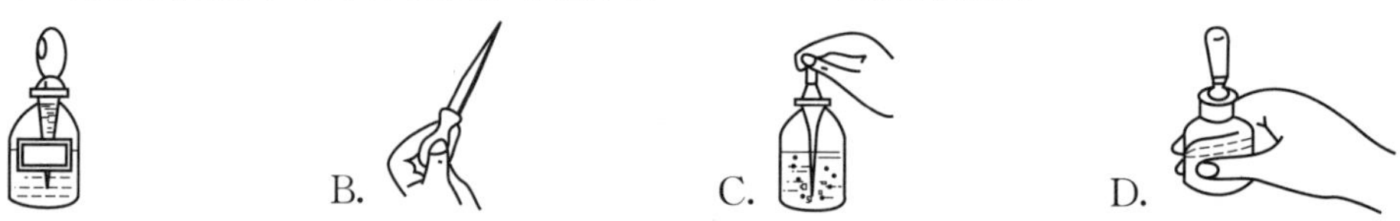

A. B. C. D.

6. 下列用滴瓶中的滴管向试管中滴加液体的操作示意图，(　　) 是规范的。

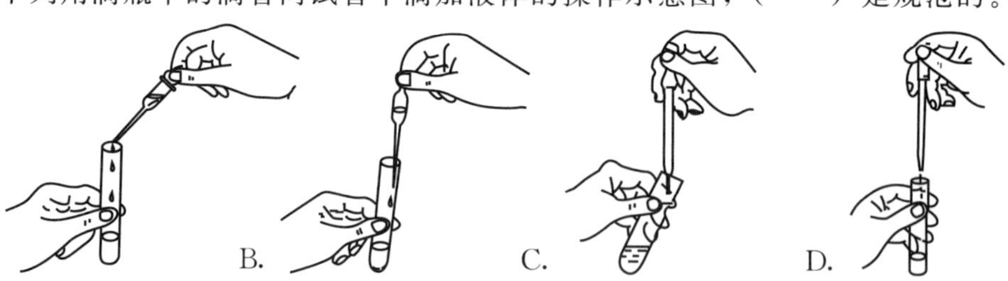

A. B. C. D.

7. 下列向烧杯中加入液体试剂的操作示意图，(　　) 是规范的。

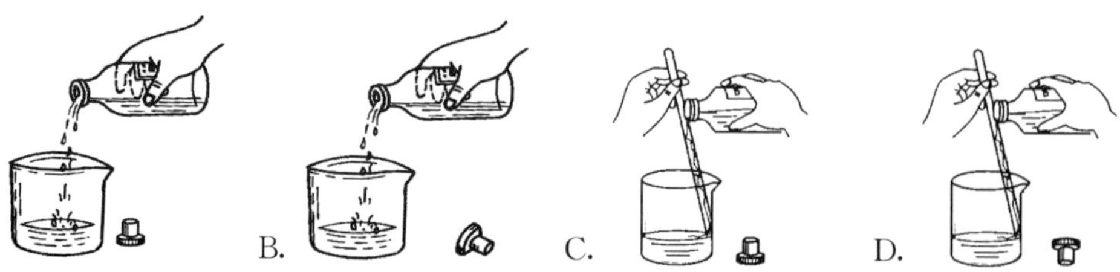

A. B. C. D.

8. 下列用托盘天平进行称量的操作，(　　) 是规范的。

A.  B.  C.  D. 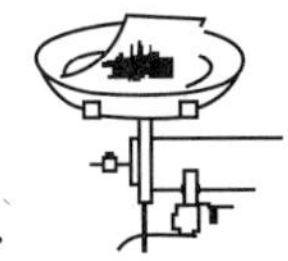

9. 下列配制一定物质的量浓度时的定容操作示意图，（　　）是规范的。

A. 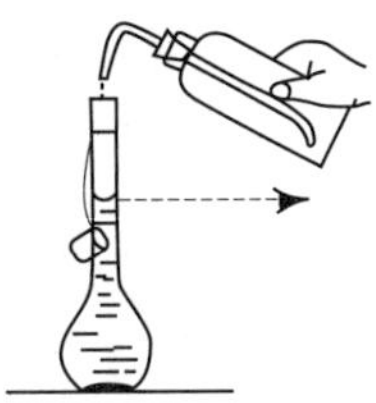 B. 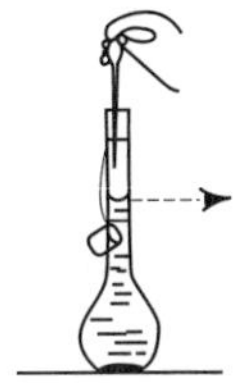 C.  D. 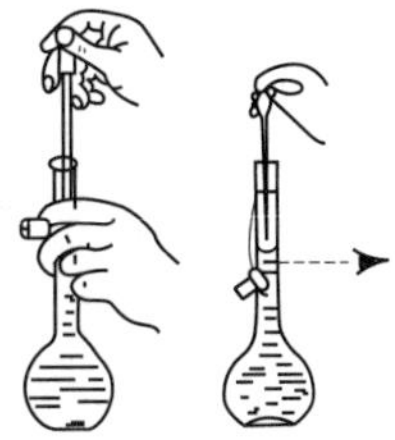

10. 下列配置一定物质的量浓度的摇匀操作示意图，（　　）是规范的。

A.  B.  C. 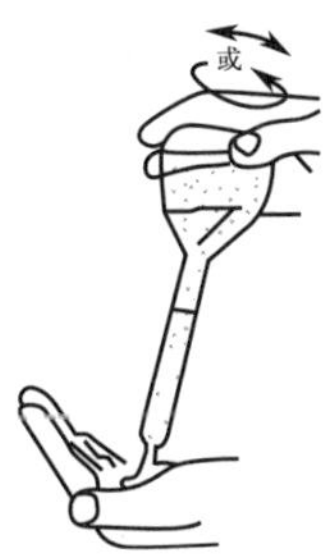

D. 

11. 下列用移液管吸取溶液的操作示意图，（　　）是不规范的。

A. 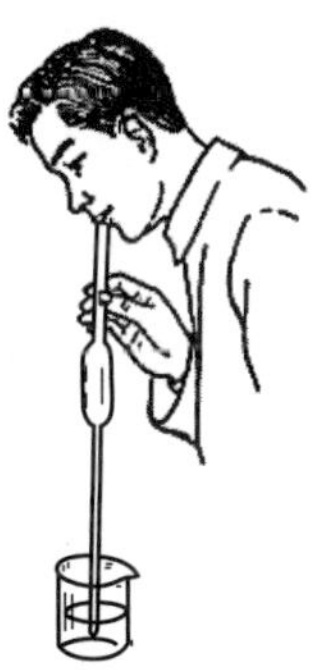 B. 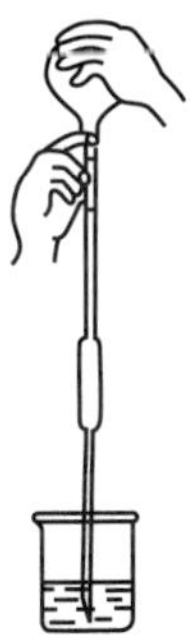 C. 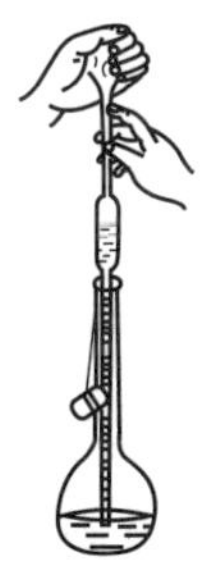 D. 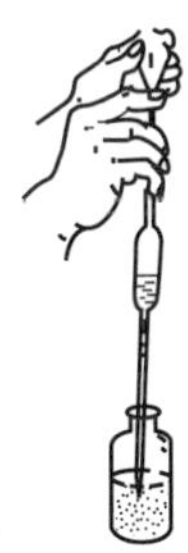

12. 下列从移液管中放出溶液的操作示意图，（　　）是不规范的。

A. 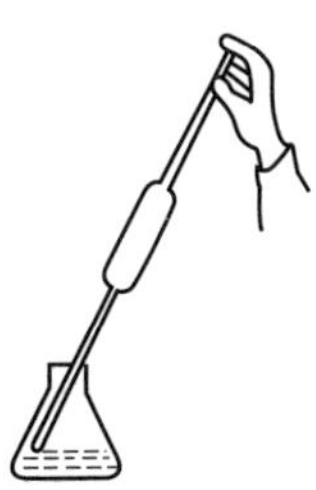 B.  C.  D. 

13. 下列漏斗中滤纸放置示意图，（　　）是正确的。

A. 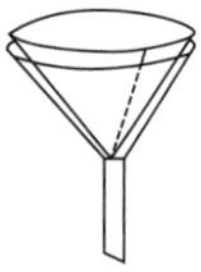 B.  C. 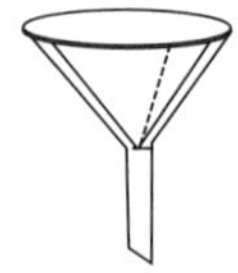 D. 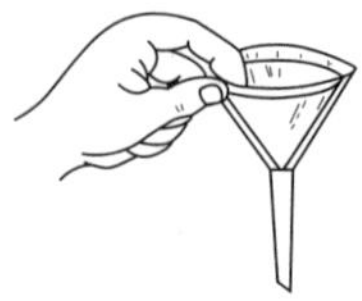

14. 下列常压过滤操作的示意图，（　　）是规范的。

A. 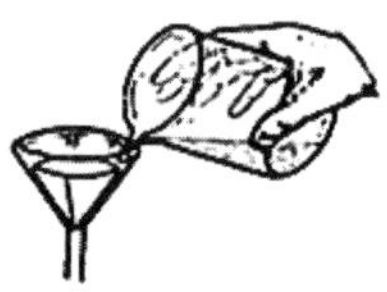 B. 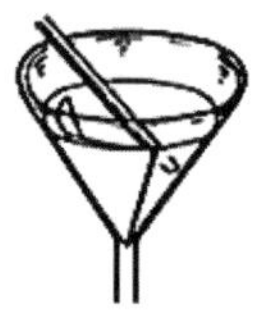 C.  D. 

15. 下列蒸馏装置接液管与接收器的连接示意图，（　　）是正确的。

A.  B. 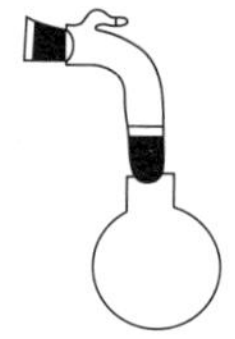 C. 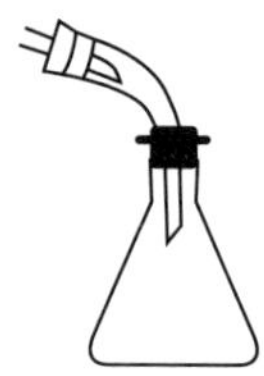 D. 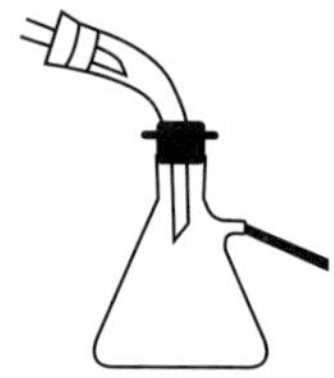

专题 3

化学实验基本操作技能练习

实验一　玻璃仪器的洗涤与干燥

一、实验目的

1. 认领常用玻璃仪器，熟悉它们的构造和用途；
2. 练习常用仪器的洗涤和干燥方法。

二、实验内容

1. 常用玻璃仪器的洗涤方法

玻璃仪器的洗涤方法很多，应根据实验的要求、污物的性质以及沾污的程度来选用，常用的洗涤方法如下。

(1) 冲洗法

对于尘土或可溶性污物直接用水冲洗。

(2) 刷洗法

对于不溶性物、油污等污物，用毛刷蘸去污粉、洗涤剂刷洗。

(3) 铬酸洗液洗涤法

对于不能使用刷洗的玻璃仪器，可先用铬酸洗液浸泡，再用自来水冲洗。

仪器刷洗后，用自来水冲洗干净，再用去离子水冲洗 3 次。

按照指导教师提供的仪器表单逐个认领化学实验中的常用仪器。练习用不同方法将领取的仪器洗涤干净。抽取两件交给教师检查，并将洗净的仪器合理地放于实验柜内。

2. 仪器的干燥方法

(1) 晾干法

不急用的仪器，在洗净后可倒挂在干净的实验柜内或仪器架上，自然干燥。

(2) 烤干法

一些可加热或耐高温的仪器（如烧杯、试管等）可放在石棉网上，用小火烤干。

(3) 烘干法

使用烘箱或者气流烘干器将玻璃仪器烘干。

(4) 吹干法

使用电吹风吹干仪器。

练习用烤干法干燥一支试管。

【注意事项】

1. 试管内残留的废液必须先倒入废液缸中，然后用水洗涤。洗涤用水应遵循少量多次的原则。

2. 刷洗玻璃仪器时用力要适度，不能一手同时拿多支试管。

3. 铬酸洗液取用要注意安全，用后要放回原瓶中，严禁倒入水槽或废液缸中。

4. 量器类玻璃仪器（如量筒、移液管、滴定管等）不能用加热的方法进行干燥，以防影响仪器的精度。

【思考题】

1. 仪器洗净的标志是什么？

2. 烤干试管时，为什么试管口要略向下倾斜？

3. 哪些玻璃仪器不能用加热的方法进行干燥？为什么？

实验二　灯的使用和玻璃管的简单加工

一、实验目的

1. 熟悉酒精喷灯的构造及其正确的使用方法；
2. 能进行玻璃管的截断、拉制、熔烧、扩口等操作；
3. 掌握滴管、玻璃棒的制作方法；
4. 掌握橡胶塞的钻孔和装配操作。

二、主要实验器材

酒精喷灯、石棉网、玻璃漏斗、三角锉刀、硬质玻璃管、玻璃棒、橡胶塞、打孔器、乳胶头。

三、实验内容

1. 酒精喷灯的使用

首先将酒精喷灯倒置，以防残余的玻璃碎片堵塞管路。若管路堵塞，可用针疏通酒精蒸气喷口，保证出气口畅通。

借助玻璃漏斗向酒精贮罐内添加酒精（注入量不要超过酒精贮罐容积的 2/3），并将其悬于高处。

打开酒精贮罐旋塞，关闭酒精喷灯调节阀。在预热盘内注入少许酒精，点燃酒精使灯管受热（此时要转动调节阀将入气孔调到最小），待酒精完全汽化，开大调节阀，当酒精从喷口喷出时，预热盘内燃烧的火焰便可将喷出的酒精蒸气点燃。如不能点燃，也可用火柴直接点燃。

当酒精喷灯被点燃后，调节空气进气量，使管口形成稳定的高温火焰。通常情况下，进入的空气越多，氧气越多，火焰温度越高。

熄灭酒精喷灯时应先关闭酒精贮罐的旋塞，待橡胶管内和灯内的酒精燃完，火焰自然熄灭。若长期不用时，须将酒精贮罐内剩余的酒精倒出。

2. 玻璃管（棒）加工技术

（1）玻璃管（棒）的截断

将玻璃管（棒）平放在木板上，依需要的长度，左手按住要切割的部位，右手用三角锉刀的棱边在需要切割的部位朝一个方向用力锉出一道凹痕（不要来回锉）。然后双手持玻璃管（棒），两拇指齐放在凹痕背面，轻轻地由凹痕背面向外推折，同时两食指和拇指将玻璃管（棒）向两边拉，将玻璃管（棒）截断。

（2）玻璃管（棒）的熔光

将刚切割的玻璃管（棒）的一端以 45°角斜插入火焰中熔烧，并不断来回转动，直至管口平滑为止，稍冷后放在石棉网上冷却。

（3）滴管的拉制

两手握住玻璃管两端，以约 45°角斜插入火焰中熔烧（以防中部坍塌），并朝同一方向匀速转动。待玻璃管烧成红黄色变软之后，离开火焰，两手顺着水平方向向外拉伸，边拉边按同方向旋转（来回搓），拉至所需要的粗细时，稍停片刻，将其放置于石棉网上冷却，然后按需要长度截断，形成两根尖嘴管。将细口端的玻璃管口在火焰中熔光（【注意】不要将管口封死），将未拉细的一端玻璃管口斜插入火焰中加热并不断转动，待管口灼烧至红黄色后，用锉刀的柄或镊子翻边后，将玻璃管口垂直放在大理石板上用力压成小喇叭口，冷却后，装上乳胶头即成滴管。

（4）玻璃管的弯曲

先将长度适宜的玻璃管一端套一个乳胶头，置于弱火焰中左右移动预热，然后将欲弯曲的部位倾斜 45°角，斜插入氧化焰中加热，并不断转动玻璃管，使之受热均匀。当玻璃管加热至变软但又不会自动变形时，迅速离开火焰，轻轻地顺势弯曲至所需角度（120°、90°或 60°）。若欲将玻璃管弯成很小的角度，可分几次弯曲，玻璃管弯曲部分的厚度和粗细必须保持均匀。

3. 橡胶塞的选择和钻孔

通常选用能塞进试管管口 1/2～2/3 的塞子，塞进过多或过少都不合适。

在实验台上放一块木板，将要钻孔的橡胶塞的粗端放在木板上。选择合适的打孔器，左手用力按住塞子，右手握住钻孔器的手柄（可在钻孔器前端涂少许甘油或水），在选定的位置上，沿一个方向垂直向下，边压边转动，直到打通为止。

钻好孔后，检查孔道是否合适，若玻璃管可以轻松插入塞孔，说明孔径偏大，不能密封。这时应重新选一个新橡胶塞，换小一号的钻孔器钻孔。若塞孔稍小或孔道不光滑，可用圆锉修整，直至符合要求为止。

4. 玻璃管的装配

取一支弯曲好的玻璃管，充分冷却后，用少许甘油或水将管口润湿。用右手握住玻璃管靠近管口的部位，左手拿住塞子，使玻璃管口对准塞孔，用力慢慢地将玻璃管旋进，直至穿过塞孔所需长度为止。

【注意事项】

1. 使用酒精喷灯前，检查橡胶管是否完好，因为橡胶管破损会导致漏液，存在安全隐患。

2. 在旋转调节阀点燃管口酒精蒸气前，应充分预热灯管，因为灯管温度不够高时，酒精不能全部汽化，会有液体酒精从管口喷出，形成“火雨”。

3. 使用酒精喷灯时应先开酒精贮罐旋塞，后开调节阀；关闭时先关酒精贮罐旋塞，后关调节阀。

4. 切割玻璃管（棒）时要防止划破手。

5. 灼热的玻璃（棒）要放在石棉网上冷却，切不可直接放在实验台上，以防烫坏台面；未冷却之前，切记不要用手去摸，防止烫伤。

6. 在进行玻璃管装配操作时，注意手持塞子的姿势，不要用力过猛，以防玻璃管折断刺伤手。

【思考题】

1. 使用酒精喷灯时有哪些注意事项？

2. 用锉刀截断玻璃管（棒）时应如何操作？

3. 灼烧过的玻璃管（棒）应如何放置？

4. 如图 3-1 所示的塞子选配，哪个是合适的？

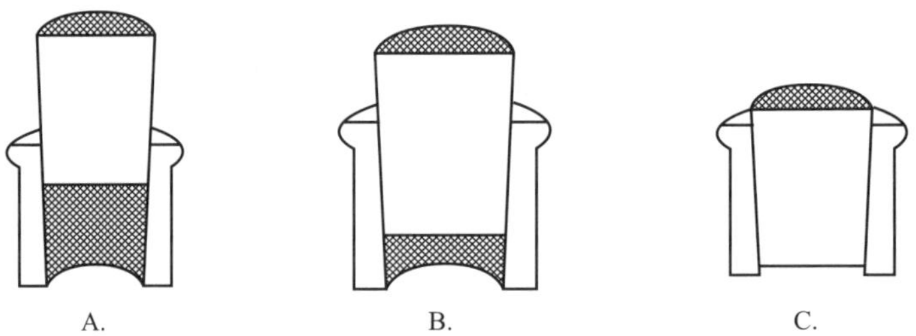

图 3-1 塞子选配情况示意图

实验三 分析天平的使用和称量操作练习

一、实验目的

1. 熟悉电子分析天平的构造，学习并掌握分析天平的基本操作；

2. 学习称量瓶、干燥器的使用方法；

3. 练习并掌握直接称量法、差减法、固定质量称量法称量物品的操作技能。

二、基本知识

1. 电子天平基本知识

电子天平是利用电磁力平衡原理来测量物体质量的，具有精度高、操作简便、称量速度快、显示直观等优点。电子天平通常由秤盘、传感器、显示器、控制电路和外壳等部分组成，分度值有 0.1g、0.01g、0.001g、0.0001g。

2. 称量方法

常用的称量方法有直接称量法、差减法和固定质量称量法。

直接称量法适用于称量洁净干燥的不易潮解或升华的固体试样。**差减法**适用于称量一定质量范围的试样，尤其适用于易吸水、易氧化或易与二氧化碳反应的物质。**固定质量称量法**用于称取指定质量的试样，要求试样性质稳定，不易吸水。

三、仪器与试剂

1. 主要仪器

电子天平（FA2004B 型），小烧杯，称量瓶，表面皿，药匙。

2. 称量试样

碳酸钠（Na_2CO_3，s）。

四、实验内容

1. 称量瓶的准备

将称量瓶洗净后放在搪瓷盘中，并将称量瓶盖斜放在称量瓶口上。将搪瓷盘放在烘箱中，于 105℃下保持 30min。取出后稍冷，放入干燥器中冷却至室温，备用。

2. 熟悉电子天平的构造和使用

仔细观察和熟悉电子天平的各个部件、按键的位置和作用，检查天平状态（水平状态、秤盘清洁与否）。若天平不水平，可调节天平的水平调节脚，使天平处于水平状态。

按“ON/OFF”键开启天平，等待数秒，待天平完成自检，预热 30min。

3. 直接称量法称量物品质量

按“去皮”键，使读数显示为 0.0000。打开干燥器盖子，用洁净干燥的滤纸条套在称量瓶上，取出称量瓶，用电子天平称量出称量瓶的质量。

4. 差减法称量物品质量

用滤纸条套住称量瓶，用滤纸片夹住瓶盖柄，并将瓶盖放在干净干燥的表面皿上，在称量瓶中加入约 2g 碳酸钠样品，盖上瓶盖，将称量瓶放在秤盘上，准确称量并记录其质量 m_1。

打开天平门，左手用滤纸条套住称量瓶，取出称量瓶。在小烧杯上方，右手用滤纸片夹住瓶盖柄，打开称量瓶盖，使瓶口向上倾斜一定角度，用瓶盖垂直敲击瓶口，将瓶中样品少量均匀敲出，并使样品落入小烧杯中，经几次试重后，敲出约 0.5g 试样，准确记录此时称量瓶的质量 m_2。该样品即为第一份样品。依据此操作方法，连续称量第二、第三、第四份样品，连续两次质量之差即为该份试样的质量。

5. 利用电子天平的“去皮”功能称量一定质量范围的样品

在称量瓶中加入约 2g 碳酸钠样品，盖上瓶盖，将称量瓶放在天平盘上，按“去皮”键，使读数显示为 0.0000。

取出称量瓶，用瓶盖敲出所需质量范围的样品（如 0.50～0.6g），将称量瓶放在天平秤盘上，此时读数为－0.5×××，于是敲出的第一份样品的质量即为 0.5×××g。此时，按“去皮”键，使读数显示为 0.0000，继续进行第二、第三份样品的称量。

6. 固定质量称量法称量

为了准确称取 0.5000g 试剂，先将一个洁净干燥的小烧杯（或表面皿）放在天平秤盘上，按“去皮”键，使读数显示为 0.0000，然后用药匙将试剂分多次少量加入小烧杯中（【注意】每次添加的试剂量不宜太多，以防超过所需的量），在接近 0.5000g 时可用食指轻轻敲击药匙柄，或者用另一只手轻轻敲击持药匙的手臂，使少量试剂抖落至烧杯中，直至试剂的质量恰好为 0.5000g。

【注意事项】

1. 在进行差减法称量时，通常用左手取放称量瓶，用右手持瓶盖进行敲击，此时开启天平的左侧门，在进行敲击试样时可以不关闭天平门，而将称量瓶放在秤盘上，在进行读数时必须关闭双侧天平门。

2. 在用差减法进行称量时，有时是将样品敲入小烧杯中，有时是将样品敲入锥形瓶中。在将样品敲入锥形瓶中时，由于瓶口比较小，敲击时必须保证样品全部落入锥形瓶中，绝对不能撒落到外面。

3. 在敲击称量瓶时，必须根据称量瓶中样品量的多少，使瓶口向上倾斜一定角度，利用敲击时产生的作用力和反作用力将样品从瓶口震出，切不可使称量瓶口向下倾斜，以免一次敲出较多样品，或者因为较大颗粒样品落入，而导致样品质量超出所需范围。

4. 若称量的样品质量超过需要范围，严格来说应该重新称量。

5. 定期用干净的软布擦拭天平的秤盘、外壳和显示屏，避免灰尘、杂物和腐蚀性物质附着在天平上。

【思考题】

1. 称量前应如何检查天平？

2. 分别在何种情况下采用直接称量法、差减法和固定质量称量法？

实验四　滴定管的使用和滴定操作练习

一、实验目的

1. 学习并初步掌握滴定管的基本操作技能；
2. 初步具备判断滴定终点的能力；
3. 学习并初步掌握滴定操作的基本技能。

二、实验原理

用 0.1mol/L 氢氧化钠溶液滴定 0.1mol/L 盐酸溶液时，化学计量点的 pH 为 7.0，滴定的突跃范围是 pH 4.3～9.7，若以酚酞（变色范围 pH 8.0～9.9）为指示剂，滴定终点溶液由无色变为粉红色。用 0.1mol/L 盐酸溶液滴定 0.1mol/L 氢氧化钠溶液时，以甲基橙（变色范围 pH3.1～4.4）作指示剂，滴定终点溶液由黄色变为橙色。当浓度一定的氢氧化钠和盐酸溶液互相滴定时，所消耗的体积比 V_{HCl}/V_{NaOH} 应是固定的。

三、仪器与试剂

1. 主要仪器

50mL 具聚四氟乙烯塞滴定管两支（或者 50mL 普通酸式滴定管一支，50mL 碱式滴定管一支），锥形瓶。

2. 主要试剂

0.1mol/L 氢氧化钠溶液，0.1mol/L 盐酸溶液，酚酞乙醇溶液（2g/L），甲基橙水溶液（1g/L）。

四、实验内容

1. 滴定管和锥形瓶准备

将滴定管洗净至内外壁不挂水珠，检查滴定管是否漏液。若漏液，对于聚四氟乙烯塞的滴定管，可以拧紧旋塞一端的螺母，而普通具玻璃塞的酸式滴定管必须重新涂凡士林，碱式滴定管需要更换乳胶管或玻璃珠。将准备好的滴定管用去离子水洗涤 3 次。

将锥形瓶洗净至内外壁不挂水珠，用去离子水洗涤 3 次，备用。

2. 滴定管润洗、装液、排气泡和调零

取一支普通酸式滴定管（或者具聚四氟乙烯塞滴定管），从试剂瓶中直接向滴定管中加入 5～10mL 盐酸溶液，润洗滴定管 3 次。然后加入盐酸溶液至 0 刻度线以上，排出滴定管尖端的气泡，将液面调至 0 刻度线以下，夹在蝴蝶夹上静止 1min。

取一支普通碱式滴定管（或者具聚四氟乙烯塞滴定管），从试剂瓶中直接向滴定管中加入 5～10mL 氢氧化钠溶液，润洗滴定管 3 次。然后加入氢氧化钠溶液至 0 刻度线以上，排出滴定管乳胶管和尖端的气泡，将液面调至 0 刻度线以下，夹在蝴蝶夹上静置 1min。

3. 用 0.1mol/L 氢氧化钠溶液滴定 0.1mol/L 盐酸溶液

取下滴定管，用一只手持滴定管 0 刻度线以上部位，使滴定管竖直，读取并记录滴定管初读数（【注意】精确至小数点后两位）。

从滴定管向锥形瓶中放入 20mL 盐酸溶液，加入 25mL 去离子水和 1～2 滴酚酞指示剂，用氢氧化钠溶液进行滴定。边滴加氢氧化钠溶液边摇动锥形瓶，当溶液出现红色又很快消失时，表明滴定接近终点，必须放慢滴加速度（即滴入一滴溶液，摇动锥形瓶待颜色消失后再滴加下一滴）。当滴定至溶液由无色变为粉红色且 30s 不褪色时即为滴定终点。若溶液颜色很红，表明滴定终点已过，可从酸管中加入几滴盐酸溶液，使锥形瓶中的溶液呈无色，再用氢氧化钠溶液滴定至粉红色（【注意】可多次重复上述操作，练习滴定操作以及对滴定终点的判断）。取下滴定管，读取并记录滴定管的终读数。平行测定 3 次，计算体积比 V_{HCl}/V_{NaOH} 及相对平均偏差。

4. 用 0.1mol/L 盐酸溶液滴定 0.1mol/L 氢氧化钠溶液

将酸式、碱式滴定管调零以后，分别读取并记录酸式、碱式滴定管初读数。从滴定管向锥形瓶中放入 20mL 氢氧化钠溶液，加入 25mL 去离子水和 2 滴甲基橙指示剂，用盐酸溶液进行滴定。当滴定至溶液由黄色变为橙色且 30s 不褪色时即为滴定终点。若溶液呈红色，表明滴定终点已过，可从碱管中加入几滴氢氧化钠溶液，使锥形

瓶中的溶液呈黄色，再用盐酸溶液滴定至橙色（【注意】可多次重复上述操作，练习滴定操作以及对滴定终点的判断）。取下滴定管，读取并记录滴定管的终读数，平行测定 3 次，计算体积比 V_{HCl}/V_{NaOH} 及相对平均偏差。

五、数据记录及处理

1. 设计表格记录用 0.1mol/L 氢氧化钠溶液滴定 0.1mol/L 盐酸溶液的数据（包括滴定管初读数、终读数），计算盐酸溶液体积和氢氧化钠溶液体积，并计算 V_{HCl}/V_{NaOH} 和相对平均偏差。

2. 设计表格记录用 0.1mol/L 盐酸溶液滴定 0.1mol/L 氢氧化钠溶液的数据（包括滴定管初读数、终读数），计算盐酸溶液体积和氢氧化钠溶液体积，并计算 V_{HCl}/V_{NaOH} 和相对平均偏差。

【注意事项】

1. 在进行滴定时要边滴边摇动锥形瓶，使锥形瓶中的溶液旋转起来，以加快滴加进去溶液的扩散以及两种物质的反应。

2. 滴定开始时滴加溶液的速度可以稍快，但必须使溶液呈滴状滴入。在接近终点时，必须放慢滴加速度，滴入一滴溶液，摇动锥形瓶待溶液颜色消失后再滴加下一滴。必要时可采用半滴加入操作（使溶液悬而未掉，用洗瓶将半滴溶液冲洗下来）。

3. 使用甲基橙指示剂时，滴定终点溶液颜色由黄色变为橙色不易观察，可以在 50mL 去离子水中加入 2 滴甲基橙指示剂，再加入几滴盐酸溶液使其呈橙色作为参照。

【思考题】

1. 通常情况下，将液面调至 0 刻度线以下，必须将滴定管静置 1min 以后再读取初读数，这是为什么？

2. 用 0.1mol/L 氢氧化钠溶液滴定 0.1mol/L 盐酸溶液，滴定至粉红色，溶液在空气中放置一段时间后红色会褪去，这是为什么？是否需要再滴定？

3. 用 0.1mol/L 氢氧化钠溶液滴定 0.1mol/L 盐酸溶液与用 0.1mol/L 盐酸溶液滴定 0.1mol/L 氢氧化钠溶液，分别计算出的体积比 V_{HCl}/V_{NaOH} 是否相同？为什么？

实验五　容量仪器的校准

一、实验目的

1. 学习并掌握移液管、容量瓶和滴定管的校准方法，理解容量仪器校准的意义；
2. 学习移液管的基本操作，巩固滴定管的操作。

二、实验原理

1. 相对校准法

相对校准法是基于一个已知容积的容量仪器，通过比较它与其他待校准容量仪器的体积关系，来确定待校准仪器的相对容积的准确性。

2. 绝对校准法

绝对校准法是基于测量已知密度为 ρ 的液体在容量仪器中的质量 m，通过公式 $V=m/\rho$，计算出容量仪器的实际容积 V，从而得到该容量仪器的绝对校准值。

三、仪器与试剂

1. 主要仪器

电子天平（分度值为 0.0001g），移液管（25mL），容量瓶（250mL），具塞锥形瓶（50mL），温度计，洗耳球。

2. 试剂

蒸馏水。

四、实验内容

1. 移液管和容量瓶的相对校准

将容量瓶和移液管洗净、晾干。用标称容量为 25mL 的移液管准确吸取 25.00mL 的蒸馏水，放入已洗净并干燥的 250mL 容量瓶中。同样的操作进行 10 次，观察容量瓶中液面的位置。

根据移液管吸取的总体积和容量瓶的标称体积，计算两者的比例关系。若在允许误差范围内，则认为容量瓶与移液管相对校准合格。

2. 移液管的绝对校准

准确称量 50mL 洁净干燥的具塞锥形瓶的质量 m_0，准确吸取 25.00mL 蒸馏水于具塞锥形瓶中，再次称量质量 m_1，根据蒸馏水的质量 m，由表查得测量时水在温度 t 时的密度 ρ，计算出水的体积 V 即为该移液管在温度 t 时的实际容积。

3. 容量瓶的绝对校准

准确称量洗净、晾干的容量瓶的质量 m_1，将蒸馏水注入容量瓶至刻度线。用滤纸吸干瓶颈内壁和瓶外的水珠后，再次进行称量 m_2。同时，测量校准过程中蒸馏水的温度 t。

查得在温度 t 时蒸馏水的密度 ρ。计算容量瓶所容纳蒸馏水的质量和体积，将实际容积与容量瓶的标称容积进行比较，计算出误差。

4. 滴定管的绝对校准

将滴定管洗净，装入蒸馏水，垂直固定在滴定管架上。将滴定管液面调至 0.00mL 刻度处。准确称量 50mL 洁净干燥的具塞锥形瓶的质量 m_0，然后分别连续放出一定量的蒸馏水于具塞锥形瓶中，当滴定管读数为 10mL、15mL、20mL、21mL、22mL、23mL、24mL、25mL、26mL、27mL、28mL、29mL、30mL、35mL、40mL、45mL、50.00mL 时（【注意】精确至小数点后两位数，不一定要整数），分别称量锥形瓶和水的质量 m_1、m_2、m_3、…、m_{17}，同时记录每次放出蒸馏水时的温度。

根据每次测量的质量和对应温度下蒸馏水的密度，计算出每次放出蒸馏水的实际体积。以放出的蒸馏水体积为横坐标，以相应的实际体积与标称体积的差值为纵坐标，绘制校准曲线。通过校准曲线可以得到滴定管在不同刻度处的校准值，从而对滴定管的容积进行准确校正。

五、数据记录及处理

按照表 3-1 格式记录校准滴定管的数据，计算校准值和累计校准值。

表 3-1 滴定管校准记录表

水温______℃ 水在空气中的密度______

滴定管读数	表观体积/mL	瓶与水质量/g	纯水质量/g	实际体积/mL	校准值/mL	累计校准值/mL
0.00						
10						
15						
20						
21						
22						
……						
30						
35						
40						
45						
50.00						

【注意事项】

1. 进行容量仪器校准时，所使用的分析天平应具有足够的精度，一般要求天平的精度达到±0.1mg或更高。

2. 在进行仪器校准时要准确测量水的温度，一般要求测量温度的温度计精度达到±0.1℃。

【思考题】

1. 在对滴定管进行绝对校准时，为什么要使用具塞锥形瓶？

2. 在分段校准滴定管时，每次放出水的体积是否一定要整数毫升？为什么？

实验六 配制一定物质的量浓度的溶液

一、实验目的

1. 学习并初步掌握容量瓶的使用方法和操作技能；

2. 学习并掌握配制一定物质的量浓度的溶液的基本方法和操作技能。

二、实验原理

配制一定物质的量浓度为 c、体积为 V 的溶液，则物质的量 $n=cV$。若物质的摩

尔质量为 M，则物质的质量 $m=cVM$。所需物质的质量 m 可用分析天平称量。

三、仪器与试剂

1. 主要仪器

电子天平，容量瓶（100mL），量筒，烧杯（50mL），胶头滴管，称量瓶。

2. 试剂

碳酸钠（Na_2CO_3，s）。

四、实验内容

1. 容量瓶的准备

（1）检漏

取一只容量瓶，注水至标线附近，盖好瓶塞，用滤纸擦干瓶口和瓶盖。用右手食指按住瓶塞，其余手指拿住瓶颈标线以上部分，用左手指尖托住瓶底边缘，将瓶倒置不少于 10s，倒置次数不少于 3 次，观察有无水渗漏（用滤纸一角在瓶塞和瓶口的缝隙处擦拭，查看滤纸是否潮湿）。如不漏水，将瓶塞旋转 180°，再按照上述方法倒置，观察有无水渗漏，如不漏水即可使用。

（2）洗涤

对于干净的容量瓶，首先用自来水洗涤，再用蒸馏水洗涤 2～3 次。对于不干净的容量瓶，用铬酸洗液或其他专用洗液洗涤，再用自来水冲洗，最后用蒸馏水洗涤 2～3 次。

2. 配置 100mL 0.1000mol/L 碳酸钠溶液

（1）计算

根据配制要求，计算出配制体积为 100mL、浓度为 0.1000mol/L 的碳酸钠溶液所需碳酸钠的质量（精确至小数点后四位）。

（2）称量

将洁净干燥的小烧杯放在准备好的电子天平的秤盘上，按“去皮”键，使读数显示为 0.0000，然后用药匙将碳酸钠试剂分多次少量加入小烧杯中，准确称取需要量的碳酸钠。

（3）溶解

向盛有碳酸钠的小烧杯中加入适量蒸馏水，用玻璃棒搅拌使之溶解，放置冷却至室温。

（4）转移

将溶液沿玻璃棒引流至准备好的 100mL 容量瓶中，并用适量蒸馏水洗涤烧杯内壁和玻璃棒 2～3 次，每次将洗涤液也转移至容量瓶中。向容量瓶中加入蒸馏水至容积的 2/3 时，轻轻摇动容量瓶，使溶液预混合均匀。

（5）定容

缓缓地将蒸馏水注入容量瓶中，至液面距刻度线以下 1～2cm 处时，改用胶头滴管逐滴加入蒸馏水至凹液面最低处与刻度线相切。

（6）摇匀

盖好瓶塞，用一只手食指按住瓶塞，另一只手指尖托住瓶底边缘（手心不要接触瓶底）。将容量瓶倒置，待溶液全部下移后，再倒转过来。如此反复上下颠倒10次以上，使溶液充分混匀。

【注意事项】

1. 为保证实验的精度，在称量碳酸钠的质量时应使用分度为0.0001g的电子天平。

2. 在转移溶液时，使玻璃棒倾斜一定角度，但不要接触容量瓶瓶口，以防溶液洒落到容量瓶外面。

3. 在未定容之前预摇匀时不要加塞，否则易使瓶塞沾到溶液，造成误差。

【思考题】

1. 为什么必须使溶液冷却至室温后才能转移至容量瓶中?

2. 如果加水定容时超过了刻度线，能否用滴管将超出部分吸去?

3. 配制一定物质的量浓度的溶液，对物质的纯度有何要求?

4. 若要用0.500mol/L的碳酸钠溶液配制0.100mol/L的碳酸钠溶液，应如何进行配制?

实验七　粗食盐的提纯

一、实验目的

1. 学习并掌握粗食盐提纯的原理和方法;

2. 学习并掌握沉淀、过滤、蒸发浓缩、结晶和烘干等基本操作;

3. 会用SO_4^{2-}、Ca^{2+}、Mg^{2+}等离子的定性鉴定方法检验食盐的纯度。

二、实验原理

粗食盐中含有泥沙等不溶性杂质和Ca^{2+}、Mg^{2+}、K^+、SO_4^{2-}等可溶性杂质。不溶性杂质（如泥沙等）可通过过滤的方法除去，可溶性杂质可选择适当的试剂使它们生成难溶化合物进行分离除去。

先将食盐溶于水，向溶液中加入稍过量的氯化钡溶液，过滤沉淀，除去SO_4^{2-}。

$$Ba^{2+}+SO_4^{2-} = BaSO_4\downarrow$$

向滤液中加入饱和碳酸钠溶液，以除去Mg^{2+}、Ca^{2+}和沉淀SO_4^{2-}时加入的过量Ba^{2+}。

$$4Mg^{2+}+5CO_3^{2-}+2H_2O = Mg(OH)_2\cdot 3MgCO_3\downarrow+2HCO_3^-$$

$$Ca^{2+}+CO_3^{2-} = CaCO_3\downarrow$$

$$Ba^{2+}+CO_3^{2-} = BaCO_3\downarrow$$

溶液中过量的Na_2CO_3可用稀盐酸中和除去。粗盐中的K^+与加入的沉淀剂均不起作用。在一定温度条件下，氯化钾的溶解度大于氯化钠的溶解度，因此在蒸发和浓缩过程中，氯化钠先结晶出来，而氯化钾则留在母液中。

三、仪器、试剂与样品

1. 主要仪器

电子天平，酒精灯，烧杯，试管，量筒，蒸发皿，坩埚钳，循环水真空泵，布氏漏斗，抽滤瓶，铁架台，泥三角，洗瓶，滴管。

2. 主要试剂

盐酸（6mol/L），醋酸（2mol/L），氢氧化钠溶液（6mol/L），氯化钡溶液（1mol/L），碳酸钠溶液（饱和），草酸铵溶液（饱和），镁试剂，无水乙醇，广泛 pH 试纸。

3. 样品

粗食盐。

四、实验内容

1. 粗食盐的称量和溶解

用电子天平称取约 6g 粗食盐于 100mL 烧杯中，加入 25mL 去离子水，微热，搅拌使其溶解。溶液中残留的少量不溶性杂质，待过滤时除去。

2. 除去 SO_4^{2-} 及不溶性杂质

加热上述溶液至近沸，边搅拌边逐滴滴加 1mol/L 氯化钡溶液，持续加热 3min，使沉淀颗粒长大而易于沉降。将烧杯从石棉网上取下并停止搅拌，待沉淀沉降后，沿烧杯壁向上层清液中滴加 1～2 滴氯化钡溶液，如果仍有浑浊现象，说明 SO_4^{2-} 尚未除尽，需继续滴加氯化钡溶液至沉淀完全。

根据布氏漏斗的大小，选择合适的圆形滤纸，将其放入布氏漏斗中，滤纸要能覆盖住漏斗底部的所有小孔。用少量蒸馏水将滤纸润湿，使其紧贴在漏斗底部。将上层清液沿玻璃棒缓慢倒入漏斗中，然后再将沉淀转移至漏斗中。打开真空泵或抽气泵，进行抽滤，弃去不溶性杂质。

3. 除去 Mg^{2+}、Ca^{2+} 及过量的 Ba^{2+}

将所得的滤液转移至洁净的烧杯中加热至近沸，边搅拌边滴加约 2～3mL 饱和碳酸钠溶液，直至不再产生沉淀为止。用饱和碳酸钠溶液检验上层清液中的杂质离子是否沉淀完全。若沉淀完全，再继续加热搅拌 2min，抽滤，弃去沉淀。

4. 除去过量的 CO_3^{2-}

向滤液中滴加 6mol/L 盐酸并不断搅拌，控制溶液的 pH 值为 3.0～4.0，以除去过量的 CO_3^{2-}。

5. 蒸发与浓缩

将上述溶液转移至蒸发皿中，用酒精灯持续加热，并不断搅拌，待液面出现晶膜时，改用小火加热直至溶液蒸发至稀糊状时（切勿蒸干！）停止加热。冷却至室温后减压过滤，并用 5mL 无水乙醇淋洗晶体（少许 K^+ 残留在滤液中被除去）。

6. 烘干

将氯化钠晶体转移到蒸发皿中，隔着石棉网用小火加热。用玻璃棒不断搅拌，以防氯化钠结块和溅出，直至无水蒸气逸出后，停止加热，得到松散、洁白的氯化钠晶体，冷却后称重并计算产率。

7. 产品纯度的检验

分别取少量粗食盐和提纯后的产品于两支试管中，加入 10mL 去离子水溶解，然后进行下列离子的定性检验。

（1）SO_4^{2-} 的检验

各取上述溶液 1mL 于小试管中，加入 2 滴 6mol/L 盐酸和 2 滴氯化钡溶液，比较两溶液中产生沉淀的情况。

（2）Ca^{2+} 的检验

各取上述溶液 1mL 于小试管中，滴加 2mol/L 醋酸使其呈酸性，再分别滴加 3～4 滴饱和草酸铵溶液，比较两溶液中沉淀产生的情况。

（3）Mg^{2+} 的检验

各取上述溶液 1mL 于小试管中，加入 2 滴 6mol/L 氢氧化钠溶液和 2 滴镁试剂，比较两溶液的颜色及沉淀产生的情况。

【注意事项】

1. 在安装抽滤装置时，应使布氏漏斗下端的斜口对准抽滤瓶的支管。

2. 用少量蒸馏水将滤纸润湿后，可开启循环水真空泵减压抽滤一下，以使滤纸紧贴在漏斗底部。

3. 加入布氏漏斗中液体的量不应超过漏斗容积的 2/3。

【思考题】

1. 在去除 Ba^{2+}、Ca^{2+}、Mg^{2+} 时，能否用其他可溶性碳酸盐代替碳酸钠？

2. 在粗食盐溶液中加入 $BaCl_2$ 溶液（或饱和 Na_2CO_3 溶液）后，为什么要将溶液加热至近沸？

3. 为什么选用盐酸除去过量的 CO_3^{2-}？

4. 在进行蒸发与浓缩时，将食盐中的水分全部蒸干有何不好？

实验八　重结晶操作

一、实验目的

1. 理解重结晶的基本原理；

2. 学习并初步掌握重结晶、洗涤、脱色和过滤的基本操作。

二、实验原理

重结晶的原理是基于物质在溶剂中溶解度的温度差异实现分离提纯。被提纯的物质在合适的溶剂中，先通过加热制备出饱和溶液，再经过冷却使被提纯物质结晶析出，经过滤、洗涤和干燥等操作得到纯净的物质。

三、仪器与试剂

1. 主要仪器

铁架台，试管夹，石棉网，铁圈，酒精灯，抽滤瓶，布氏漏斗，循环水真空泵，烧杯。

2. 主要试剂

乙酰苯胺。

四、实验内容

1. 选择溶剂

被提纯的有机化合物不能与溶剂发生化学反应；被提纯的物质在热溶液中易溶，在冷溶液中几乎不溶；杂质的溶解顺序最好与被提纯的物质相反；沸点适中。

2. 制备热的饱和溶液

取 5g 乙酰苯胺，加入少量水（一般按照 0.1g 溶质溶于 1mL 溶剂的用量），加热使溶质（固体）逐渐溶解。如溶解不完全，在加热情况下，逐渐滴加溶剂，使固体刚好完全溶解。如有不溶的物质，须趁热过滤，除去不溶物。

3. 脱色

若溶液颜色较深，可进行脱色处理。将饱和溶液稍微冷却，加入适量活性炭，加热至沸，搅拌几分钟，趁热过滤除去活性炭。

4. 冷却结晶

室温静置，自然冷却结晶。如冷却后仍无晶体析出，可加入少量晶种或用玻璃棒摩擦烧杯壁以引发晶体析出。必要时为了促使晶体完全析出，可继续使用冷水/冰水冷却。

5. 过滤

将剪好的滤纸用重结晶所用的溶剂稍微润湿一下，放入布氏漏斗，并遮住所有的孔；将吸滤瓶的支管用橡胶管与循环水真空泵连通（见图 3-2），开启循环水真空泵，将被过滤的溶液小心缓慢地倒入布氏漏斗中（布氏漏斗底部始终充满液体），小心用玻璃棒挤压固体，让液体尽可能被吸入吸滤瓶；取下吸滤瓶与循环水真空泵连接的橡胶管，关闭循环水真空泵。

图 3-2　简单的抽滤装置

6. 洗涤操作

加入少量的洗涤剂（刚好把所有的固体全部浸没），用玻璃棒小心翻动固体，待布氏漏斗下端有液体滴下时，再进行抽滤操作。一般洗涤 2～3 次。

7. 干燥

将布氏漏斗中的固体转移至干净且干燥的表面皿，自然干燥。

【注意事项】

1. 滤纸大小比布氏漏斗内径稍小，但需盖住所有的孔。

2. 布氏漏斗下面的斜口方向必须正对抽滤瓶的支管。

3. 取5g乙酰苯胺，制备热的饱和溶液，可根据乙酰苯胺的溶解度估算所用水的量。已知乙酰苯胺在100℃时的溶解度为5.5g，在25℃时的溶解度为0.53g。

【思考题】

1. 为什么要在固体完全溶解后加入活性炭，而不能在溶液沸腾时加入？

2. 用水作溶剂进行乙酰苯胺重结晶时，在溶解过程中有不溶于水的液体出现，该液体是什么？应该怎样处理？

实验九　萃取操作练习

一、实验目的

1. 熟悉萃取的基本原理；

2. 学习并初步掌握萃取的基本操作。

二、实验原理

萃取是一种利用物质在不同溶剂中溶解度或分配系数的差异，将物质从一种溶剂转移到另一种溶剂中的分离纯化方法。

相似相溶原理：极性分子易溶于极性溶剂（如水），非极性分子易溶于非极性溶剂（如四氯化碳、乙醚）。

分配定律：在一定温度下，当溶质在两种互不相溶的溶剂中达到分配平衡时，溶质在两相中的浓度之比为常数，该常数称为**分配系数**。

苯胺（$C_6H_5NH_2$）是极性分子，因其分子中含较大的非极性苯环，在有机溶剂（如乙酸乙酯）中的溶解度大于在水中的溶解度。

三、仪器与试剂

1. 主要仪器

分液漏斗（250mL），铁架台，铁圈，锥形瓶（250mL），量筒（100mL、50mL）。

2. 主要试剂

乙酸乙酯（A. R.），苯胺水溶液（3g苯胺溶于100mL水）。

四、实验内容

1. 分液漏斗的检漏

将分液漏斗的旋塞涂上凡士林，在分液漏斗中加入少许去离子水，关闭旋塞，观察分液漏斗下端是否漏水。

塞紧分液漏斗上面的玻璃塞，将分液漏斗倒置，观察分液漏斗是否漏水。

2. 用 50mL 乙酸乙酯 1 次萃取苯胺水溶液

用量筒量取 50mL 苯胺水溶液加入分液漏斗中，加入 90mL 乙酸乙酯，取下分液漏斗，用右手按住玻璃塞，左手握住旋塞处，将漏斗倒置倾斜（旋塞朝上），缓慢振荡数次，每振荡几次就要小心打开旋塞放出里面的气体，平衡内外气压。重复振荡、放气操作 5～8 次，使苯胺充分溶解于乙酸乙酯中。

将分液漏斗置于铁架台上，静置 5～10min，直至两相完全分层。打开上面的玻璃塞，缓慢旋开旋塞，将下层水相放入烧杯 A 中，当两层液体界面接近旋塞时，关闭旋塞，将上层有机相从上口倒入烧杯 B 中。

3. 用 50mL 乙酸乙酯分 3 次萃取苯胺水溶液

用量筒量取 50mL 苯胺水溶液加入分液漏斗中，加入 20mL 乙酸乙酯，重复上述操作。将下层水相放入烧杯 A 中，当两层液体界面接近旋塞时，关闭旋塞，将上层有机相从上口倒入烧杯 B 中。

将烧杯 A 中的水相加入分液漏斗中，加入 15mL 乙酸乙酯，重复上述操作，进行第二次、第三次萃取，合并三次萃取得到的有机相。

4. 蒸馏回收萃取剂

通过常压蒸馏（乙酸乙酯的沸点为 77℃）蒸出乙酸乙酯，残留液体即为富集的苯胺。

【注意事项】

1. 乙酸乙酯为易燃液体，操作需远离明火，建议在通风橱中进行。
2. 苯胺有毒且具有挥发性，实验过程中应避免皮肤接触和吸入蒸气。

【思考题】

1. 使用分液漏斗有哪些注意事项？
2. 通过蒸馏法回收乙酸乙酯得到苯胺粗品，粗略计算室温下苯胺在水中与乙酸乙酯中的分配系数 K。
3. 在使用相同量的萃取溶剂对相同量的同一待萃取物质进行萃取时，采用多次少量萃取剂萃取和单次大量萃取剂萃取，哪种萃取效率更高？

专题 4

物质含量测定实验

实验十　铵盐中氮含量的测定（甲醛法）

一、实验目的

1. 掌握氢氧化钠标准溶液的标定方法；
2. 理解用酸碱滴定法测定铵盐中氮含量的原理；
3. 巩固酸碱滴定操作及用酚酞作指示剂的终点判断。

二、实验原理

铵盐如氯化铵（NH_4Cl）、硫酸铵［$(NH_4)_2SO_4$］中的 NH_4^+ 是 NH_3 的共轭酸，NH_4^+ 的解离常数（$K_a=5.6\times10^{-10}$）太小，不能用氢氧化钠标准溶液直接滴定。甲醛法测定铵盐中的氮含量是基于 NH_4^+ 与甲醛发生如下反应：

$$4NH_4^+ + 6HCHO = (CH_2)_6N_4H^+ + 3H^+ + 6H_2O$$

生成的 H^+ 和 $(CH_2)_6N_4H^+$（$K_a=7.1\times10^{-6}$）可用氢氧化钠标准溶液滴定，产物六亚甲基四胺是一种极弱的有机碱，化学计量点时溶液 pH 约为 8.8，可选用酚酞作指示剂。

氢氧化钠标准溶液的标定采用苯二甲酸氢钾基准物，以酚酞为指示剂，用待标定的氢氧化钠溶液滴定至淡粉红色，根据消耗氢氧化钠溶液的体积和称取的苯二甲酸氢钾的质量，计算氢氧化钠溶液的浓度。

三、仪器与试剂

1. 主要仪器

电子天平，碱式滴定管或具聚四氟乙烯塞滴定管（50mL），锥形瓶（250mL），称量瓶，量筒（50mL）。

2. 主要试剂

氢氧化钠溶液（0.1mol/L），酚酞乙醇溶液（2g/L），中性甲醛溶液（40%），苯二甲酸氢钾（基准）。

3. 样品

硫酸铵试样。

四、实验内容

1. 0.1mol/L 氢氧化钠标准溶液的标定

将苯二甲酸氢钾在105～110℃的烘箱中干燥2～3h，稍冷，于干燥器中冷却至室温。准确称取苯二甲酸氢钾0.5～0.6g（精确至0.0001g）于250mL锥形瓶中，加入50mL无二氧化碳的去离子水溶解。

每次用5～10mL待标定的氢氧化钠溶液润洗准备好的滴定管2～3次，将待标定的氢氧化钠溶液装入滴定管中，使液面在零刻度线上方0.5cm处，赶走滴定管尖端内的气泡，再调至零刻度以下，放置2min，读取并记录初读数。

向溶解完全的苯二甲酸氢钾锥形瓶中滴加1滴酚酞指示剂溶液，用待标定的氢氧化钠溶液滴定，右手持锥形瓶颈部不断摇动，左手操作滴定管，使滴定速度控制在每秒3～4滴。在接近终点时，逐滴加入，滴定至溶液呈粉红色且30s内不褪色即为终点。记录终点读数，计算消耗氢氧化钠溶液的体积，平行滴定4次。

2. 样品测定

准确称取硫酸铵样品0.13～0.16g（精确至0.0001g）于250mL锥形瓶中，加入20～30mL水使其溶解，加入5mL中性甲醛溶液，滴加1～2滴酚酞指示剂溶液，摇匀，静置1min，用氢氧化钠标准溶液滴定至溶液呈淡红色且30s内不褪色即为终点，平行测定3次。

五、数据记录及处理

1. 设计表格记录标定氢氧化钠溶液数据，计算氢氧化钠溶液的浓度、相对平均偏差。

2. 设计表格记录铵盐中氮含量测定数据，计算样品中氮含量、相对平均偏差。

【注意事项】

1. 甲醛中常含有微量的酸，应预先以酚酞为指示剂，用0.1mol/L氢氧化钠标准溶液中和至溶液呈淡红色。

2. 如果铵盐中含有游离酸，应中和除去，加入甲基红指示剂，用氢氧化钠溶液滴定至橙色。

【思考题】

1. 能否用甲醛法测定硝酸铵（NH_4NO_3）、碳酸氢铵（NH_4HCO_3）中氮的含量？

2. 测定铵盐中的氮含量还可以用什么方法？

实验十一 混合碱的分析（双指示剂法）

一、实验目的

1. 掌握盐酸标准溶液的标定方法；

2. 掌握用酚酞和甲基橙双指示剂的酸碱滴定法分析混合碱的原理；

3. 巩固酸碱滴定操作及以酚酞、甲基橙作指示剂的终点判断。

二、实验原理

混合碱指氢氧化钠（NaOH）中含有碳酸钠（Na_2CO_3）或碳酸钠中含有碳酸氢钠（$NaHCO_3$）。氢氧化钠俗称烧碱，在生产和存放过程中，常因吸收空气中的二氧化碳而含有少量碳酸钠杂质。碳酸钠俗称纯碱，工业上是通过碳酸氢钠分解制得的，因此碳酸钠中常含有少量碳酸氢钠。

在混合碱分析中，用盐酸标准溶液对样品进行滴定，根据滴定过程中 pH 的变化情况，选用酚酞和甲基橙两种指示剂分别指示第一和第二终点，这种方法称为“双指示剂法”。

以酚酞作指示剂时，滴定过程中可能发生下列反应：

$$NaOH + HCl = NaCl + H_2O$$

$$Na_2CO_3 + HCl = NaCl + NaHCO_3$$

以甲基橙作指示剂时，滴定过程中发生下列反应：

$$NaHCO_3 + HCl = NaCl + CO_2\uparrow + H_2O$$

若试样为固体，准确称取一定质量的试样，溶解后先以酚酞为指示剂，用盐酸标准溶液滴定至溶液**略带粉红色（近于无色）**时为第一滴定终点，此时所用盐酸标准溶液的体积为 V_1。再加入甲基橙指示剂，继续用盐酸标准溶液滴定至溶液由黄色变为橙色时为第二滴定终点，用去盐酸溶液体积为 V_2。根据 V_1 和 V_2 的大小，能够确定混合碱的组成。根据样品的质量 m 以及 V_1 和 V_2 的数值可以计算出各组分的含量。

若 $V_1 > V_2 > 0$，则混合碱的组分为 NaOH 和 Na_2CO_3。

$$w(NaOH) = \frac{(V_1 - V_2)c_{HCl}M_{NaOH} \times 10^{-3}}{m} \times 100\%$$

$$w(Na_2CO_3) = \frac{V_2 c_{HCl} M_{Na_2CO_3} \times 10^{-3}}{m} \times 100\%$$

若 $V_2 > V_1 > 0$，则混合碱的组分为 Na_2CO_3 和 $NaHCO_3$。

$$w(Na_2CO_3) = \frac{V_1 c_{HCl} M_{Na_2CO_3} \times 10^{-3}}{m} \times 100\%$$

$$w(NaHCO_3) = \frac{(V_2 - V_1)c_{HCl}M_{NaHCO_3} \times 10^{-3}}{m} \times 100\%$$

若试样为液体，准确移取 25.00mL 试样于锥形瓶中，加入适量水稀释后，按测定固体试样的方法进行测定。各组分含量可用单位体积试样中含有的质量表示，单位为 g/100mL。

用盐酸标准溶液滴定一定质量的碳酸钠基准物，以甲基橙为指示剂，滴定至溶液颜色由黄色变为橙色即为终点，根据消耗盐酸溶液的体积和碳酸钠的质量，计算盐酸的浓度。滴定过程中发生的化学反应方程式如下：

$$Na_2CO_3 + 2HCl = 2NaCl + CO_2\uparrow + H_2O$$

三、仪器与试剂

1. 主要仪器

电子天平，具聚四氟乙烯塞滴定管（50mL），锥形瓶（250mL），称量瓶，量筒（50mL）。

2. 主要试剂

盐酸溶液（0.1mol/L），酚酞乙醇溶液（2g/L），甲基橙指示液，碳酸钠（基准）。

3. 样品

混合碱试样。

四、实验内容

1. 0.1mol/L 盐酸溶液的标定

称取 0.15～0.2g（精确至 0.0001g）的碳酸钠于 250mL 锥形瓶中，加适量水溶解，加入 2 滴甲基橙指示剂，用盐酸溶液滴定至橙色且 30s 内不褪色即为终点。平行标定 4 次。

2. 混合碱分析

移取混合碱试样 25.00mL 于锥形瓶中，加入酚酞指示液 1～2 滴，摇匀。用盐酸标准溶液滴定至溶液红色恰好褪至微红色时，即为第一滴定终点。记录滴定管的初读数和第一滴定终点的读数，计算所消耗盐酸标准溶液的体积 V_1。

再加甲基橙指示液 2 滴，用盐酸标准溶液滴定至黄色恰好变为橙色时，煮沸 2min，冷却后继续滴定至橙色时，即为第二滴定终点，记录滴定管的终点读数，计算所消耗盐酸标准溶液的体积 V_2。

平行测定 3 次，判断混合碱的组分并计算各组分含量。

五、数据记录及处理

1. 设计表格记录标定盐酸标准溶液浓度的数据，计算盐酸标准溶液的浓度和相对平均偏差。

2. 设计表格记录混合碱分析数据，确定样品组成，计算样品中各组分的含量和相对平均偏差。

【注意事项】

1. 无论混合碱的组成是氢氧化钠和碳酸钠还是碳酸钠和碳酸氢钠，第一化学计量点溶液的 pH 为 8.3，为了方便对滴定终点的判断，可在浓度相当的碳酸氢钠溶液中加入 1～2 滴酚酞指示液作为对照，以提高分析的准确度。

2. 在进行混合碱分析时，除了要使用不含二氧化碳的去离子水之外，在滴定过程中还应尽可能避免溶液长时间与空气接触，防止空气中的二氧化碳溶解进入溶液，影响测定的准确度。必要时可在滴定过程中使用带有二氧化碳吸收装置的锥形瓶，通常情况下可在滴定时适当加快速度，减少溶液与空气的接触时间。

【思考题】

1. 用双指示剂法分析混合碱时，判断下列情况下混合碱的组成：（1）$V_1>0$，

$V_2=0$；(2) $V_1=V_2\neq0$；(3) $V_1=0$，$V_2>0$；(4) $V_1>V_2>0$；(5) $V_2>V_1>0$。

2. 除双指示剂法外，还可以用什么方法进行混合碱分析？

实验十二　自来水中总硬度的测定

一、实验目的

1. 掌握 EDTA 标准溶液的标定方法；
2. 理解金属指示剂的作用原理；
3. 初步掌握配位滴定法测定自来水总硬度的方法和基本操作技能。

二、实验原理

水的硬度通常是指水中 Ca^{2+}、Mg^{2+} 的浓度。**水硬度的表示方法**通常有两种：一种是将测得的 Ca^{2+}、Mg^{2+} 总量折算成 $CaCO_3$ 的质量，以每升水中含有 $CaCO_3$ 的质量（mg）表示；另一种表示方法是将 Ca^{2+}、Mg^{2+} 含量折算成 CaO 的质量，以每升水中含有 10mg 的 CaO 为 1°。《生活饮用水卫生标准》（GB 5749—2022）规定，生活饮用水总硬度（以 $CaCO_3$ 计）不得超过 450mg/L。

EDTA 滴定法测定水的总硬度是在 pH≈10 的氨性缓冲溶液中，以铬黑 T（EBT）为指示剂，用 EDTA 标准溶液直接滴定。滴定前，铬黑 T 指示剂与 Mg^{2+} 作用形成紫红色的络合物。

$$Mg^{2+}+EBT\longrightarrow Mg^{2+}\text{-}EBT$$

（蓝色）　　（紫红色）

由于 $\lg K_{CaY}>\lg K_{MgY}$，因此滴定时 EDTA 首先与 Ca^{2+} 配位，然后再与 Mg^{2+} 配位，当接近化学计量点时，滴入的 EDTA 夺取 Mg^{2+}-EBT 中的 Mg^{2+}，结合的铬黑 T 指示剂被释放出来，使溶液由紫红色变为纯蓝色，相关反应式如下：

$$Ca^{2+}+H_2Y^{2-}=\!=\!=CaY^{2-}+2H^+$$

$$Mg^{2+}+H_2Y^{2-}=\!=\!=MgY^{2-}+2H^+$$

$$Mg^{2+}\text{-}EBT+H_2Y^{2-}\longrightarrow MgY^{2-}+EBT+2H^+$$

（紫红色）　　（蓝色）

水样中共存的 Fe^{3+}、Al^{3+}、Cu^{2+}、Pb^{2+}、Mn^{2+} 和 Zn^{2+} 等离子干扰测定，可以加入掩蔽剂进行消除。少量的 Fe^{3+}、Al^{3+}、Mn^{2+} 用三乙醇胺掩蔽，Pb^{2+} 和 Zn^{2+} 用 1%盐酸羟胺掩蔽，而 Cu^{2+} 则通过加入 5%硫化钠溶液，使其生成 CuS 沉淀而消除。

用碳酸钙基准物质标定 EDTA 溶液的浓度，在 pH 大于 12 的条件下，加入适量钙指示剂，用 EDTA 标准溶液滴定含定量钙的溶液，滴定至溶液由紫红色变为纯蓝色，即为滴定终点。相关反应表示如下：

$$Ca^{2+}+\text{钙指示剂}\longrightarrow Ca^{2+}\text{-钙指示剂}$$

（蓝色）　　（紫红色）

$$Ca^{2+} + H_2Y^{2-} \longrightarrow CaY^{2-} + 2H^+$$

$$\underset{\text{（紫红色）}}{Ca^{2+}\text{-钙指示剂}} + H_2Y^{2-} \longrightarrow CaY^{2-} + \underset{\text{（蓝色）}}{\text{钙指示剂}} + 2H^+$$

三、仪器与试剂

1. 主要仪器

电子天平，具聚四氟乙烯塞滴定管（50mL），锥形瓶（250mL），移液管（25mL、50mL），称量瓶，容量瓶（250mL），量筒（10mL）。

2. 主要试剂

EDTA 溶液（0.02mol/L），氨-氯化铵缓冲溶液（pH＝10），铬黑 T 指示剂溶液（0.5%），钙指示剂溶液（0.5%），三乙醇胺溶液（1∶1），盐酸（1∶1），氢氧化钠溶液（0.1mol/L），碳酸钙（基准）。

四、实验内容

1. 0.02mol/L EDTA 标准溶液的标定

准确称取 0.5～0.55g（精确至 0.0001g）干燥过的碳酸钙于 50mL 烧杯中，用少量水润湿，盖上表面皿，沿着烧杯嘴滴加 5mL 盐酸（1∶1）使碳酸钙完全溶解。将溶液转移至 250mL 容量瓶中，用少量水冲洗烧杯和表面皿 3 次，冲洗液全部转移至容量瓶中，用去离子水定容至刻度，摇匀。

移取 25.00mL 上述钙标准溶液于 250mL 锥形瓶中，加入 5mL 氢氧化钠溶液、2 滴钙指示剂溶液，用 EDTA 标准溶液滴定至纯蓝色即为终点，平行测定 3 次。

2. 自来水总硬度的测定

移取 100.00mL 水样于 250mL 锥形瓶中，加 5mL 氨-氯化铵缓冲溶液、3mL 三乙醇胺溶液和 2 滴铬黑 T 指示剂溶液，用 EDTA 标准溶液滴定至溶液由紫红色变为纯蓝色即为终点，平行测定 3 次。

五、数据记录及处理

1. 设计表格记录标定 EDTA 标准溶液浓度的数据，计算 EDTA 标准溶液的浓度和相对平均偏差。

2. 设计表格记录测定自来水总硬度的数据，计算自来水总硬度和相对平均偏差。

【注意事项】

1. 测定水的总硬度时，滴定终点溶液颜色由紫红色刚好变为纯蓝色。如果不是纯蓝色，表明尚有 Mg^{2+}-EBT 没有被转化，也就是还未真正到达滴定终点。由于滴定至纯蓝色以后，滴加过量的 EDTA 滴定液时溶液仍然呈蓝色，因此，滴定终点应控制溶液颜色刚好变为纯蓝色。

2. 在接近滴定终点时，EDTA 与 Mg^{2+}-EBT 发生反应，EBT 被置换出来，这个反应速率较慢，因此在接近终点时滴定速度要慢，滴加 1 滴 EDTA 溶液要充分振摇，以防止因滴定速度过快而使终点拖后。

【思考题】

1. 以铬黑 T 作指示剂，测定 Ca^{2+}、Mg^{2+} 总量时要用氨-氯化铵缓冲溶液控制

pH=10，而以钙指示剂溶液为指示剂，标定 EDTA 标准溶液的浓度时，要控制溶液 pH>12，这是为什么？

2. 如果要分别测定水的钙硬度和镁硬度，应该如何进行？

实验十三　高锰酸钾法测定过氧化氢含量

一、实验目的

1. 掌握高锰酸钾标准溶液的标定方法；
2. 熟悉高锰酸钾法测定过氧化氢含量的基本原理；
3. 初步掌握高锰酸钾法测定过氧化氢含量的操作技能。

二、实验原理

过氧化氢（H_2O_2）俗名双氧水，是无色的液体，能与水、乙醇或乙醚以任意比例混合，贮存时会自行分解为水和氧气。市售的商品一般为 30%和 3%的水溶液。

高锰酸钾法是以高锰酸钾标准溶液进行滴定分析的氧化还原法。在强酸性介质中，$KMnO_4$ 可将 H_2O_2 氧化，化学反应方程式为：

$$2MnO_4^- + 5H_2O_2 + 6H^+ = 2Mn^{2+} + 8H_2O + 5O_2\uparrow$$

反应在室温、稀硫酸溶液中进行，开始时反应速率较慢，但随着反应的进行，生成的 Mn^{2+} 具有催化作用（也可加入少量 $MnSO_4$）使反应加快。以 $KMnO_4$ 自身为指示剂，用高锰酸钾标准溶液滴定至微红色，且 30s 内不褪色为终点。

由于高锰酸钾试剂中常含有少量 MnO_2 等杂质，因此不能直接配制标准溶液，必须采用标定的方法确定配制好的高锰酸钾溶液的浓度。

能用来标定高锰酸钾溶液的基准物质有：$H_2C_2O_4 \cdot 2H_2O$、$Na_2C_2O_4$、$(NH_4)_2C_2O_4$、As_2O_3、$FeSO_4 \cdot 7H_2O$、$(NH_4)_2SO_4 \cdot FeSO_4 \cdot 6H_2O$ 和纯铁等，其中 $Na_2C_2O_4$ 使用较多。$Na_2C_2O_4$ 容易提纯，性质稳定，不含结晶水，在 105～110℃ 温度下烘干。

在稀硫酸溶液中，MnO_4^- 与 $C_2O_4^{2-}$ 的反应方程式为：

$$2MnO_4^- + 5C_2O_4^{2-} + 16H^+ = 2Mn^{2+} + 10CO_2\uparrow + 8H_2O$$

因为 MnO_4^- 本身有颜色，利用稍微过量的 MnO_4^- 使溶液呈粉红色指示滴定终点的到达。

三、仪器与试剂

1. 主要仪器

电子天平，具聚四氟乙烯塞滴定管（50mL），锥形瓶（250mL），称量瓶，容量瓶（100mL），量筒（10mL），吸量管（2mL、10mL）。

2. 主要试剂

高锰酸钾溶液（0.02mol/L），草酸钠（$Na_2C_2O_4$，s），硫酸（3mol/L），硫酸锰

溶液（1mol/L）。

3. 样品

过氧化氢（3%）。

四、实验内容

1. 0.02mol/L 高锰酸钾标准溶液的标定

准确称取草酸钠 0.2g（精确至 0.0001g）于 250mL 锥形瓶中，加入 20mL 去离子水和 10mL 硫酸（3mol/L），溶解后将锥形瓶加热至 80℃，趁热滴定至溶液恰好变成微红色即为终点，平行测定 3 次。

2. 样品中 H_2O_2 含量的测定

用吸量管移取 2.00mL 过氧化氢样品于 100mL 容量瓶中，用水稀释至刻度，摇匀，备用。用吸量管取 10.00mL 稀释后的样品于 250mL 锥形瓶中，加入 20mL 硫酸（3mol/L），再加入 2 滴硫酸锰溶液，用高锰酸钾标准溶液滴定至溶液恰好变成微红色，且 30s 内不褪色即为终点。平行测定 3 次，记录消耗的高锰酸钾标准溶液的体积，计算 H_2O_2 的含量。

五、数据记录及处理

1. 设计表格记录标定高锰酸钾标准溶液数据，计算高锰酸钾溶液的浓度和相对平均偏差。

2. 设计表格记录 H_2O_2 含量测定数据，计算样品中 H_2O_2 的含量（g/L）和相对平均偏差。

【注意事项】

1. 在标定高锰酸钾溶液时，由于在室温下 MnO_4^- 与 $C_2O_4^{2-}$ 的反应速率缓慢，因此应将溶液加热至 75～85℃以加快反应速率。但温度不宜过高，否则在酸性条件下会使部分 $H_2C_2O_4$ 发生分解，导致结果偏高。

2. 在标定高锰酸钾溶液和测定 H_2O_2 含量时，应保持足够的酸度，一般在开始滴定时，溶液中 H^+ 的浓度约为 0.5～1mol/L。若酸度不够高时，往往会生成 MnO_2，但酸度过高又会促使 $H_2C_2O_4$ 分解。

3. 在标定高锰酸钾溶液时，加入第一滴高锰酸钾溶液后，褪色会很慢，因此开始滴定时要进行得慢些，在高锰酸钾红色没有褪去之前，不要加入第二滴，否则会导致未及时反应的高锰酸钾发生分解。待较多量的 Mn^{2+} 生成，反应速率明显加快之后，滴定速度就可以稍快些。

【思考题】

1. 配制好的高锰酸钾溶液在标定前要过滤，为什么要采用砂芯漏斗而不能采用滤纸？

2. 用高锰酸钾法测定 H_2O_2 含量时，为什么不采用加热溶液的方法来加快反应速率？

3. 用高锰酸钾法测定 H_2O_2 含量时，能否用硝酸、盐酸来控制溶液的酸度？

实验十四　胆矾中铜含量的测定（碘量法）

一、实验目的

1. 掌握硫代硫酸钠标准溶液的标定方法；
2. 理解间接碘量法测定胆矾中铜含量的基本原理；
3. 掌握碘量瓶的使用方法。

二、实验原理

胆矾（$CuSO_4 \cdot 5H_2O$）是农药波尔多液的主要原料。在弱酸性条件下，Cu^{2+} 与过量的 I^- 发生氧化还原反应，生成 CuI 沉淀，并析出 I_2，用硫代硫酸钠标准溶液滴定生成的 I_2。化学反应方程式为：

$$2Cu^{2+} + 5I^- \longrightarrow 2CuI\downarrow + I_3^-$$

$$2S_2O_3^{2-} + I_3^- \longrightarrow S_4O_6^{2-} + 3I^-$$

硫代硫酸钠标准溶液的标定采用间接碘量法，氧化剂可采用重铬酸钾、碘酸钾或溴酸钾、Cu^{2+} 标准溶液等，生成的 I_2 用硫代硫酸钠标准溶液滴定，以淀粉为指示剂，滴定至溶液蓝色刚好消失为终点。相关的反应方程式如下：

$$Cr_2O_7^{2-} + 6I^- + 14H^+ \longrightarrow 3I_2 + 2Cr^{3+} + 7H_2O$$

$$5I^- + IO_3^- + 6H^+ \longrightarrow 3I_2 + 3H_2O$$

$$2Cu^{2+} + 5I^- \longrightarrow 2CuI\downarrow + I_3^-$$

$$2S_2O_3^{2-} + I_2 \longrightarrow 2I^- + S_4O_6^{2-}$$

三、仪器与试剂

1. 主要仪器

电子天平，具聚四氟乙烯塞滴定管（50mL）或碱式滴定管（50mL），碘量瓶（250mL），称量瓶，容量瓶（250mL），量筒（10mL），移液管（25mL），吸量管（10mL），烧杯（100mL）。

2. 主要试剂

硫代硫酸钠溶液（0.01mol/L），重铬酸钾（$K_2Cr_2O_7$，基准），碘化钾（KI，分析纯），碘酸钾（KIO_3，基准），碘化钾溶液（10%），硫酸（20%），淀粉溶液（5g/L），KSCN 溶液（100g/L），饱和氟化钠溶液。

3. 样品

胆矾（化学纯）。

四、实验内容

1. 0.01mol/L 硫代硫酸钠标准溶液的标定

（1）采用重铬酸钾氧化剂

准确称取 0.1～0.12g（精确至 0.0001g）重铬酸钾基准试剂，于烧杯中溶解，转移至 250mL 容量瓶中，稀释至刻度线，摇匀。

移取 25.00mL 重铬酸钾溶液于 250mL 碘量瓶中，加入 0.5g 碘化钾，溶解后，加入 10mL 硫酸（20%），立即盖好塞子，在塞子上加水水封，在暗处放置 5～10min。然后提起塞子，让水封上的水流进碘量瓶中，立即加入 50mL 水稀释，用硫代硫酸钠溶液滴定至溶液呈浅黄绿色时，加入 2mL 淀粉溶液，继续滴定至指示剂蓝色刚好消失。

（2）采用碘酸钾氧化剂

准确称取 0.2～0.23g（精确至 0.0001g）碘酸钾基准试剂，于小烧杯中溶解，转移至 250mL 容量瓶中，稀释至刻度线，摇匀。

移取 10.00mL 碘酸钾溶液于 250mL 碘量瓶中，加入 20mL 水，再加入 0.5g 碘化钾，溶解后，加入 10mL 硫酸（20%），立即盖好塞子，在塞子上加水水封，在暗处放置 5～10min。然后提起塞子，立即加入 50mL 水稀释，用硫代硫酸钠溶液滴定至溶液呈浅黄色时，再加入 2mL 淀粉溶液，继续滴定至蓝色刚好消失，平行测定 3 次。

2. 胆矾中铜含量的测定

准确称取胆矾试样 0.5～0.6g（精确至 0.0001g）于 250mL 碘量瓶中，加入 3mL 硫酸（20%）及 100mL 去离子水。样品溶解后，加入 10mL 氟化钠饱和溶液及 10mL 碘化钾溶液（10%），充分反应后用硫代硫酸钠溶液滴定至溶液呈浅黄色时，加入 2mL 淀粉溶液，继续滴定至浅蓝色时，加入 10mL KSCN 溶液（100g/L），摇匀后溶液颜色加深，继续滴定至蓝色刚好消失。平行测定 3 次，记录消耗的硫代硫酸钠标准溶液的体积，并计算样品中铜的含量。

五、数据记录及处理

1. 设计表格记录标定硫代硫酸钠标准溶液数据，计算硫代硫酸钠溶液的浓度和相对平均偏差。

2. 设计表格记录胆矾中铜含量测定数据，计算样品中铜含量和相对平均偏差。

【注意事项】

1. 在标定硫代硫酸钠时，为了防止碘挥发，可采用下列措施：①加入过量的 KI，使生成的 I_2 与 I^- 形成 I_3^-；②使用碘量瓶，加水封，在暗处放置后，打开瓶塞时，使水封中的水流入瓶中，并立即用水稀释；③加水稀释后立即滴定，刚开始时可以适当加快滴定速度。

2. 若样品中含有 Fe^{3+}，Fe^{3+} 能将 I^- 氧化成 I_2，使测定结果偏高。加入氟化钠饱和溶液，使 Fe^{3+} 生成 $[FeF_6]^{3-}$，可以消除 Fe^{3+} 的干扰。

3. 由于 CuI 能够吸附 I_2 影响测定结果，因此在临近终点时加入 KSCN 溶液，使 CuI 转变为不吸附 I_2 且溶解度更小的 CuSCN 沉淀，使反应终点的变化更加明显。

【思考题】

1. 采用重铬酸钾、碘酸钾或溴酸钾、Cu^{2+} 标准溶液三类基准物质标定硫代硫酸钠溶液各有什么优缺点？各种基准物质的质量是如何确定的？

2. 为什么淀粉指示剂不是在滴定开始时加入，而是在临近终点时才加入？

3. 为什么 KSCN 溶液不能过早加入，而是在滴定至浅蓝色时才加入？

4. 为什么滴定开始时要快滴慢摇，而在接近终点时要慢滴快摇？

实验十五　钡盐中钡含量的测定（重量法）

一、实验目的

1. 掌握沉淀重量分析法的基本操作；
2. 掌握氯化钡中钡含量测定的基本原理和基本操作技能。

二、实验原理

Ba^{2+} 能与 SO_4^{2-} 生成溶解度小（$K_{sp}=1.1\times10^{-10}$）、性质非常稳定、组成与化学式相符的 $BaSO_4$ 晶形沉淀，以 $BaSO_4$ 为称量形式，计算 Ba^{2+} 含量。反应方程式为：

$$Ba^{2+}+SO_4^{2-} = BaSO_4\downarrow$$

晶形沉淀的沉淀条件是“稀、热、慢、搅、陈”，为了得到较大颗粒和纯净的 $BaSO_4$ 晶体，加入稀盐酸酸化，加热，以降低溶液的过饱和度。$BaSO_4$ 重量法测定 Ba^{2+} 含量的流程为：沉淀→陈化→过滤→洗涤→灰化→灼烧→以 $BaSO_4$ 形式称量。

三、仪器与试剂

1. 主要仪器

电子天平，马弗炉，瓷坩埚，长颈漏斗，称量瓶，烧杯，干燥器，漏斗架。

2. 主要试剂

盐酸（2mol/L），硫酸（1mol/L、0.1mol/L），硝酸（2mol/L），硝酸银溶液（1mol/L），定量滤纸。

3. 样品

氯化钡晶体（$BaCl_2\cdot2H_2O$，化学纯）。

四、实验内容

1. 样品称量与溶解

准确称取两份 0.4～0.5g（精确至 0.0001g）氯化钡晶体于 250mL 烧杯中，加入 100mL 水，再加入 4mL 盐酸（2mol/L），搅拌使其溶解，加热至近沸。

2. 沉淀生成与陈化

在两个 100mL 烧杯中，分别加入 4mL 硫酸（1mol/L），再加入水 30mL，加热至近沸。趁热将稀硫酸滴加至两份热的钡盐溶液中，不断搅拌，直至两份硫酸溶液加完为止。待沉淀下沉后，在上层清液中加入 1～2 滴硫酸（0.1mol/L），仔细观察沉淀是否完全。沉淀完全后，盖上表面皿，水浴保温陈化 40min（也可以放置过夜）。

3. 沉淀过滤与洗涤

将慢速（或中速）定量滤纸按四折法折叠，撕下三层部位的一小片，放入漏斗中，用少量去离子水润湿滤纸，使其紧贴漏斗内壁，赶走滤纸与漏斗间的气泡，继续加水至漏斗颈内充满液体，形成水柱。

用“倾注法”过滤，即先将上层清液倒入滤纸，用 1mL 硫酸（1mol/L）加 100mL 水配成的洗涤液倾泻洗涤沉淀 3～4 次，每次用量 15～20mL。将沉淀定量转移至滤纸上，用淀帚擦洗烧杯内壁，并用撕下的小片滤纸擦拭烧杯内壁，将小片滤纸放入漏斗中，再用洗涤液洗涤几次，直至洗涤后的液体中不含 Cl^- 为止。

4. 滤纸的烘干、炭化与灰化

将滤纸从漏斗中取出，折叠成筒状（如图 4-1 所示），放入已恒重过的坩埚中，将坩埚放在泥三角上，用酒精灯烘干（如图 4-2 所示），然后将坩埚斜放在电炉上，将坩埚盖靠在坩埚口上，将烘干后的滤纸烤成炭黑状，即为炭化，继续将炭化后的滤纸灼烧成灰，即为灰化（如图 4-3 所示）。也可以将放入滤纸筒的坩埚放在电炉上进行烘干、炭化和灰化。

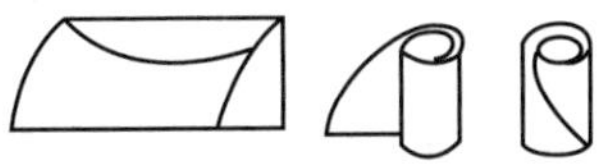

图 4-1　沉淀的包裹

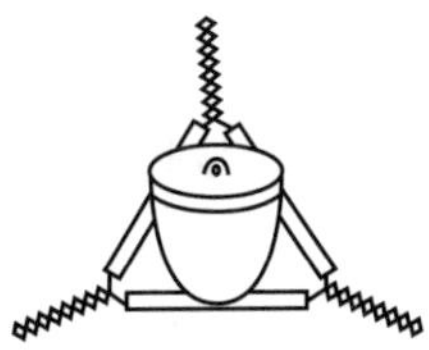

图 4-2　烘干

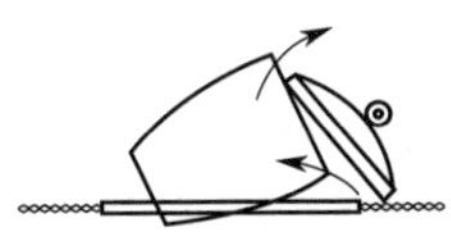

图 4-3　炭化和灰化

5. 沉淀灼烧与恒重

将坩埚放入马弗炉中，在 800～850℃灼烧 1h，取出坩埚，在空气中稍冷后，放入干燥器中冷却至室温，称重。然后再灼烧 15～20min，取出，冷却，称重。如此重复操作，直至恒重。

根据沉淀和试样的质量，计算钡盐中钡的含量。

【注意事项】

1. 沉淀在热溶液中进行，因此硫酸溶液也要加热至近沸（80～90℃）。

2. 在炭化过程中，将坩埚盖斜放在坩埚边上，一旦滤纸着火，应立即用坩埚盖将火盖灭。

【思考题】

1. 沉淀时，加入盐酸的目的是什么？

2. 怎样检验滤液中的 Cl^- 已经洗涤干净？

3. 陈化的作用是什么？

实验十六　邻二氮菲分光光度法测定铁含量

一、实验目的

1. 掌握邻二氮菲测定微量铁含量的原理和方法；

2. 学习并初步掌握分光光度计的基本操作技能。

二、实验原理

在 pH 3～9 的溶液中，邻二氮菲（1,10-邻二氮杂菲）与 Fe^{2+} 能生成一种稳定的橙红色络合物，铁含量在 0.1～6μg/mL 范围内符合朗伯-比尔定律。由于 Fe^{3+} 能与邻二氮菲生成淡蓝色络合物，因此在加入显色剂前，应先用盐酸羟胺或抗坏血酸将 Fe^{3+} 全部还原为 Fe^{2+}。有关反应式如下：

$$2Fe^{3+} + 2NH_2OH \cdot HCl = 2Fe^{2+} + N_2\uparrow + 2H_2O + 4H^+ + 2Cl^-$$

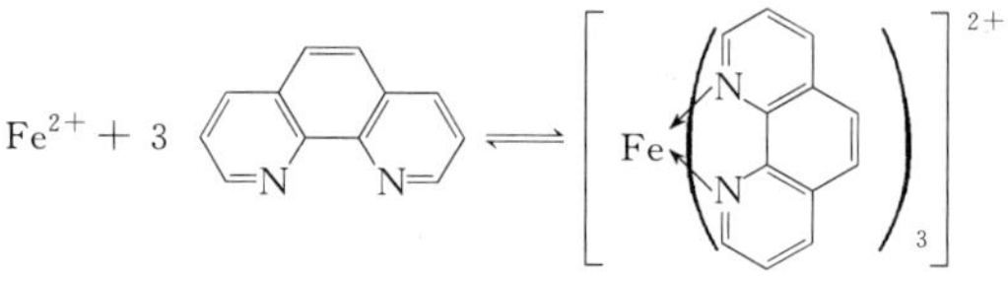

三、仪器与试剂

1. 主要仪器

分光光度计，容量瓶（50mL），刻度吸管（5mL、2mL、1mL），烧杯。

2. 主要试剂

铁标准贮备液（0.0010mg/L），盐酸羟胺水溶液（100g/L，用时现配），邻二氮菲水溶液（1.5g/L），乙酸钠水溶液（1.0mol/L），氢氧化钠溶液（0.1mol/L），pH 试纸（广泛和精密）。

3. 样品

未知浓度的含铁溶液。

四、实验内容

1. 吸收曲线的绘制

在 2 只 50mL 容量瓶中，一只加入 5.0mL 铁标准溶液，另一只不加。然后依次加入 5mL 乙酸钠缓冲液，1mL 盐酸羟胺溶液，2mL 邻二氮菲溶液，用去离子水稀释至刻度线，摇匀。

熟悉分光光度计的构成和各个按键（旋钮）的作用，以 722 型分光光度计为例（如图 4-4 所示），打开分光光度计电源开关进行预热。

取两只比色皿，一只加入试剂空白溶液，另一只加入显色后的溶液。将两只比色皿放入分光光度计样品池（通常将参比放在最里面），将旋钮 3 旋至 T 位，通过旋钮 12 调好零点，盖上样品池盖。将参比推至光路上，通过旋钮 8 将波长调至 440nm，通过旋钮 11 调节透光率为 100%，然后将旋钮 3 旋至 A 位，用旋钮 2 调节吸光度为零，接着将另一只比色皿推至光路，读取吸光度值。在 440～560nm 之间，每隔 10nm（在 500nm 附近每隔 2nm）测定溶液的吸光度。然后以波长 λ 为横坐标，以吸光度 A 为纵坐标，绘制 A-λ 曲线，从图上确定测定 Fe^{2+} 的最大吸收波长。

2. 显色剂用量的确定

在 6 只 50mL 容量瓶中，各加入 2.00mL 铁标准溶液（0.001mol/L）和 1mL 盐酸羟胺溶液。然后分别加入 0.4mL、0.8mL、1.2mL、1.6mL、2.0mL、4.0mL 邻二氮菲溶液，再分别加入 5mL 乙酸钠缓冲液，用去离子水稀释至刻度，摇匀。

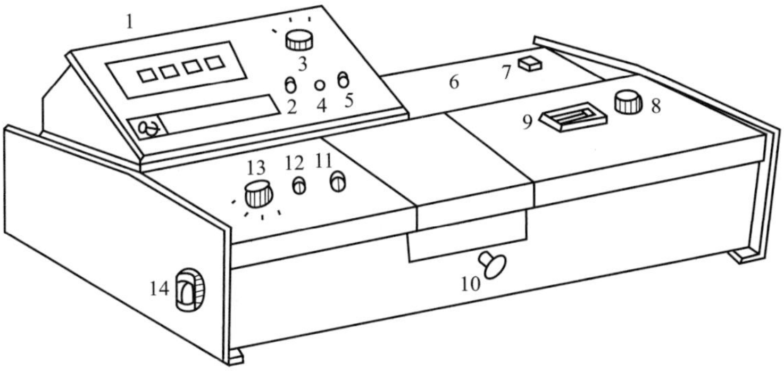

图 4-4　722 型分光光度计

1—数字显示窗；2—吸光度调零旋钮；3—T、A、C 测量选择旋钮；4—吸光度调斜率电位器；5—浓度旋钮；6—光源室；7—电源开关；8—波长调节手轮；9—波长刻度窗；10—比色皿架拉杆；11—100%T 旋钮；12—0%T 旋钮；13—灵敏度调节旋钮；14—干燥器

以水为参比，在选定波长下测量各溶液的吸光度。以吸光度 A 为纵坐标，以邻二氮菲溶液的体积 V 为横坐标，绘制 A-V 曲线，确定显色剂的最佳用量。

3. 溶液适宜酸度的确定

在 7 只 50mL 容量瓶中，各加入 2.00mL 铁标准溶液（0.001mol/L）和 1mL 盐酸羟胺溶液。然后分别加入 0mL、5.0mL、10.0mL、15.0mL、20.0mL、25.0mL、30.0mL 氢氧化钠溶液（0.1mol/L），再分别加入 2mL 邻二氮菲溶液和 5mL 乙酸钠缓冲液，用去离子水稀释至刻度线，摇匀。

以水为参比，在选定波长下测量各溶液的吸光度。以吸光度 A 为纵坐标，以溶液 pH（先用广泛 pH 试纸测量，再用精密 pH 试纸或酸度计测量）为横坐标，绘制 A-pH 曲线，确定适宜的 pH 范围。

4. 标准曲线的绘制

在 6 只 50mL 容量瓶中，分别吸取铁标准溶液 0mL、1.00mL、2.00mL、3.00mL、4.00mL、5.00mL，调节适宜的酸度，分别加入 1mL 盐酸羟胺溶液，2mL 邻二氮菲溶液，用去离子水稀释至刻度线，摇匀。

以试剂空白溶液作参比，在选定波长下分别测定各显色溶液的吸光度。以吸光度 A 为纵坐标，以铁的浓度 c 为横坐标，绘制 A-c 曲线。

5. 铁含量的测定

吸取 2.00mL 待测铁试样溶液于 50mL 容量瓶中，调节适宜的酸度，分别加入 1mL 盐酸羟胺溶液，2mL 邻二氮菲溶液，用去离子水稀释至刻度线，摇匀。

以试剂空白溶液作参比，在选定波长下测定溶液的吸光度。由标准曲线计算试样中铁的浓度。

【注意事项】

1. 取放比色皿时，手拿毛面，避免用手触摸光面（透光面）；在将比色皿放入样品池之前，若比色皿光面有液体，可用擦镜纸轻轻向一个方向擦拭干净。

2. 在测量吸光度的过程中，每次改变条件（如改变波长、更换溶液、打开样品池盖等），都必须重复进行以下操作：参比置光路→透光率 100%→吸光度为 0→待测液置光路→读取吸光度值。

3. 比色皿使用后应及时用去离子水冲洗，若接触过强腐蚀性或有色溶液，需用相应溶剂（如乙醇、盐酸）浸泡清洗，再用蒸馏水冲净，倒置晾干。

【思考题】

1. 用邻二氮菲测定铁含量时，加入盐酸羟胺、醋酸钠溶液各有何作用?

2. 在进行条件实验时，均以水为参比，而在标准曲线绘制和样品溶液测定时，以试剂空白溶液为参比，为什么?

3. 怎样用分光光度法测定水样中总铁和亚铁的含量?

专题 5

常见物理量测定实验

实验十七　熔点的测定

一、实验目的

1. 熟悉熔点测定的基本原理；
2. 掌握熔点测定的基本操作。

二、实验原理

熔点是固体有机物重要的物理常数之一。图 5-1 所示的是理想状态的熔点图，在加热情况下，固态物质温度逐渐升高，在时间 t_1 时开始熔化（出现第一滴液体），控制升温速度足够缓慢（1℃/min），理想状态下加热提供的热量与物质熔化需要的热量相同，则会出现固液平衡状态（即固态和液态同时存在，且温度不随加热时间延长而升高），此时固液平衡状态的温度即为该化合物的**熔点**。在时间 t_2 时，固体刚好全部熔化为液体（完全熔化），固液平衡状态消失，液体温度逐渐升高。固态化合物从开始熔化到完全熔化的温度范围，称为**熔程**或**熔间距**。

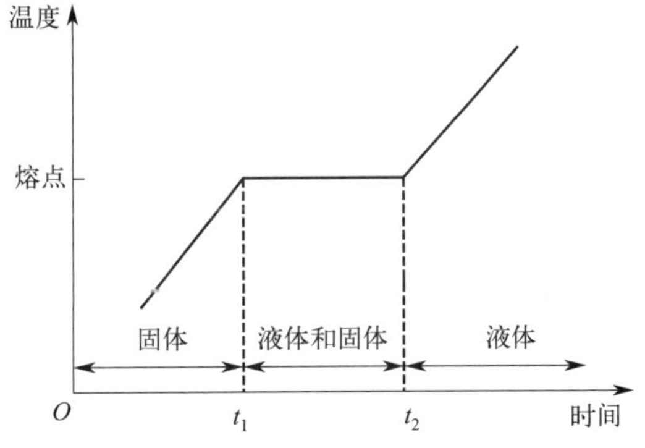

图 5-1　理想状态熔点图（相态随时间和温度的变化图）

纯化合物一般都有固定的熔点，而含有杂质的固体物质没有恒定的熔点。若固体物质中含有杂质，熔点会下降，熔间距会变大，熔间距越大，化合物的纯度越低。通常情况下，纯化合物的熔间距不超过 0.5℃。因此，根据熔间距可以粗略地判断固体化合物的纯度。一般来说，有机化合物的熔点低于 300℃，若某有机化合物在未达到熔点时就发生局部分解，分解产物的作用与杂质相似，这类化合物也没有恒定的熔点。

实验室常用毛细管法和显微熔点测定仪来测定化合物的熔点。

三、仪器与试剂

1. 主要仪器

提勒（Thiele）管（b 形管），熔点管，玻璃管，表面皿，铁架台，十字夹，铁夹，酒精灯，温度计。

2. 主要试剂

乙酰苯胺，苯甲酸，浴液（液体石蜡、甘油或硫酸）。

四、实验内容

称取样品 0.1～0.2 g，放在干净且干燥的表面皿上，用玻璃棒研成粉末，聚成小堆。将熔点管的开口端插入样品堆中，使样品挤入管内（如图 5-2 所示）。取一根长约 50 cm 的玻璃管，直立于玻璃片上，将熔点管开口端向上，使其沿玻璃管自由落下（如图 5-3 所示）。重复操作几次，直至熔点管中样品的高度达 2～3 mm 为止。

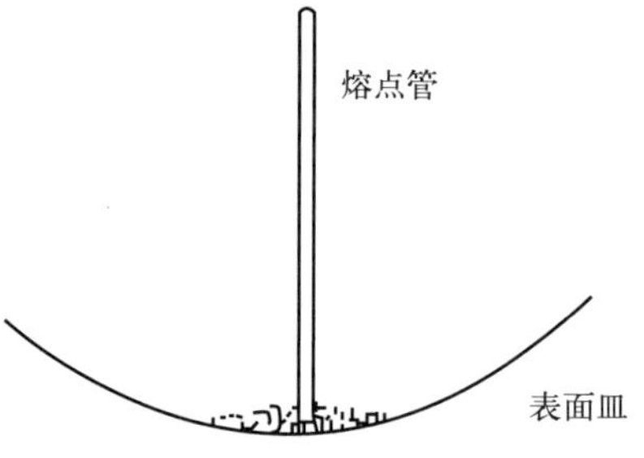

图 5-2 填装样品

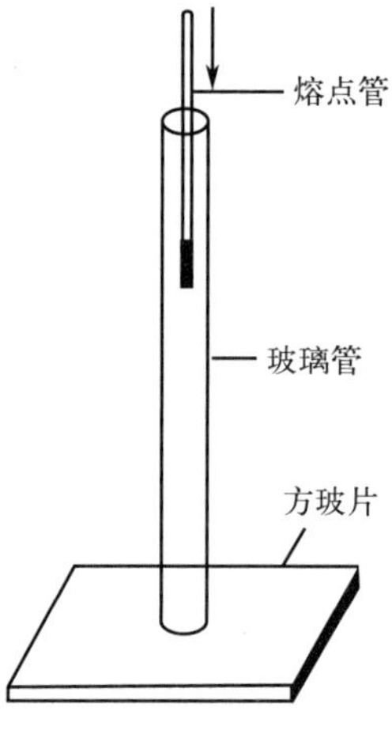

图 5-3 敦实样品

用铁夹将提勒（Thiele）管固定于铁架台上，加入液体石蜡作为浴液，使液面与提勒管支管上口平齐。将装填好样品的熔点管蘸取少许浴液黏附在温度计下端，使样品恰好位于温度计水银球的中间位置，再用乳胶圈将熔点管上端固定在温度计上，然后将温度计小心插入浴液中，使温度计水银球恰好位于提勒管两支管口中间位置，如图 5-4 所示。

加热初始阶段，控制升温 4～5℃/min；当温度升至比预计温度低 10℃时，改用小火加热，控制升温速度为 1～2℃/min；在接近熔点时，控制升温速度为 0.5℃/min。注意观察熔点管中样品的变化，当样品开始出现塌陷时，表明样品即将开始熔化；当熔点管中出现第一滴液滴时，此时的温度即为初熔温度；当熔点管中的固体样品全部消失而呈现透明液体时，此时的温度即为完全熔化温度，如图 5-5 所示。

熄灭酒精灯，取出温度计，待溶液温度下降至低于熔点 10℃时，再换上第二支装好样品的熔点管，进行第二次测定。分别记录乙酰苯胺和苯甲酸样品塌陷时的温度、开始融化时的温度和完全融化时的温度。

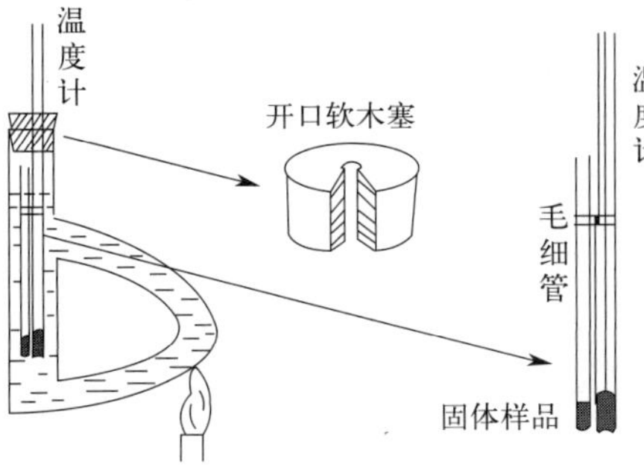

图 5-4　毛细管法测定熔点装置示意图

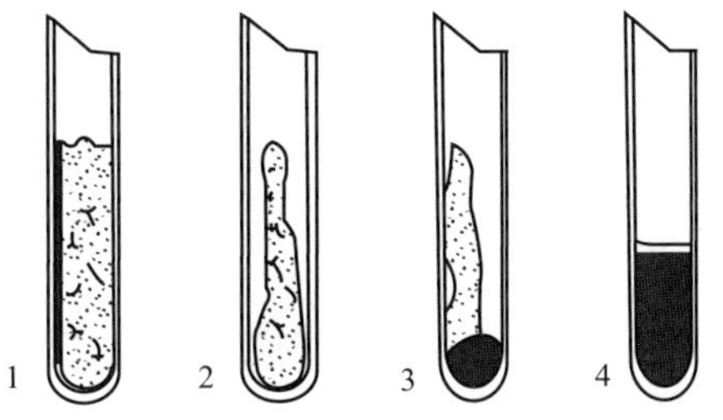

图 5-5　固体样品熔化过程示意图

1—初始状态；2—出现塌落；3—刚出现液滴；4—液体

测定完毕，待溶液冷却后，将溶液倒回瓶中。用纸擦去温度计表面的液体石蜡，再用水冲洗干净。

五、数据记录

设计数据记录表分别记录乙酰苯胺和苯甲酸样品的塌陷时温度、开始熔化温度和完全熔化温度。

【注意事项】

1. 为了便于观察温度，安装温度计时，注意使木塞的切口方向和温度计的刻度均正对观察者。

2. 要保证乳胶圈固定熔点管的位置在浴液液面以上。

3. 对于未知样品的熔点，可以先进行粗测。即在快速加热下，测定化合物的大概熔点。

4. 测定熔点常用的浴液有液体石蜡、甘油和浓硫酸等。由于浓硫酸具有极强的腐蚀性，因此用浓硫酸作浴液测定熔点时要佩戴护目镜。

【思考题】

1. 在用熔点管装样时，若样品未研磨得很细，对装样有何影响？

2. 测定熔点时，浴液温度升高得快慢对测定结果有何影响？

3. 如何根据熔间距判断样品的纯度？试根据样品的测定值进行判断。

4. 通常用于测定固体熔点的方法有哪几种？

5. 下列情况将会对测定结果产生什么影响？

（1）熔点管壁太厚；

（2）熔点管底部未完全封闭；

（3）熔点管不干净；

（4）样品未完全干燥或含有杂质；

（5）样品研磨得不细或装得不紧密；

（6）加热太快。

【方法讨论】

了解显微熔点测定仪（如图 5-6 所示）测定固体物质熔点的原理，并与毛细管法进行比较。

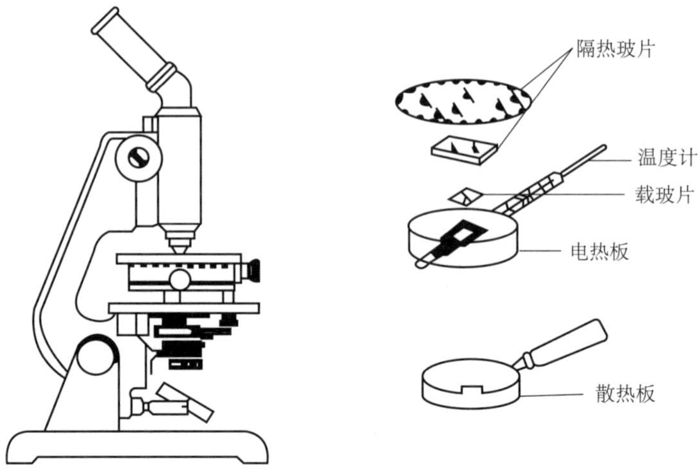

图 5-6　显微熔点测定仪示意图

实验十八　蒸馏与沸点测定

一、实验目的

1. 熟悉常量法（蒸馏法）测定沸点的原理。
2. 学习并掌握蒸馏和沸点测定的基本操作。

二、实验原理

一种纯净液态化合物在受热时，随着温度的升高，其饱和蒸气压与大气压相等时，液体沸腾时的温度即为该液体在该压力下的**沸点**。由于物质的沸点与外界大气压有关，因此，在讨论某种化合物的沸点时，一定要注明测定时的大气压。

测定液态化合物沸点的方法分为微量法（毛细管法）和常量法（蒸馏法）。

蒸馏是将液态化合物加热到沸腾变成蒸气，又将蒸气冷凝为液体的联合操作。利用蒸馏可以分离和提纯液态有机化合物（沸点至少相差 30 ℃）。**常量法（蒸馏法）**测定沸点是利用气液平衡原理，在蒸馏过程中，用温度计测量待测物质气液平衡时的温度，即液态化合物的沸点。

三、实验仪器与药品

1. 主要仪器

铁架台，铁圈，十字夹，铁夹，圆底烧瓶（19＃，50 mL），蒸馏头（19＃），温度计（250℃），直形冷凝管（19＃），尾接管（19＃），乳胶管，酒精灯，带孔橡胶塞。

2. 主要试剂

酒精。

四、实验内容

1. 搭建蒸馏装置

实验室蒸馏装置由加热、冷凝和接收三个部分组成。常量法测定液态物质的沸点装置分为普通玻璃仪器装置（见图 5-7）和标准磨口玻璃仪器装置（见图 5-8）。

遵循从下到上、从左到右的顺序搭建实验装置。直形冷凝管一般用于沸点低于 130℃液体的冷凝；球形冷凝管一般用于沸点低于 130℃液体的回流；空气冷凝管一般用于沸点高于 130℃液体的冷凝、回流。

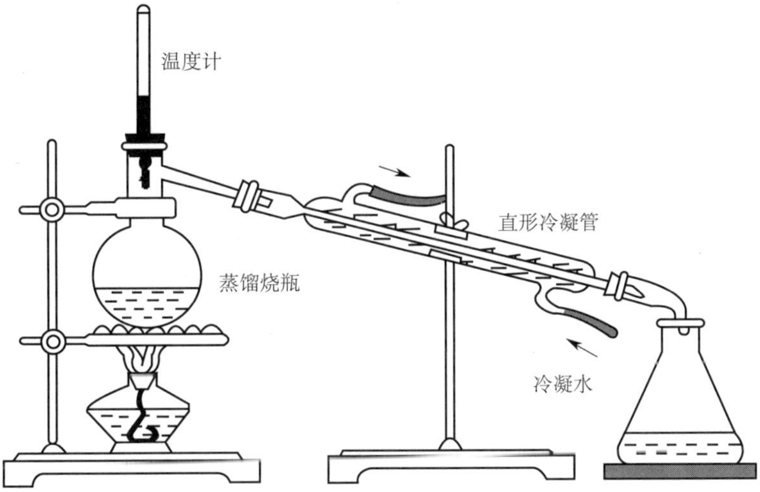

图 5-7　蒸馏装置图（普通玻璃仪器）

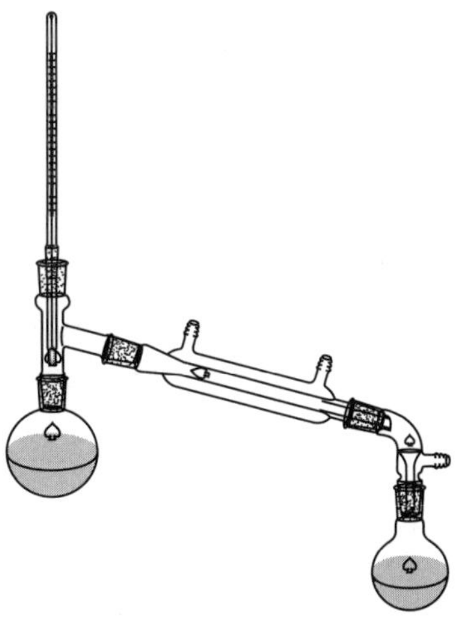

图 5-8　蒸馏装置图（标准磨口玻璃仪器）

2. 蒸馏操作和沸点测定

通过长颈漏斗加入待蒸馏的液体，加入防爆剂（碎瓷片或沸石，人工沸石），通入冷凝水（下进上出）。

加热前，须检查装置搭配是否正确，仪器连接是否漏气。小火加热，再慢慢加热使液体沸腾，调节温度，使蒸馏的速度控制在每秒 1～2 滴，记录蒸馏过程中温度计的读数（即液体的沸点）。当不再有馏出液或温度突然下降时，停止加热。

先停止加热，再停止通冷凝水，按照从右至左、从上至下的顺序拆卸装置。

五、数据记录

记录液体的沸点。

【注意事项】

1. 普通蒸馏烧瓶的支管伸出塞子外约 2～3 cm。
2. 温度计水银球的上端须与蒸馏烧瓶支管的下沿平齐（见图 5-9）。
3. 冷凝管的夹子应夹在冷凝管的重心部位。
4. 加入的液体不能超过蒸馏烧瓶容积的 2/3。

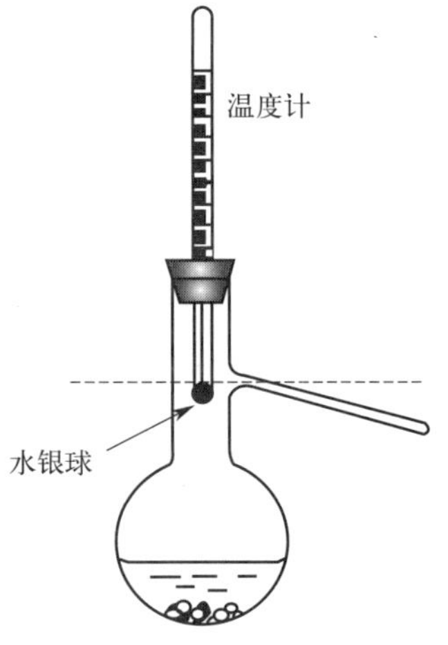

图 5-9　温度计水银球的位置

【思考题】

1. 为什么温度计的位置要在规定的范围内，不能偏高或偏低？
2. 为什么冷凝管的冷却水要下进上出？反过来有什么不好？
3. 加热蒸馏已经进行了才发现冷凝管中没有通入冷凝水，应该怎么办？
4. 加热已经进行了才发现没有加入沸石，应该怎么办？

【方法讨论】

用毛细管法测定沸点时，将 2～4 滴无水乙醇加入沸点外管中，再在管中放入上端封闭的毛细管。将此沸点管用小橡胶圈固定于温度计旁，使沸点管中液体试样部位与温度计水银球位置平齐，如图 5-10 所示。

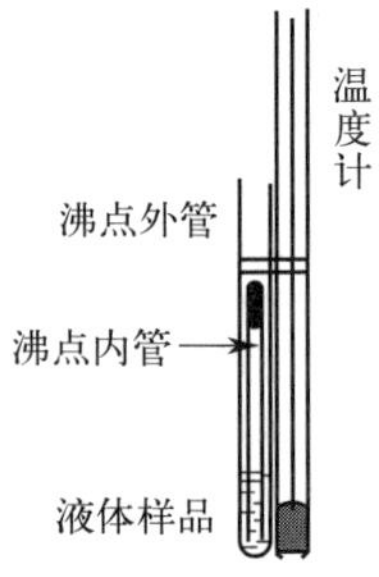

图 5-10　毛细管法测定沸点示意图

把温度计放入提勒管中，放入的位置与测定熔点的装置相同。将热浴慢慢加热，使温度均匀上升，当毛细管中气泡呈一连串逸出时，停止加热，让热浴慢慢冷却，气泡逸出速度渐渐减慢。当气泡停止逸出，液体开始进入毛细管时，最后一个气泡刚欲缩回至毛细管内时，记录此刻的温度，即为该试样的沸点。

试分析常量法（蒸馏法）与微量法（毛细管法）测定沸点的优缺点。

实验十九　折射率的测定

一、实验目的

1. 熟悉测定折射率的原理；
2. 学习并初步掌握阿贝折射仪的使用方法。

二、实验原理

折射率是有机化合物的物理常数之一，根据折射率可以判断有机化合物的纯度和浓度。当光线从一种介质进入另一种介质时，光的传播方向因两种介质的密度不同而发生改变，即发生光的折射现象，如图5-11所示。根据折射定律，光线自介质A进入介质B，入射角α与折射角β的正弦之比与两种介质的折射率（n_A、n_B）成反比，即：

$$\sin\alpha/\sin\beta = n_B/n_A$$

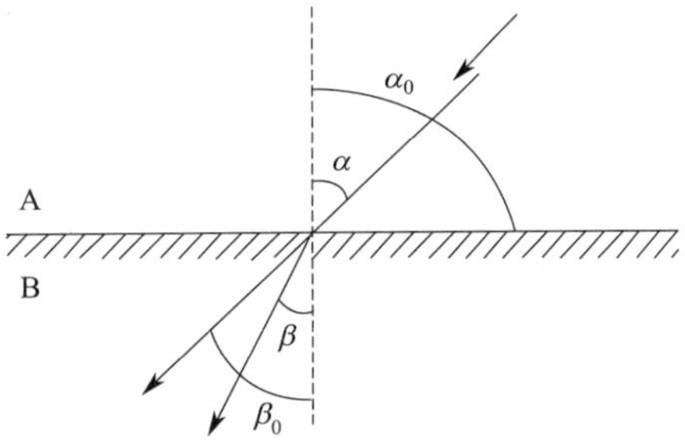

图5-11 光的折射示意图

当入射角α_0为90°时，$\sin\alpha_0=1$，此时的折射角达到最大值，称为临界角（β_0）。由于光的空气绝对折射率为1.00027，可以看作$n_A=1$，于是：

$$n_B = 1/\sin\beta_0$$

由此可知，通过测定临界角（β_0），即可得到折射率。

实验室常用阿贝（Abbe）折射仪来测定介质的折射率。

三、仪器与试剂

1. 主要仪器

阿贝折射仪，恒温水浴槽。

2. 实验样品

乙酸乙酯，四氯化碳。

四、实验内容

1. 仪器准备

阿贝折射仪分为单筒和双筒两种，以双筒阿贝折射仪为例（如图5-12所示）。将仪器放在光线充足的工作台上，在恒温水入口通入恒温水，将温度计安装在温度计座中，调节水浴温度至所需测量温度（20℃或25℃），保持恒温。

阿贝折射仪有两块直角棱镜，上面一块是光滑的，下面一块表面是磨砂的。旋松棱镜锁钮，打开直角棱镜组，用擦镜纸蘸取少量乙醇按单一方向轻轻擦拭镜面，风干。

2. 样品测定

打开直角棱镜组，将2～3滴待测样均匀地滴加在棱镜磨砂面上，迅速旋转棱镜锁紧扳手，调节反光镜使光线射入棱镜，使两镜筒内视野明亮。轻轻转动左侧刻度盘，在右侧目镜中找到明暗分界线（如图5-13A所示），若出现彩色光带则调节右侧旋钮（色散棱镜）至彩色光带消失，使明暗分界线清晰，但分界线不在交叉点上（如图5-13B所示）。再转动左侧刻度盘，使分界线对准交叉中心（如图5-13C所示），记录读数与温度。重复2～3次，3次读数误差不超过0.0002，然后取平均值。

测定完毕后应立即擦洗镜面，晾干后再关闭。

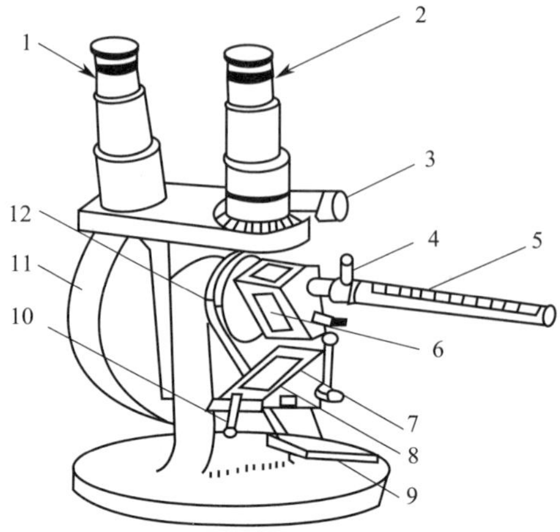

图 5-12 阿贝折射仪

1—左侧目镜（读数镜）；2—右侧目镜（测量镜）3—消散手柄；4—恒温水入口；5—温度计；6—测量棱镜；7—辅助棱镜；8—加液槽；9—反射镜；10—闭合旋钮；11—刻度盘罩；12—转轴

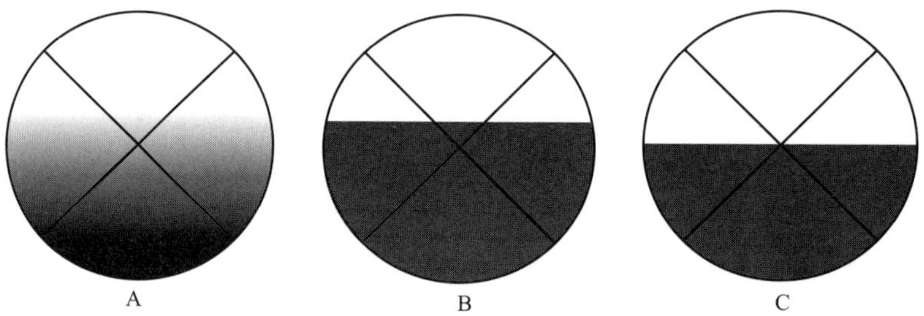

图 5-13 目镜内视场

五、数据记录及处理

设计表格记录乙酸乙酯、四氯化碳在测定温度下的折射率，并计算出标准值n_D^{20}。

【注意事项】

1. 若测定的样品是水溶性的，应用擦镜纸蘸取水擦拭干净；若测定的样品是脂溶性的，应用擦镜纸蘸取乙醇或乙醚擦拭干净。

2. 加入的液体样品需覆盖棱镜表面，避免有气泡，否则会影响测定结果。

3. 折射率的标准值n_D^{20}是在20℃时用钠光D线（波长589.3nm）作光源测定的，在温度t以日光作光源时测定的折射率n可用下式进行换算：

$$n_D^{20}=n+0.00045(t-20)$$

4. 阿贝折射仪刻度盘上的示值分为两行，右侧一行是折射率读数（1.3000～1.7000），左侧一行是蔗糖的质量分数（0%～95%）。图5-14所示的折射率读数为1.3562。

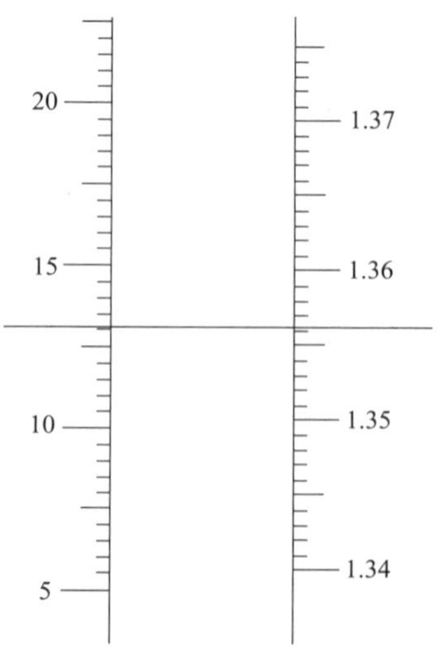

图 5-14 刻度盘示值示意图

5. 在进行样品折射率测定前通常要对仪器进行校正，校正方法通常是在特定温度下测定纯水的折射率，其读数值与纯水的折射率值是否一致（已知纯水的n_D^{20} = 1.3325，在 15℃至 30℃之间的温度系数为－0.0001/℃）。在精密的测定工作中，须在所测范围内用几种不同折射率的标准液体进行校正，并绘出校正曲线，以供测试时对照校核。

【思考题】

1. 影响测定折射率的主要因素有哪些?
2. 使用阿贝折射仪应注意哪些事项?

【方法讨论】

比较数字阿贝折射仪和传统阿贝折射仪的特点。

实验二十 旋光度的测定

一、实验目的

1. 熟悉旋光仪测定物质旋光度的基本原理；
2. 学会用旋光仪测定物质旋光度的基本操作。

二、实验原理

当一束自然光通过双折射晶体（如方解石）时，就分解为两束互相垂直的平面偏振光。尼科尔棱镜就是一种起偏镜（如图 5-15 所示），常用来产生偏振光。当自然光进入尼科尔棱镜时就分成两束互相垂直的平面偏振光，由于折射率不同，当这两束光到达方解石与加拿大树胶的界面上时，其中折射率较大的一束（折射率 1.658）被全反射（加拿大树胶的折射率为 1.550），而另一束（折射率 1.486）可自由通过。全反射的一束光被直角面上的黑色涂层吸收，从而在尼科尔棱镜的出射方向上获得一束单一的平面偏振光。

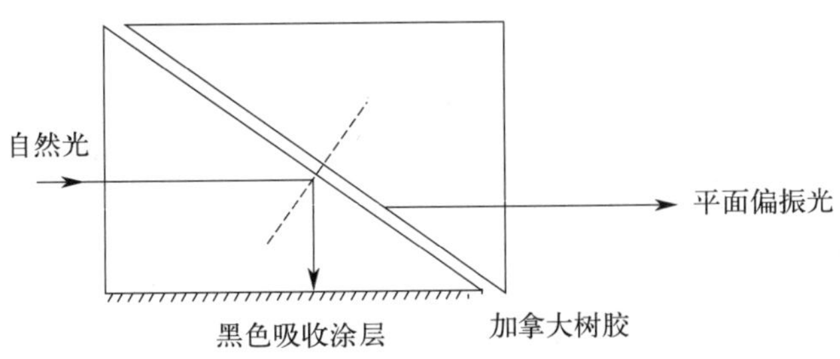

图 5-15 尼科尔棱镜起偏振原理示意图

旋光仪就是利用检偏棱镜来测定旋光度的，其构造示意图如图 5-16 所示，其三分视场示意图如图 5-17 所示。

在起偏棱镜后的中部装一块狭长的石英片，其宽度约为视场的 1/3，由于石英片具有旋光性，从石英片中透过的那一部分偏振光被旋转了一个角度 φ，如图 5-17(a)

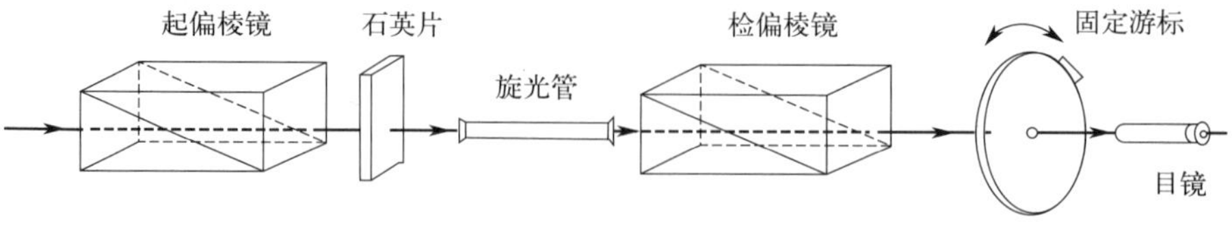

图 5-16　旋光仪的构造示意图

所示，此时从目镜观察，透过石英片的那部分光稍暗，两旁的光稍强。由于此时检偏镜的透光轴向角度与起偏镜处于重合的位置，OA 是透过起偏镜后的偏振光轴向角度，OA'是透过石英片后的轴向角度，OA 与 OA'的夹角 φ 称为半暗角。旋转检偏镜使 OB 与 OA'垂直，则沿此方向振动的偏振光不能通过检偏镜，因此，视场中间一条是黑暗的，而石英片两边的偏振光 OA 由于在 OB 方向上有一个分量 ON，因而视场两边较亮［如图 5-17(b) 所示］。同理，若调节 OB 与 OA 垂直，则视场两边变得黑暗，而中间较为明亮［如图 5-17(c) 所示］。如果 OB 与半暗角中的等分角线 PP'垂直，则 OA、OA'在 OB 方向上的分量 ON 和 ON'相等，视野中三个区的明暗度相等，此时三分视场消失［如图 5-17(d) 所示］。实验中用这种方法测量半暗角，具体操作为：在旋光管中充满无旋光性的蒸馏水，调节检偏镜的角度使三分视场消失，将此时的角度读数作为零点，再在样品管中换成被测试样，由于 OA 与 OA'方向振动的偏振光都被转过了一个 α 角度，因此必须将检偏镜相应也转过一个 α 角度，才能使 OB 与 PP'重新垂直，三分视野再次消失，这个角度 α 即为被测试样的旋光度。

如果将 OB 再沿顺时针方向转过 90°，使 OB 与 PP'重合，则 OA 与 OA'在 OB 方向上的分量仍然相等，由于该分量太强，整个视场显得特别明亮［如图 5-17(e) 所示］，不利于判断三分视场是否消失，因此不能以这样的角度作为标准来测量旋光度。

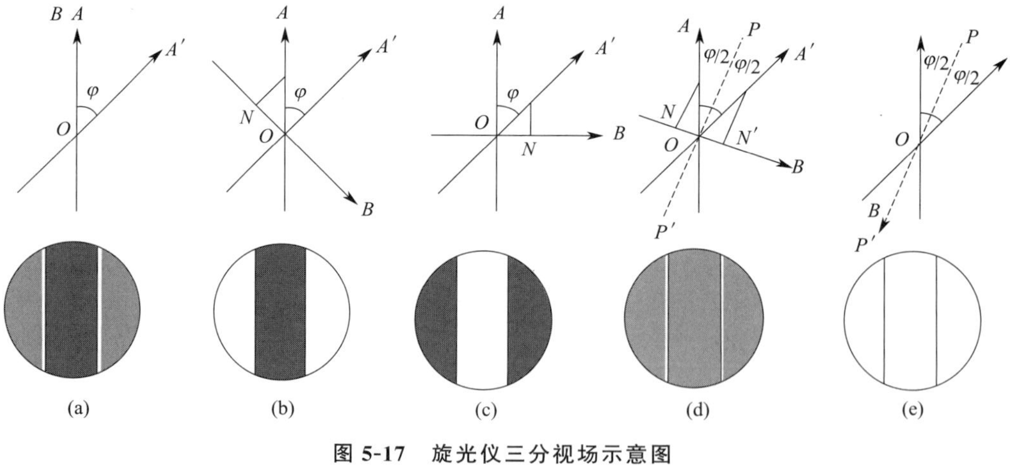

图 5-17　旋光仪三分视场示意图

旋光度因实验条件的不同有很大的差异，因此用比旋光度来度量物质的旋光能力。规定以钠光 D 线作为光源，温度为 20℃，在长度为 10cm 的样品管中，每毫升溶液中含有 1g 旋光物质所产生的旋光度，即为该物质的**比旋光度**，用符号 $[\alpha]$表示。比旋光度与旋光度的关系为：

$$[\alpha]_t^{D}=\frac{10\alpha}{lc}$$

式中，α 为测量所得的旋光度值；l 为样品管长度，cm；c 为每毫升溶液中旋光物质的质量。

测定时，若检偏镜沿顺时针方向转动，即为右旋，用“+”表示；若检偏镜沿逆时针方向转动，即为左旋，用“-”表示。

三、仪器与试剂

1. 主要仪器

旋光仪。

2. 主要试剂

葡萄糖水溶液（5%、10%），葡萄糖溶液（浓度未知）。

四、实验内容

1. 熟悉旋光仪的构造及准备

以 WXG-4 型旋光仪为例，其构造如图 5-18 所示。打开电源，预热仪器数分钟。

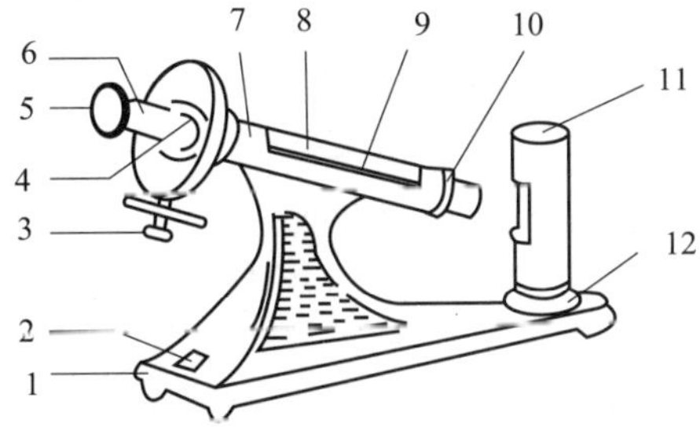

图 5-18　WXG-4 型旋光仪示意图

1—底座；2—电源开关；3—刻度盘转动手轮；4—目镜；5—视距调节手轮；6—度盘及游标；7—镜筒；8—镜筒盖；9—镜盖手柄；10—镜盖连接圈；11—灯罩；12—灯座

2. 旋光仪零点校正

因为蒸馏水为非旋光性物质，可用来校正旋光仪的零点（即 $\alpha=0$ 时仪器对应的刻度）。先洗净旋光管，将管的一端加上盖子，并由另一端向管内注满蒸馏水，使液体在管口形成一凸出的液面，然后沿管口将玻璃片轻轻推入盖好（此时管内不能有气泡存在），旋紧管盖（如图 5-19 所示）。用滤纸将管外的水吸干，再用擦镜纸将样品管两端的玻璃片擦净，放入旋光仪的光路中。调节视距，调节手轮，使视场清晰，再旋转刻度盘转动手轮，使刻度盘读数上的“0”与固定游标尺上的“0”对齐，通过目镜观察三分视场的亮度，若此时三分视场的明暗度一致，表明仪器的零点为“0”；若此时三分视场的明暗度不一致，则稍微旋转刻度盘转动手轮，使三分视场的明暗度一致，读出刻度盘上的读数，重复测量 3 次，取其平均值，即为仪器的零点，用来校正仪器的系统误差。

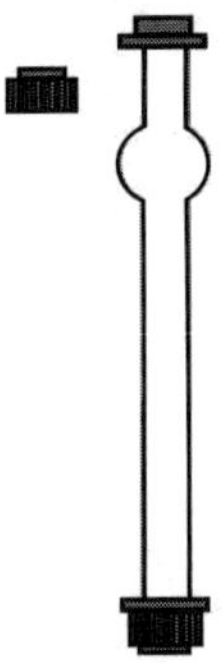

图 5-19　旋光管

3. 旋光度的测定

将样品管取出，倒出蒸馏水，用葡萄糖溶液冲洗旋光管 2～3 次，将葡萄糖溶液装入旋光管中，按上述操作方法进行测定，记录测得的数据，计算比旋光度。

4. 测量未知浓度的葡萄糖溶液

将未知浓度的葡萄糖水溶液装入旋光管中，按上述方法进行测定，记录测得的数据，计算葡萄糖溶液的浓度。

五、数据记录及处理

设计表格计算已知浓度葡萄糖溶液的旋光度，计算出比旋光度以及未知浓度的葡萄糖溶液的浓度。

【注意事项】

1. 在放置旋光管上的玻璃盖片时，将玻璃盖片沿管口轻轻推上盖好，再旋紧套盖，勿使漏水或产生气泡。

2. 三分视场的明暗判断影响测定值，因此要求判断时尽可能做到快而准。在实际操作中，会出现两个三分视场明暗度一致的情况，一个是较暗的，一个是较亮的，应在较暗的三分视场明暗度一致时读数。

3. 刻度盘分两个半圆，分别标出 0°～180°（每格 1°），固定游标分为 20 等分，精度为 0.05°。读数时，先读游标的零点落在刻度盘上的位置（整数值），再找出游标尺刻度与刻度盘上的刻度线对齐的位置，读出游标尺的数值（读取两位小数），两者之和即为旋光度数值。图 5-20 所示的读数值为 9.30°，因为游标的零点落在刻度盘上 9 与 10 之间，刻度盘上读取 9.00°，游标的第 6 格与刻度盘的刻度线对齐，于是读数为：9.00°+6×0.05°=9.30°。

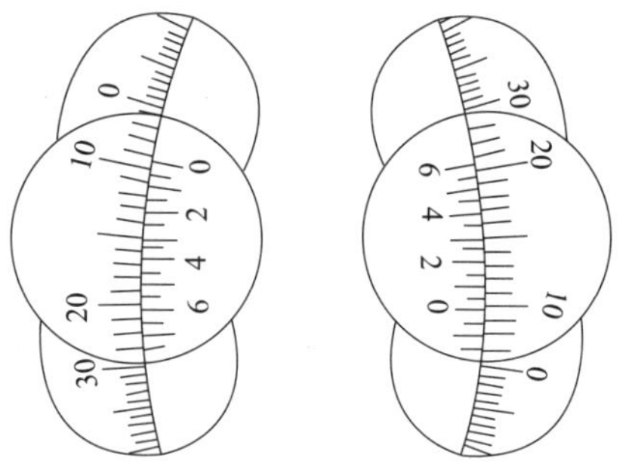

图 5-20　读数示意图

4. 旋光仪使用中，若两次测定间隔时间较长，应切断电源，让灯管休息，在下次使用前 10min 再开启。

5. 实验结束时，应将旋光管洗净干燥，防止酸、碱性物质腐蚀旋光管。

【思考题】

1. 影响测定旋光度的因素有哪些？

2. 旋光物质的左旋和右旋是怎样定义的？举出左旋物质和右旋物质的例子。

【方法讨论】

比较数字旋光仪和传统旋光仪的特点。

实验二十一　凝固点的测定

一、实验目的

1. 掌握步冷曲线法测定液体凝固点的方法；

2. 掌握数字贝克曼温度计的使用方法。

二、实验原理

纯溶剂的凝固点是它的液相和固相共存时的平衡温度。若将纯溶剂逐步冷却，理论上其冷却曲线应如图 5-21 中的 A 图形。但实际过程中因新相形成需要一定的能量，结晶并不会立即析出，往往发生过冷现象。在过冷时开始析出固体后，温度才回升到稳定的平衡温度，当液体全部凝固后，温度再逐渐下降，其冷却曲线呈现如图 5-21 中的 B 形状。若将溶液逐步冷却，其冷却曲线与纯溶剂不同。由于部分溶剂凝固而析出，使剩余溶液的浓度逐渐增大，因而剩余溶液与溶剂固相的平衡温度也逐渐下降。因此，溶液的凝固点不是一个定值，冷却曲线如图 5-21 中的 C 所示。在实际过程中，溶液的凝固也伴随有过冷现象的发生。本实验所要测定的是浓度已知的溶液的凝固点。因此，所析出的溶剂固相的量不能太多，否则就会影响原溶液的浓度。如稍有过冷现象，冷却曲线如图 5-21 中的 D 所示，对测定结果无显著影响；若过冷严重，冷却曲线如图 5-21 中的 E 所示，测得的凝固点将偏低。因此，在测定过程中必须设法控制适当的过冷程度，一般可通过控制冷却液的温度、搅拌速度等方法来实现。

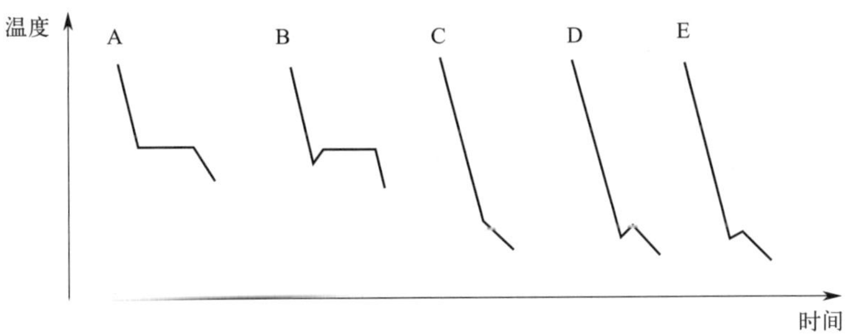

图 5-21　步冷曲线

由于稀溶液的凝固点降低值不大，因此温度的测量需要用较精密的仪器，在本实验中采用数字式贝克曼温度计。

传统的贝克曼（Beckmann）温度计是一种用来精密测量体系始态和终态温度变化差值的水银温度计，通常可用于测量介质温度在－20℃～＋155℃范围内变化不超过 5℃的温度差，不能用来精确测量温度的绝对值。数字贝克曼温度计克服了水银贝克曼温度计的操作烦琐流程，具有操作简单、读数准确、读数保持等功能。

三、仪器与试剂

1. 主要仪器

凝固点测定装置，SWC-Ⅱc 型数字贝克曼温度计，电子分析天平，普通温度计，移液管（25mL）。

2. 主要试剂

环己烷（ρ＝0.774g/mL，分析纯），萘（s，分析纯）。

四、实验内容与步骤

1. 熟悉 SWC-Ⅱc 型数字贝克曼温度计的使用方法

（1）仪器准备

将仪器后面板的电源线接入 220V 电源插座，检查感温插头编号（应与仪器后盖的编号相符）并将其与后盖的“R_t”端子对应连接紧。将探头插入被测物中，深度应大于 50 mm，打开电源开关。

（2）温度测量

SWC-Ⅱc 型数字贝克曼温度计的操作面板如图 5-22 所示。将面板“温度/温差”按钮置于“温度”位置（按下），显示器显示数字并在末尾显示“℃”，表明仪器处于温度测量状态。将面板“测量/保持”按钮置于“测量”位置。

（3）温差测量

将面板“温度/温差”按钮置于“温差”位置，此时显示器最末显示“•”，表明仪器处于温差测量状态。将面板“测量/保持”按钮置于“测量”位置。根据被测物的实际温度调节“基温选择”，使读数的绝对值尽可能小。实际温度可用仪器测量，记录数值，此时的实际温度为基温与温差之和。

（4）保持功能的作用

当温度和温差变化太快无法读数时，可将面板“测量/保持”按钮置于“保持”位置。读数完毕后转换到“测量”位置，进行跟踪测量。

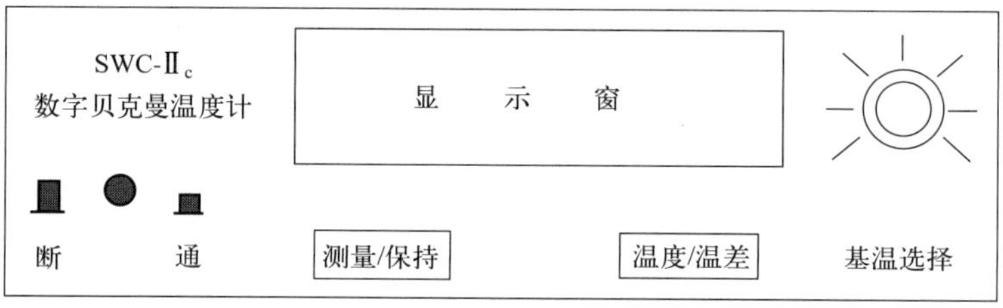

图 5-22　SWC-Ⅱc 型数字贝克曼温度计操作面板示意图

2. 纯溶剂凝固点的测定

按照如图 5-23 所示安装好实验装置。在冰浴槽中加入冰-水混合物，调节冰的量使温度处于 3.5 ℃左右。在实验过程中用搅拌棒 4 经常搅拌，使冰水浴保持此温度。

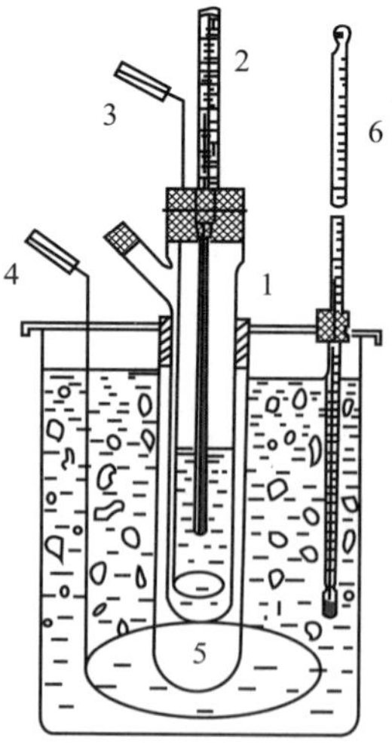

图 5-23　凝固点测定装置

1—凝固管；2—数字贝克曼温度计探头；3，4—搅拌棒；5—空气套管；6—温度计

移取 25.00 mL 环己烷放入凝固管中，装上数字贝克曼温度计和搅拌棒，检查搅拌棒，使其能上下运动而又不与温度计发生摩擦。不断搅拌使环己烷逐渐冷却，当有固体析出时，停止搅拌，取出，擦去凝固管外的水，迅速套上空气套管，再放入冰水浴中，缓慢搅拌环己烷，同时观察温度计。当温度稳定后，记录读数，即为环己烷的近似凝固点。

取出凝固管，温热，使环己烷结晶完全熔化，再次将凝固管放至冰水浴中，缓慢搅拌，使之冷却，当样品温度降至 7℃时开始记录温度随时间的改变情况，当环己烷温度降至近似凝固点 0.5 ℃以上时，取出凝固管，擦去水，迅速套上空气套管，再放入冰水浴中，搅拌至接近凝固点后快速搅拌，随后缓慢搅拌至温度稳定，此时的温度即为环己烷的凝固点。重复测定 3 次，取其平均值。

3. 溶液凝固点的测定

精确称量萘片的质量（每片 0.06 g 左右，若样品为粉末状，应压片后使用），将环己烷温热，使结晶熔化，然后将萘片投入凝固管内，待全部溶解后，按上述方法进行溶液凝固点的测定。

五、数据记录及处理

1. 记录环己烷温度随时间改变的数据，绘制环己烷的步冷曲线，确定环己烷的凝固点。

2. 记录溶液温度随时间改变的数据，绘制溶液的步冷曲线，确定溶液的凝固点。

【注意事项】

1. 要保证冰水浴的液面高于凝固管中环己烷的液面。

2. 测量过程中，析出的固体越少越好。若溶剂析出过多，溶液的浓度变化太大，导致测量值偏低。可通过加速搅拌、控制过冷温度的方法防止溶剂析出过多。

3. 每次测定要按要求的速度进行搅拌，测定溶剂与溶液的凝固点时，要求搅拌条件完全一致。

4. 为防止溶剂因骤冷而在管壁附近结成块状晶体，尽可能减少溶液由里向外的温度梯度。

5. 实验所用的凝固管必须干净、干燥。

【思考题】

1. 实验中为什么要使用空气套管？

2. 为什么会产生过冷现象？如何控制过冷程度？

【学以致用】

用凝固点降低法测定溶质的摩尔质量。

实验二十二　液体饱和蒸气压的测定（静态法）

一、实验目的

1. 熟悉用静态法测定纯液体在不同温度下蒸气压的原理；

2. 掌握真空泵、恒温槽及气压计的使用。

二、实验原理

饱和蒸气压是液体挥发能力大小的重要标志，广泛用于化工过程的热力学基础研究和生产过程的控制。

在一定温度下，真空密闭容器中的纯液体与其蒸气建立动态平衡，此时的气相压力称为**饱和蒸气压**。蒸发 1mol 液体所吸收的热量称为该温度下该液体的**摩尔汽化热**。液体的饱和蒸气压是温度的函数，且为正相关，即蒸气分子向液面逸出的分子数随温度升高而增多，蒸气压增大；温度降低时，则蒸气压减小。当蒸气压与外界压力相等时，液体便沸腾；外压不同时，液体的沸点也不同。于是，将外压为 101325Pa

时的沸腾温度称为液体的正常沸点。液体的饱和蒸气压与温度的关系可用克劳修斯-克拉贝龙（Clauslus-Clapeyron）方程式来表示：

$$\frac{\mathrm{d}\ln p/p_{\mathrm{a}}}{\mathrm{d}T}=\frac{\Delta_{\mathrm{vap}}H_{\mathrm{m}}}{RT^{2}}$$

式中，p 为液体在温度 T 时的饱和蒸气压，Pa；T 为热力学温度，K；$\Delta_{\mathrm{vap}}H_{\mathrm{m}}$ 为液体摩尔汽化热，J/mol；R 为气体常数，其值为 8.314 J/(mol·K)。

在温度变化较小的范围内，可将 $\Delta_{\mathrm{vap}}H_{\mathrm{m}}$ 视为常数（当作平均摩尔汽化热）。可将上式积分得：

$$\ln p=-\frac{\Delta_{\mathrm{vap}}H_{\mathrm{m}}}{RT}+B$$

式中，B 为积分常数，与压力 p 的单位有关。由此式可知，在一定温度范围内，测定不同温度下的饱和蒸气压，以 $\ln p$ 对 $1/T$ 作图，可得一条直线，由直线的斜率可以求出实验温度范围内液体的平均摩尔汽化热。

测定纯液体饱和蒸气压有静态法、动态法与气体饱和法三种方法。**静态法**是将待测液体放在一个封闭系统中，以等压管直接测量不同温度下液体的饱和蒸气压。该法适用于饱和蒸气压较大的液体，但对于较高温度下的饱和蒸气压的测定因温度难以控制导致准确度较低。

三、主要仪器与试剂

1. 主要仪器

恒温装置，真空泵及附件，福廷式气压计，等位计，数字式低真空测压仪。

2. 主要试剂

无水乙醇，硅胶，石蜡。

四、实验内容

1. 熟悉福廷式气压计的结构及使用方法

（1）福廷式气压计的结构

福廷式气压计是一种单管真空汞压力计，其结构如图 5-24 所示。一根长 90cm 上端封闭的玻璃管，管中盛有汞，倒插入下部汞槽内。玻璃管中汞面上不是真空，汞槽下部是羚羊皮袋作为汞储槽，它既与大气相通，又不会漏出。在底部有一调节螺旋，可用来调节汞槽中汞面的高度。当大气压力与汞槽内的汞面作用达到平衡时，汞就会在玻璃管内上升到一定高度，通过测量汞柱的高度，就可确定大气压力的数值。象牙针的尖端是黄铜标尺的零点，利用黄铜标尺的游标尺，可以精确读出汞柱的高度。

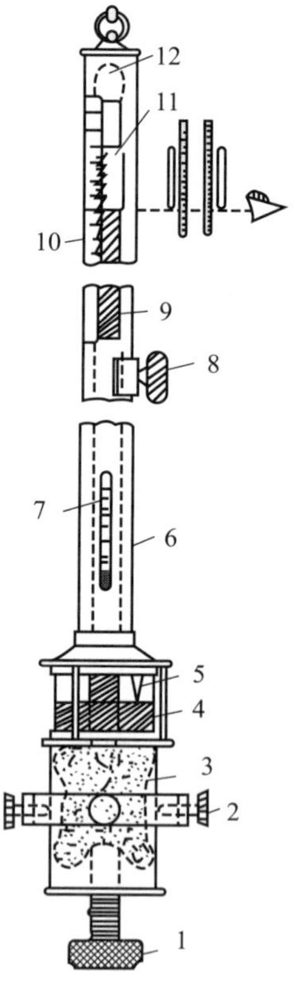

图 5-24 福廷式气压计示意图

1—汞槽液面调节螺旋；2—铅直调节固定螺母；3—羚羊皮袋；4—汞槽；5—零点象牙针；6—黄铜管套；7—温度计；8—游标尺调节螺旋；9—汞柱；10—黄铜标尺；11—游标尺；12—封闭的玻璃管

（2）福廷式气压计的使用方法

① 铅直调节。由于在常压下，若福廷式气压计与铅直方向相差 1°，则汞柱高度的读数误差大约为 0.015%。因此，使用福廷式气压计时必须垂直放置。调节时，先拧松气压计底部圆环上的三个螺旋，使得气压计铅直悬挂，再旋紧固定螺母。

② 汞槽内汞面高度的调节。慢慢旋转底部的汞面调节螺旋，使汞槽内的汞面升高。利用汞槽后面白瓷板的反光，注视汞面与象牙针空隙，直至汞面恰好与象牙针尖接触（如图 5-25 所示），然后轻轻叩动铜管使玻璃管上部汞的弯月面正常，这时象牙针与汞面的接触不应发生变动。

③ 游标尺位置的调节。转动游标尺调节螺旋，使游标尺的下沿边与管中汞柱的凸面相切，此时观察者的视线与游标尺前后的两个下沿边应在同一水平面（如图 5-26 所示）。

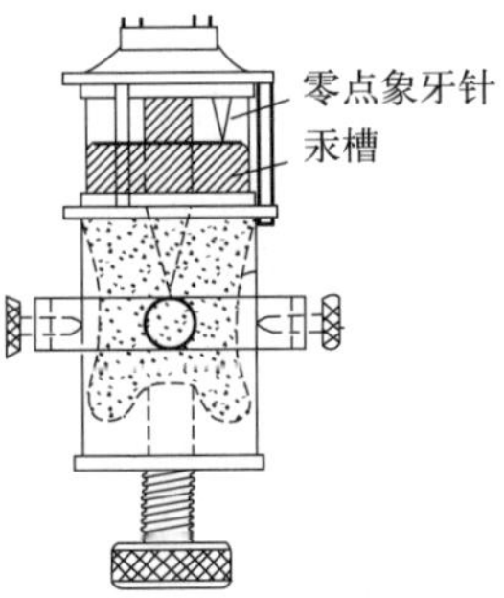

图 5-25　汞槽内汞面高度的调节示意图

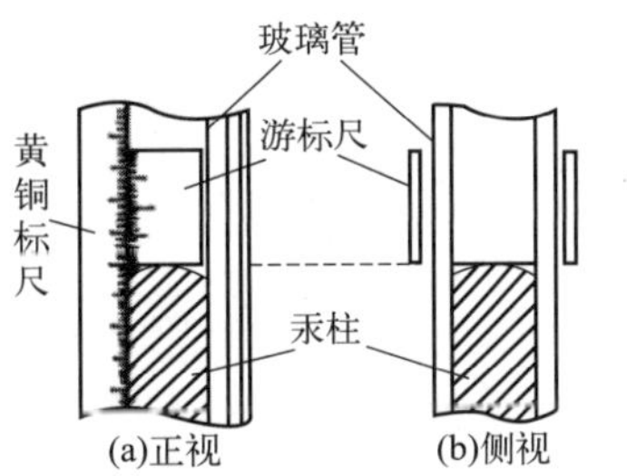

图 5-26　游标尺的位置调节示意图

④ 读数。游标尺的零线在标尺上所指的刻度，为大气压力的整数部分（kPa），再从游标尺上找出与标尺某一刻度相对齐的刻度线，此游标刻度线上的数值即为大气压力的小数部分，两部分数值相加即为大气压力的读数。如图 5-27 所示的气压计读数为 101.68kPa，游标尺的零线在标尺上所指的刻度为 101.6，游标尺上的第 8 格与标尺的某一刻度对齐，即游标尺上的读数为 0.08，$p=101.6+0.08=101.68$（kPa）。

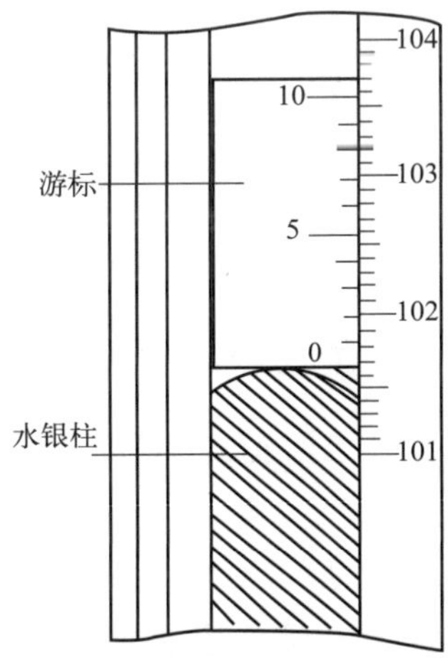

图 5-27　气压计读数示意图

2. 测定样品的饱和蒸气压

静态法测定液体蒸气压的实验装置如图 5-28 所示。放在恒温水浴中的等压计（平衡管）通过三通分别与数字式低真空测压仪和抽气系统相连接。等压计如图 5-29 所示，A 球中储存液体，通过调节外压以平衡液体的蒸气压，当 B、C 间的 U 形管中的液面在同一水平时，表示 A、B 间空间的液体蒸气压恰与管 C 上方的外界压力相等。此时的温度和压力值即为气液平衡的温度（沸点）和该液体的饱和蒸气压。

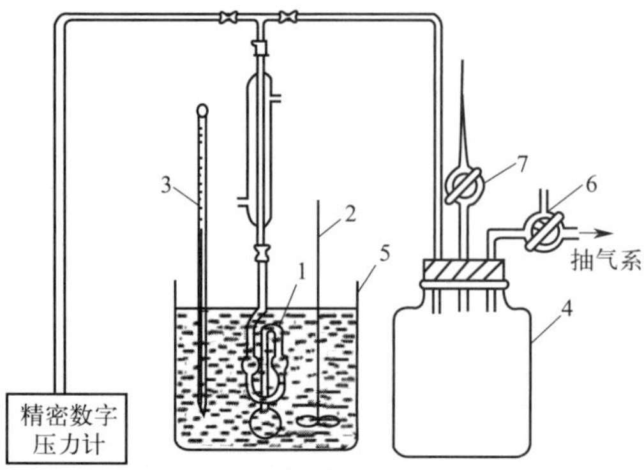

图 5-28　液体饱和蒸气压测定装置图

1—等压计（平衡管）；2—搅拌器；3—温度计；4—缓冲瓶；5—恒温水浴；6—三通旋塞；7—进气旋塞

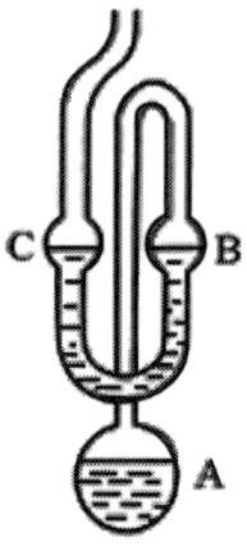

图 5-29　等压计示意图

从等压计入口处装入纯乙醇，使 A 球中装有 2/3 的液体，U 形管 B、C 的双臂大部分有液体。将装好液体的等压计按图 5-28 所示安装好，打开抽气旋塞和进气旋塞，使低真空测压仪数值为零。打开冷却水，关闭抽气旋塞和进气旋塞。

打开真空泵抽气系统，打开抽气旋塞，使低真空测压仪上显示压差为－53000～－40000Pa(－400～－300mmHg)。关闭抽气旋塞，注意观察低真空测量仪数字的变化。如果系统漏气，则压力测量仪的显示数值会逐渐减小。这时细致分段检查，找出漏气部位，可在接口内抹真空油、石蜡等。

调节恒温槽至所需温度后，打开抽气旋塞，缓缓抽气，使 A 球中液体内溶解的空气和 A、B 空间内的空气呈气泡状，并通过 B、C 管中的液体排出。抽气若干分钟后，关闭抽气旋塞，缓慢打开进气旋塞，使空气缓慢进入测量系统，直至 B、C 管中双臂液面等高，从低真空测压仪读出压力差。同法再抽气，再调节 B、C 管中双臂等液面，再读压力差，直至两次压力差读数相差无几，表明 A 球液面上的空间已全被乙醇蒸气充满，记下压力测量仪上的读数。

用上述方法再测定几个不同温度时乙醇的饱和蒸气压。

五、数据记录与处理

设计表格记录不同温度下乙醇的饱和蒸气压，计算平均值，并计算相对平均偏差。

【注意事项】

1. 福廷式气压计是以汞柱来平衡大气压力的。大气压力的单位，原来直接以汞柱的高度（即毫米汞柱或 mmHg）来表示的。近来生产的新产品气压计是以国际单位 Pa 或 kPa 来表示的。在气象学中也常用 bar 或 mbar 作单位。

2. 等压计（平衡管）必须全部浸入水浴中，以保证被测液体的温度与水温相同。整个实验过程中，应保持等位计 A 球液面上方的空气排净。

3. 在升温过程中，随着温度的升高，即使不抽气，液体仍然会沸腾。此时要及时向体系中缓慢进气，以压制液体沸腾，以免等压计内的液体因过度沸腾而使封闭液减少。

4. 抽气的速度要合适，防止等压计内液体沸腾过剧，致使 B 管内液体被抽尽。

5. 在停止实验时，应缓慢地将三通旋塞打开，使系统通大气，再使抽气泵通大气，然后切断电源，最后关闭冷却水，使实验装置复原。为使系统通入大气或使系统减压以缓慢速度进行，可将三通旋塞通大气的管子拉成尖口。

【思考题】

1. 实验过程中为什么要防止空气倒吸？如果在等压计 A 球与 B 管间有空气，对测定沸点有何影响？

2. 怎样根据压力计的读数确定系统的压力？

【方法讨论】

测定蒸气压的方法除静态法外，还有动态法和气体饱和法。**动态法**是利用测定液体沸点求出蒸气压与温度的关系，即利用改变外压测得不同的沸腾温度，从而得到不同温度下的蒸气压，对于沸点较低的液体，用此法测定蒸气压与温度的关系是比较好的。**气体饱和法**是利用一定体积的空气（或惰性气体）以缓慢的速率通过一个易挥发的待测液体，空气被该液体蒸气饱和。分析混合气体中各组分的量及总压，再按道尔顿分压定律计算混合气体中蒸气的分压，即该液体的蒸气压。此法亦可测定固态易挥发物质如碘的蒸气压。它的缺点是通常不易达到真正的饱和状态，导致实测值偏低。因此，这种方法通常只用来测定溶液蒸气压的相对降低。

实验二十三　液体密度的测定（韦氏天平法）

一、实验目的

1. 熟悉测定液体密度的原理和方法；

2. 掌握韦氏天平法测定液体密度的基本操作。

二、实验原理

韦氏天平法测定密度的基本依据是阿基米德定律，即当物体完全浸入液体时，它所受到的浮力大小，等于其排开的液体的重量。采用韦氏天平在相同条件下分别测定玻璃浮锤在水和样品中所受浮力的大小，在水中浮力大小 $F_w=m_w g=V_w\rho_w$，在样品中浮力大小 $F_s=m_s g=V_s\rho_s$。由于浮锤所排开的水的体积与排开试样的体积相同（$V_w=V_s$），试样的密度可用下式计算：

$$\rho_s^{20}=\frac{m_s\rho_w^{20}}{m_w}$$

式中，ρ_s^{20} 为试样在 20℃时的密度，g/mL；m_s 为浮锤浸于 20℃试样中时的浮力（骑码读数），g；m_w 为浮锤浸于 20℃水中时的浮力（骑码读数），g；ρ_w^{20} 为水在 20℃时的密度（可查表得到，也可现场测定），g/mL。

根据水的密度及浮锤在水及试样中的浮力大小即可计算出样品的密度。

每台天平有两组骑码，每组有大小不同的四个骑码，与天平配套使用。最大骑码的质量等于玻璃浮锤在20℃水中所排开水的质量，其他骑码各为最大骑码的1/10、1/100、1/1000，不同骑码在各个位置的读数见表5-1。

表5-1 不同骑码在各个位置的读数

骑码位置	一号骑码	二号骑码	三号骑码	四号骑码
放在第十位	1	0.1	0.01	0.001
放在第九位	0.9	0.09	0.009	0.0009
放在第八位	0.8	0.08	0.008	0.0008
…	…	…	…	…
放在第一位	0.1	0.01	0.001	0.0001

三、主要仪器与试剂

1. 主要仪器

韦氏天平，恒温培养箱，电子分析天平，具塞锥形瓶（50mL），移液管（25mL）。

2. 主要试剂

乙醇（体积分数为95%，分析纯）。

3. 试样

石油产品或其他液体。

四、实验内容

1. 韦氏天平安装

按如图5-30所示安装韦氏天平，并用玻璃锤等重砝码调节好水平。

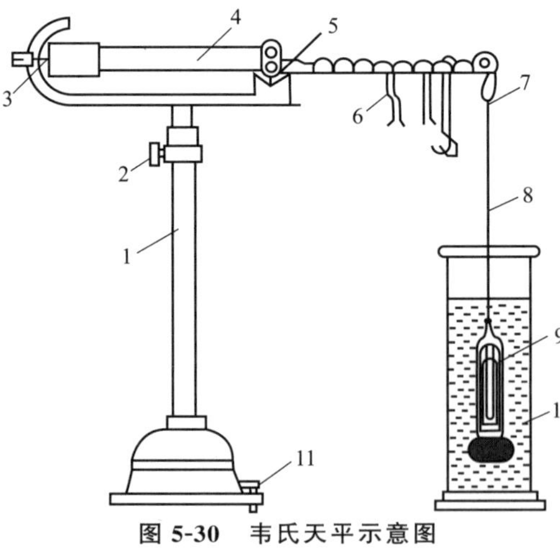

图5-30 韦氏天平示意图

1—支架；2—调节螺旋；3—平衡指针；4—横梁；5—刀口；6—骑码；7—挂钩；8—细铂丝；9—玻璃锤；10—玻璃圆筒；11—水平调节螺钉

2. 样品密度的测定

向玻璃筒内缓慢注入预先煮沸并冷却至（20.0±0.1）℃的去离子水，将浮锤全部浸入水中，不得带入气泡，浮锤不得与筒壁或筒底接触，玻璃筒置于（20.0±0.1）℃的恒温浴中，恒温20min以上，然后从大到小将骑码加在天平横梁上，使指针水平对齐，记录读数。

将玻璃浮锤取出，倒出筒内的水，玻璃筒及浮锤用乙醇洗涤后，干燥。

用试样代替水，按上述操作方法进行测定，记录读数，平行测定 3 次，取其平均值。

3. 水密度的测定

将洁净的 50mL 具塞锥形瓶放入恒温干燥箱中干燥至恒重，放入干燥器中，将干燥器在 20.0℃±0.5℃的恒温干燥箱中恒温。

准确移取 25.00mL 水（在 20.0℃±0.1℃恒温浴中恒温过）于具塞锥形瓶中，加塞后立即用电子分析天平称量其质量。根据具塞锥形瓶空瓶和加入水后的质量，以及水的体积计算出水在 20℃时的密度 ρ_{w}^{20}，平行测定 3 次，取其平均值。

五、数据记录与处理

设计表格记录 20℃时测定水和样品密度的数据，计算平均值，并计算相对平均偏差。

【注意事项】

1. 测定过程中必须注意严格控制温度。

2. 取用玻璃浮锤时必须十分小心，轻取轻放，最好是右手用镊子夹住吊钩，左手垫绸布或清洁滤纸托住玻璃浮锤，以防损坏。

3. 当要移动天平位置时，应把易于分离的零件、部件及横梁等拆卸分离，以免损坏刀口。

4. 根据使用的频繁程度，要定期进行清洁工作和计量性能检定。当发现天平失真或有疑问时，在未清除故障前，应停止使用，待检修合格后方可使用。

【思考题】

1. 测定液体密度的方法有哪些？

2. 比较韦氏天平法与密度计法测量液体密度的原理的异同。

【方法讨论】

比较电子密度天平法与韦氏天平法的特点。

实验二十四　液体黏度的测定（毛细管黏度计法）

一、实验目的

1. 熟悉毛细管黏度计法测定液体黏度的基本原理和方法；

2. 掌握用毛细管黏度计测定黏度的基本操作。

二、实验原理

黏度是当流体在外力作用下作层流运动时，相邻两层流体分子之间存在内摩擦力而阻滞流体的流动，这种特性称为流体的黏滞性。衡量黏滞性大小的物理量称为**黏度**。黏度通常分为绝对黏度（动力黏度）、**运动黏度**和条件黏度。运动黏度是液体的绝对黏度与同一温度下的液体密度之比，单位为 m^2/s 或 mm^2/s，可用毛细管法进行测定。

在一定温度下，当液体在已被液体完全润湿的毛细管中流动时，其运动黏度与流动时间成正比。已知水在 20℃ 时的运动黏度 υ_w^{20}，测定其在毛细管中流动的时间 τ_w^{20}，再在规定温度下用该黏度计测量样品在毛细管中的流动时间 τ_s^t，即可用下式计算样品的运动黏度 υ_s^t。

$$\upsilon_s^t = \frac{\tau_s^t}{\tau_w^{20}} \times \upsilon_w^{20} = k_w^{20} \tau_s^t$$

式中，υ_s^t 为样品在一定温度下的运动黏度，mm^2/s；τ_s^t 为样品在某一毛细管黏度计中流出的时间，s；υ_w^{20} 为水在 20℃ 时的运动黏度，mm^2/s；τ_w^{20} 为水在同一毛细管黏度计中流出的时间，s。

对某一毛细管黏度计来说，υ_w^{20} 与 τ_w^{20} 的比值为一常数，称为**黏度计常数**，用 k_w^{20} 表示。通常情况下，k_w^{20} 值在毛细管黏度计上都有注明，因此只要测出在指定温度下试样从毛细管中流出一定体积所需的时间 τ_s^t，即可计算出该试液的运动黏度 υ_s^t。

实验室常用的毛细管黏度计有乌别洛德（乌氏）黏度计、平开微奇（平氏）黏度计、坎农-芬斯克（坎-芬氏）黏度计，如图 5-31 所示。在一定条件下，测定液体在毛细管中从标线 a 下降至标线 b 的时间，即为 τ_s^t。

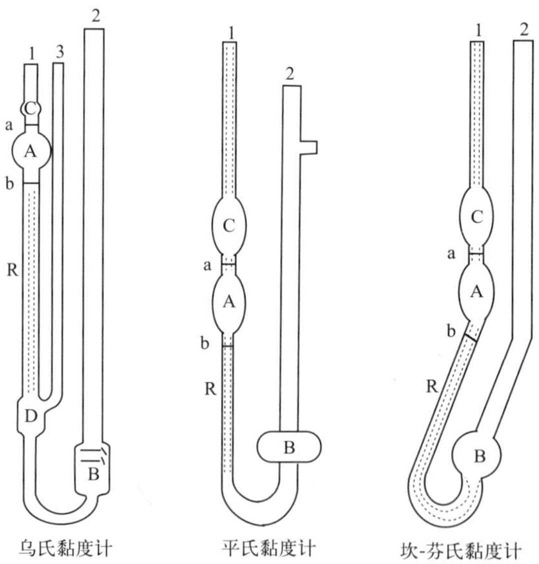

图 5-31 几种常见的毛细管黏度计

三、仪器与试剂

1. 主要仪器

毛细管黏度计，恒温水浴，烧杯（50mL），洗耳球，秒表。

2. 主要试剂

乙醇（C_2H_5OH，体积分数为 95%）。

3. 样品

植物油或石油产品。

四、实验内容

1. 毛细管黏度计的准备

取一只适当内径的毛细黏度计，以乌氏黏度计为例（见图 5-31 的左侧图），右侧的粗管下端的 B 球用于加入液体，左侧管中有 C、A、D 三个大小不一的球，A 球上下有 a、b 标线，R 段为毛细管，中间管为支管。

干净的黏度计用自来水、去离子水依次洗涤。若黏度计有污物，应先用铬酸洗液浸洗，使洗液反复流过毛细管部分，然后将洗液倒入专用瓶中，再用自来水、去离子水依次洗涤干净。将洗净的乌氏黏度计烘干备用。

开启恒温水浴，调节恒温在（20±0.05）℃。将黏度计垂直安装在恒温水浴中，使 C 球以下部位浸在水中。

2. 测定水在毛细管中的流出时间 τ_w^{20}

用移液管移取 10.00mL 去离子水从右侧管伸至管的底部，注入黏度计的 B 球内，在中间管的上端套上干燥清洁乳胶管，并用止水夹夹住乳胶管，使其不与大气相通。恒温 10min 后，在左侧管上端用洗耳球将溶液从 B 球经 D 球、毛细管、A 球，吸至 C 球中部位置。取下洗耳球，同时松开支管上的夹子，此时溶液顺毛细管流下，当液面下降至标线 a 处时，立刻按下秒表开始计时，当液面下降至标线 b 处时，立即按停秒表。记下液体流经 a、b 之间所需的时间。重复测定 3 次，使偏差小于 0.2s，取其平均值。

3. 测定样品在毛细管中的流出时间 τ_s^t

将水换成待测样品，用上述同样的方法测定样品在毛细管中从标线 a 下降至标线 b 的时间 τ_s^t，重复测定 3 次，取算术平均值。

五、数据记录与处理

20℃时样品的运动黏度测定数据记录及数据处理见表 5-2。

表 5-2　样品的运动黏度测定数据记录及数据处理

样品名称＿＿＿＿　测量温度＿＿＿＿　毛细管内径＿＿＿＿

项目	1	2	3
τ_w^{20} /s			
τ_w^{20} 平均时间/s			
黏度计常数 k_w^{20} /(mm²/s²)			
τ_s^t /s			
τ_s^t 平均时间/s			
样品的运动黏度/(mm²/s)			

【注意事项】

1. 黏度计必须洁净，若毛细管壁上挂有水珠，需用铬酸洗液浸泡。

2. 试样中有气泡对测定有影响，因此在测定过程中不能有气泡。

3. 由于黏度随温度的变化而变化，因此对黏度计在恒温水浴中放置的时间有要求。一般在 20℃的水浴中放置时间应不少于 10min；在 50℃时放置的时间应不少于 15min。

4. 测定时黏度计要垂直放置，否则影响结果的准确性。

【思考题】

1. 若试样中有气泡，对测定结果有何影响？

2. 重复测定时，若毛细管未洗干净，对测定结果有何影响？

【方法讨论】

根据乌氏黏度计、平氏黏度计、坎-芬氏黏度计的结构特点，分析其优缺点。

实验二十五　原电池电动势的测定

一、实验目的

1. 掌握对消法测定电池电动势的原理；
2. 掌握数字式电位差计的使用方法；
3. 学会金属电极的制备和处理技术。

二、实验原理

将化学能转变为电能的装置称为**原电池**（或电池）。**原电池的电动势**（E）为该电池正极的电极电势 φ_+ 与负极的电极电势 φ_- 之差，即 $E=\varphi_+-\varphi_-$。

图 5-32 所示为对消法测定电动势的原理图。图中 E_N 为标准电池的电动势。E_x 为待测原电池的电动势。G 是灵敏检流计，用于指零仪表。R_N 为标准电池的补偿电阻，其大小可根据工作电流来选择。R 为待测原电池的补偿电阻，用于调节不同的电阻值使其电压降与 E_x 相对消。r 是调节工作电流的变阻器，B 为电源电池，K 为转换开关。测量时，先将转换开关 K 合在 1 位，调节 r，使检流计 G 指示到零点。于是，$E_N=I_NR_N$，I_N 称为电位差计的**工作电流**。然后将 K 合在 2 位，同时移动滑动触头 A，再次使检流计 G 指示零，此时滑动触头 A 在可调电阻 R 上的电阻值设为 R_K，于是，$E_x=I_KR_K$，I_K 值即为电位差计的工作电流值。根据 E_N、R_N 和 R_K 的数值，即可得出 E_x 值。

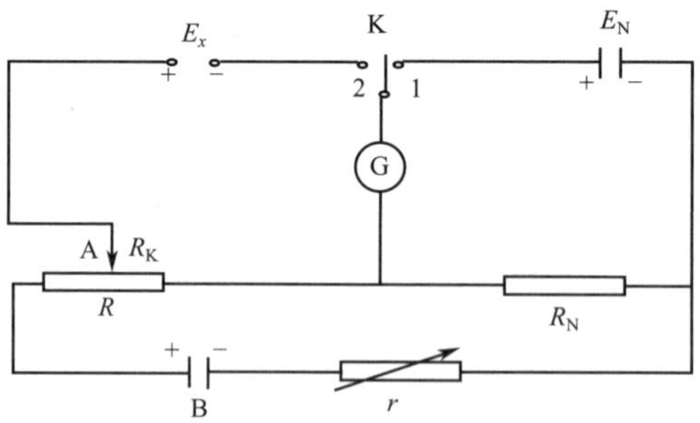

图 5-32　对消法测定电动势的原理图（电位差计电路图）

三、仪器与试剂

1. 主要仪器

UJ-25 型电位差计，检流计，标准电池，饱和甘汞电极，直流电源，铜电极，锌电极，电流表，精密稳压电源。

2. 主要试剂

硝酸（6mol/L），硫酸（6mol/L），硫酸锌溶液（0.100mol/L），硫酸铜溶液

(0.100mol/L)，饱和氯化钾溶液。

镀铜溶液：每升溶液中含 125g $CuSO_4 \cdot 5H_2O$、20mL H_2SO_4（6mol/L）及 50mL 乙醇。

四、实验内容

1. 熟悉 UJ-25 型电位差计的功能及使用方法

图 5-33 是 UJ-25 型电位差计操作面板示意图。面板上的“电计”端钮连接检流计，“标准”端钮接标准电池，“未知 1”和“未知 2”端钮用于接待测电池。

使用时，先将换向旋钮放在“断”位置，将电流计按钮全部松开，然后将电池电源、待测电动势和标准电池按正负极接在相应端钮上，接上检流计。调节标准电池电动势温度补偿旋钮，使其读数与标准电池的电动势值一致。

将换向旋钮放在“标准”(N)位置上，按下电流计“粗”按钮，转动工作电流调节旋钮使检流计指示零，然后再按下“细”按钮，再次调节工作电流使检流计指示零。接着便可进行待测电动势的测量。

将换向旋钮置于“X_1”或“X_2”位置，依次从大到小调节面板中部的六个旋钮，直至检流计不再偏转为止。从六个旋钮的读数盘上读出的数值之和，即为待测电池的电动势。

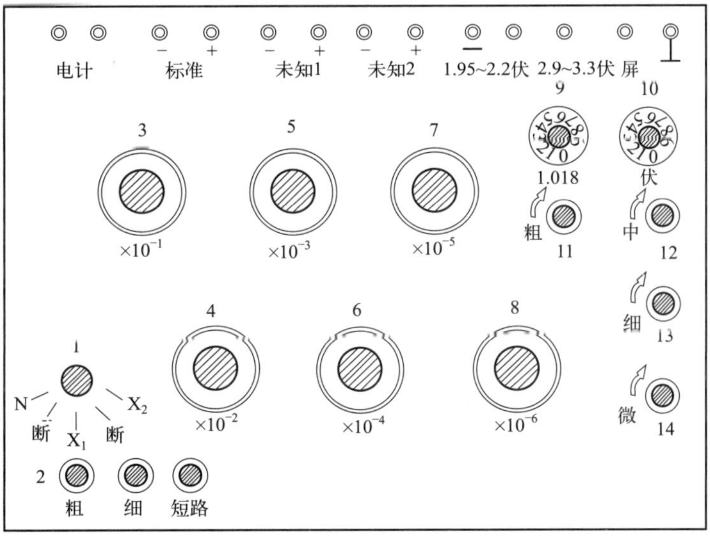

图 5-33　UJ-25 型电位差计操作面板示意图

1—换向旋钮；2—电流计按钮（粗、细、断路）；3～8—电动势测量按钮；9,10—标准电池温度补偿旋钮；11～14—工作电流调节旋钮

2. 电极的制备和处理

(1) 铜电极的制备

先用稀硝酸（1+3）洗净铜电极表面的氧化物，再用蒸馏水淋洗，将它作为阴极。另取一块纯铜片作为阳极，在镀铜溶液中进行电镀。电镀条件：电流 20mA 左右，电镀时间 20～30min，待表面变红，洗净后放入 0.100mol/L $CuSO_4$ 溶液中，备用（如图 5-34 所示）。

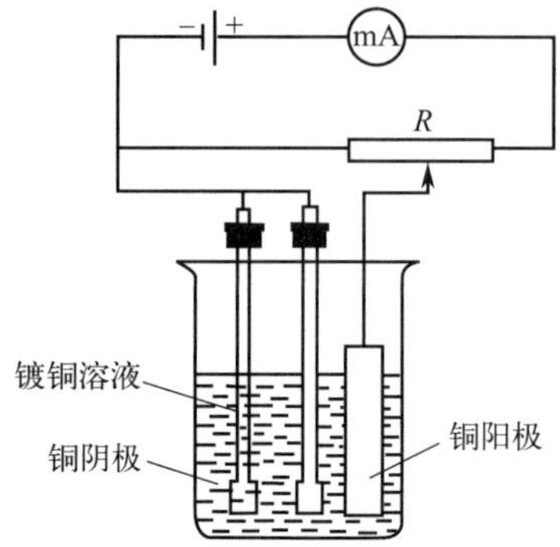

图 5-34　电镀铜装置图

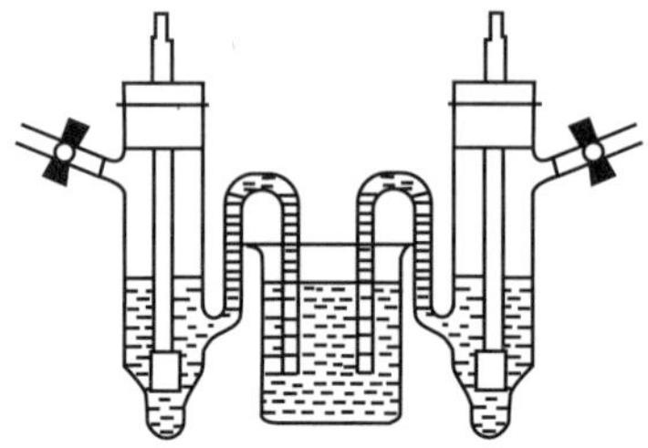

图 5-35　铜-锌电池示意图

（2）锌电极的处理

先用稀硫酸洗净锌电极表面的氧化物，再用蒸馏水淋洗。将洗净后的锌电极放入 0.100mol/L 硫酸锌溶液中，备用。

3. 工作电流的确定

按规定接好电位差计的测量电池电动势线路。根据所用标准电池在室温下的电动势，确定电位差计的工作电流。

4. 电池电动势的测量

以饱和氯化钾溶液作为盐桥，连接装有铜电极和锌电极的烧杯，构成铜-锌电池（如图 5-35 所示）。该电池的电池符号为：

$$(-)\mathrm{Zn}|\mathrm{ZnSO_4}(0.100\mathrm{mol/L})||\mathrm{CuSO_4}(0.100\mathrm{mol/L})|\mathrm{Cu}(+)$$

将电池连接到电位差计的未知 1（或未知 2）通道上，测试铜锌电池的电动势。测试完以后，搅拌溶液，待其稳定 3～5min，再重复测试两次。

依照上述步骤，分别测试下列电池的电动势。

$$(-)\mathrm{Zn}|\mathrm{ZnSO_4}(0.100\mathrm{mol/L})||\mathrm{KCl}(饱和)|\mathrm{Hg_2Cl_2},\mathrm{Hg}(+)$$

$$(-)\mathrm{Hg_2Cl_2},\mathrm{Hg}|\mathrm{KCl}(饱和)||\mathrm{CuSO_4}(0.100\mathrm{mol/L})|\mathrm{Cu}(+)$$

五、数据记录及处理

设计表格记录电池电动势测定数据。

【注意事项】

1. 标准电池是精密电池，操作时请勿摇晃和翻动。

2. 应用电位差计测量电池电动势必须做到“三次示零”，即测量前检流计已经示零，校正时调节工作电流至检流计示零，测量时调节测量盘使检流计示零。

3. 在使用甘汞电极过程中，要注意氯化钾溶液是否是饱和溶液，溶液量是否充足。

4. 标准电池的电动势的计算公式如下：

$$E=1.018646-[40.6(t-20)+0.95(t-20)^2-0.01(t-20)^3]\times10^{-6}$$

【思考题】

1. 对消法测定原电池电动势的基本原理是什么？为什么不能采用伏特表测定原电池电动势？

2. 在用电位差计测量电动势过程中，若检流计的光点总是向一个方向偏转，分析可能是什么原因。

3. 选择盐桥的原则是什么?

实验二十六　电位法测定溶液的 pH 值

一、实验目的

1. 熟悉直接电位法测定溶液 pH 值的原理;
2. 学会用 pH 计测定溶液 pH 值的基本操作。

二、实验原理

电位法（玻璃电极法）测定溶液的 pH 值是以 pH 玻璃电极为指示电极（如图 5-36 所示），饱和甘汞电极（如图 5-37 所示）为参比电极，将二者与被测溶液组成原电池（如图 5-38 所示）。

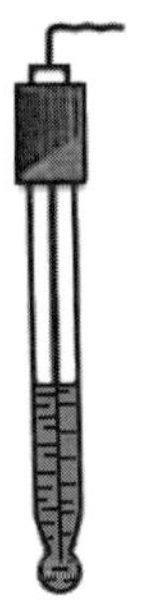

图 5-36　指示电极

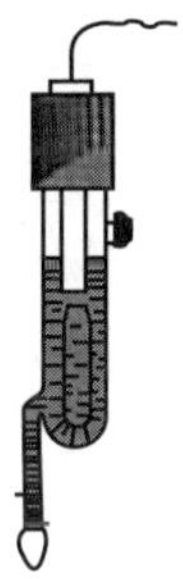

图 5-37　饱和甘汞电极

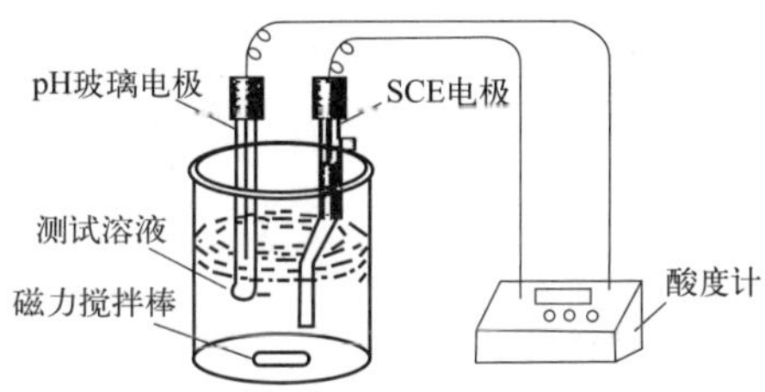

图 5-38　pH 测定装置示意图

若饱和甘汞电极的电极电位为 $\varphi_{甘汞}$，pH 玻璃电极的电极电位为 $\varphi_{玻璃}$，则原电池的电动势为：$E_{电池}=\varphi_{甘汞}-\varphi_{玻璃}$。

$\varphi_{玻璃}$ 可用能斯特方程式表示，25℃时，$E_{电池}$ 可以表示为：

$$E_{电池}=\varphi_{甘汞}-(\varphi_0+\frac{2.303RT}{F}\lg a_{H^+})=K+\frac{2.303RT}{F}\mathrm{pH}$$

由此可知，只要测定 $E_{电池}$，就能求出被测溶液的 pH。在实际测定中，要准确求得 K 值比较困难，因此不是采用计算方法来求溶液的 pH，而是以已知 pH 值的溶液作标准进行校准，用 pH 计直接测出被测溶液 pH。

若测定已知 pH 的标准溶液和待测溶液的电动势分别为 E_s 和 E_x，则：

$$E_s=K+\frac{2.303RT}{F}\mathrm{pH}_s$$

$$E_x=K+\frac{2.303RT}{F}\mathrm{pH}_x$$

$$pH_x = pH_s + \frac{E_x - E_s}{2.303RT/F}$$

这种以标准缓冲溶液的 pH_s 为基准，通过比较电动势 E_x 和 E_s 的值，求出待测试液的 pH_x 的方法，通常又称之为 **pH 标度法**。校准方法均采用两点校准法，即选择两种标准缓冲液：第一种是 pH＝6.86 的磷酸盐标准缓冲液，第二种是 pH＝9.18 的硼砂标准缓冲液或 pH＝4.00 的邻苯二甲酸氢钾标准缓冲溶液。

先用 pH＝6.86 的标准缓冲液对酸度计进行定位，再根据待测溶液的酸碱性选择第二种标准缓冲液进行校准。如果待测溶液呈酸性，则选用 pH＝4.00 的标准缓冲液；如果待测溶液呈碱性，则选用 pH＝9.18 的标准缓冲液。由于标准缓冲溶液的 pH 值与温度有关，因此在使用时要知道不同温度下标准缓冲溶液的 pH 值。常见的标准缓冲溶液的 pH 值与温度的关系见表 5-3。

表 5-3　标准缓冲溶液的 pH 值与温度的关系

温度/℃	标准缓冲溶液的 pH		
	苯二甲酸氢钾 (0.05mol/L)	磷酸二氢钾(3.39g/L) 磷酸氢二钠(3.53g/L)	硼酸盐 (硼砂 3.80g/L)
5	4.00	6.95	9.40
10	4.00	6.92	9.23
15	4.00	6.90	9.27
20	4.00	6.88	9.22
25	4.01	6.86	9.18
30	4.01	6.85	9.14
35	4.02	6.84	9.10
40	4.04	6.84	9.06

三、仪器与试剂

1. 主要仪器

pHS 型酸度计，复合型 pH 玻璃电极（或 231 型 pH 玻璃电极、232 型饱和甘汞电极），烧杯，温度计。

2. 主要试剂

邻苯二甲酸氢钾标准缓冲溶液（pH＝4.00），磷酸氢盐和磷酸二氢盐标准缓冲液（pH＝6.86），硼砂标准缓冲液（pH＝9.18），广泛 pH 试纸。

3. 试样

未知 pH 溶液。

四、实验内容

1. pHS 型酸度计的准备

熟悉 pHS 型酸度计的结构及各个旋钮的作用（以 pHS-3C 型酸度计为例，见图 5-39）。取下电极保护套，将在水中浸泡 24h 的复合 pH 电极安装在电极夹上，调节适当高度，用去离子水清洗电极，用滤纸吸干电极外壁的水。

将电源线插入电源插座，打开电源开关，预热 20min。

2. 酸度计的校准

以 pHS-3C 型酸度计为例，将测量电极插入仪器后面板上的测量电极插座。将 pH/mV 选择旋钮放在 pH 位，将温度补偿旋钮调至与溶液温度相同的位置，将斜率补偿旋钮顺时针旋到底（即 100%位置）。

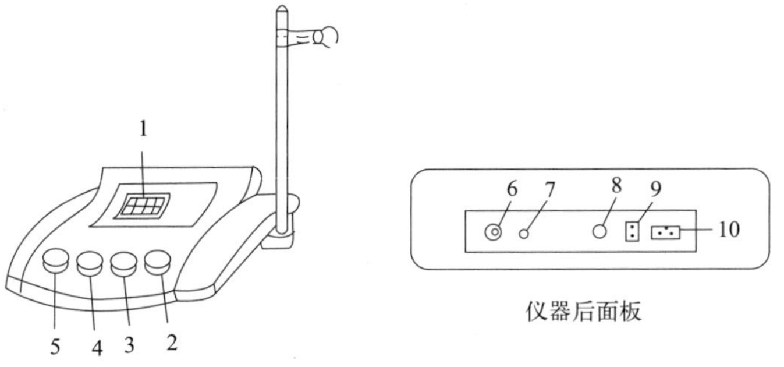

图 5-39　pHS-3C 型酸度计示意图

1—显示屏；2—定位旋钮；3—斜率补偿旋钮；4—温度补偿旋钮；5—pH/mV 选择旋钮；6—测量电极插座；7—参比电极接口；8—保险丝；9—电源开关；10—电源插座

将 pH＝6.86 的标准缓冲溶液倒入 50mL 烧杯中，将准备好的电极插入溶液中，轻轻摇动烧杯，使电极感应达到平衡。调节定位旋钮，使仪器显示屏数值与该标准缓冲溶液在当时温度下的 pH 值相同（如磷酸盐缓冲溶液定位温度为 20℃时，pH＝6.88；定位温度为 25℃时，pH＝6.86）。

取出电极，用去离子水冲洗电极，用滤纸吸干电极外壁的水后，再插入第二种标准缓冲溶液中（pH＝4.00 或 pH＝9.18），调节定位旋钮，使仪器显示屏数值与该标准缓冲溶液在当时温度下的 pH 值一致。

取出电极，重复上述校准过程，直至不用调节定位旋钮和斜率补偿旋钮为止，允许 pH 变化范围为±0.01pH 单位，即完成了仪器校准。

3. 待测溶液 pH 值的测定

用 pH 试纸测试溶液的大致 pH，若溶液为酸性，选用 pH＝4.00 的标准缓冲溶液进行校准；若溶液为碱性，选用 pH＝9.18 的标准缓冲溶液进行校准。

用去离子水冲洗电极，再用待测溶液冲洗，然后将电极插入待测溶液中，轻轻摇动烧杯，使电极感应达到平衡，读取溶液的 pH。

五、数据记录及处理

设计表格记录测定待测溶液 pH 值数据。

【注意事项】

1. 用滤纸吸干玻璃电极膜上的水分时，动作要轻，以防损坏电极膜。

2. 如不用复合电极，则在测量电极插座处插上电极转换器，并将玻璃电极插头插入转换器插座，将参比电极接入参比电极接口。

3. 仪器校准后，不能再转动定位旋钮和斜率补偿旋钮，否则必须重新进行校准。

4. 市售的酸度计有多种不同型号，有旋钮式和按键式，使用时要查看说明书。但无论哪种型号的酸度计，一般都采用先定位后进行斜率补偿的使用方法。

【思考题】

1. 若待测溶液为酸性，选择 pH＝9.18 的标准缓冲溶液作为第二标准缓冲溶液进行校准，对测定结果有何影响？

2. 在对酸度计进行校准后，就不能再调节定位旋钮和斜率补偿旋钮了，为什么？

【方法讨论】

比较酸度计法和 pH 试纸法测定溶液 pH 值的优缺点。

实验二十七　电导率法测定乙酸的电离平衡常数

一、实验目的

1. 理解并掌握电桥法测量溶液电导率及乙酸的电离平衡常数的基本原理；

2. 掌握使用电导率仪测定溶液电导率及乙酸的电离平衡常数的基本操作。

二、实验原理

电导即电阻的倒数，单位为 S。对于金属导体来说，电导 L 的数值与导体的长度 l 成反比，与导体的截面积 A 成正比，其数学表达式为：

$$L=\frac{1}{R}=\kappa\frac{A}{l}$$

式中，κ 称为电导率，S/m 或 μS/cm。其物理意义是长度为 1m，截面积为 $1m^2$ 导体的电导。对于给定的金属导体来说，在温度一定时，其电导率也是一定的。

对于电解质溶液来说，盛有稀溶液的电导池的电导 G 与电极有效截面积 A 成正比，与两电极间的距离 l 成反比，其数学表达式为：

$$G=\frac{1}{R}=\kappa\frac{A}{l}$$

对于一个固定的电导池，l 和 A 都是定值，因此比值 l/A 为一常数，称为**电导池常数**。

在弱电解质溶液中，只有解离出来的离子才具有导电能力，也就是说弱电解质溶液的电导除了与温度有关外，还与溶液的浓度、弱电解质的离解度 α 有关，因此常用摩尔电导率 λ_m 来衡量弱电解质溶液的导电能力。

假设弱电解质的总浓度为 c，解离度为 α，在达到电离平衡时，其电离平衡常数 K_c 的表达式为：

$$K_c=\frac{c\alpha^2}{1-\alpha}$$

在无限稀释的溶液中，可认为弱电解质全部电离，此时溶液的摩尔电导率 λ_∞ 为离子的极限摩尔电导率之和，即 $\lambda_{\infty}=\lambda_{\infty}^{+}+\lambda_{\infty}^{-}$ 。

当浓度 c 的单位用 mol/L 表示，摩尔电导率 λ_m 的单位用 $S\cdot m^2\cdot/mol$ 表示时，摩尔电导率 λ_m 与电导率 κ 之间的关系为：$\lambda_m=0.001\kappa/c$。

根据以上关系，在指定温度下用电导率仪测得不同浓度下的电导率 κ 或用 1000Hz 交流电下的惠斯通电桥测得溶液的电阻，即可计算出摩尔电导率 λ_m。

由于弱电解质的不完全电离，以及离子间存在相互作用，因此 λ_m 常被称为**表观摩尔电导率**。根据电离学说，弱电解质的电离度 α 随溶液的稀释而增大，在无限稀释的溶液中，电离度 α 趋近于 1，此时的摩尔电导率 λ_m 即为 λ_{∞} 。于是，浓度为 c 的弱电解质稀溶液的解离度 α 等于该浓度下的摩尔电导率 λ_m 与溶液在无限稀时的摩尔电导率 λ_{∞} 之比，即 $\alpha=\lambda_m/\lambda_{\infty}$ 。将 $\alpha=\lambda_m/\lambda_{\infty}$ 代入电离平衡常数 K 的表达式中，得到：

$$K_c=\frac{c\lambda_m^2}{\lambda_{\infty}(\lambda_{\infty}-\lambda_m)}$$

整理后得到：

$$c\lambda_m=K_c\lambda_{\infty}^2\frac{1}{\lambda_m}-K\lambda_{\infty}$$

以 $c\lambda_m$ 对 $1/\lambda_m$ 作图得到一条直线，其斜率为 $K_c\lambda_{\infty}^2$ ，截距为 $K_c\lambda_{\infty}$ ，由此可以计算出 K_c 和 λ_{∞} 。

三、仪器与试剂

1. 主要仪器

DDS-11A 型电导率仪，移液管（25mL），容量瓶（50mL）。

2. 主要试剂

0.10mol/L 乙酸溶液。

四、实验内容

1. 熟悉 DDS-11A 型电导率仪的使用方法

DDS-11A 型电导率仪的面板如图 5-40 所示。使用时，观察表头指针是否为零，若不为零，应将其调为零。将“测量/校正”置于“校正”位置，打开电源开关，预热 10min。调节“校正调节器”使指针在满刻度。

若溶液的电导率低于 300μS/cm 时，将“低周/高周”置于“低周”；若溶液的电导率高于 300μS/cm 时，将“低周/高周”置于“高周”。把量程选择置于 10^3 红线处(若不知道溶液电阻率的大小，应从最大档依次减小)。将电极插入电极插口，并旋紧螺钉，用少量待测溶液冲洗电极 2～3 次，将电极插入待测溶液中。把“电极常数”旋钮调至“1.0”位置，再次将“测量/校正”置于“校正”位置，调节“校正调节器”使指针在满刻度。将“测量/校正”置于“测量”位置，此时表头指针的指示值乘以量程上的倍数，即为待测溶液的电导率。

2. 配制溶液

用移液管和容量瓶准确配制浓度为 0.050mol/L、0.025mol/L、0.0125mol/L 的乙酸溶液。

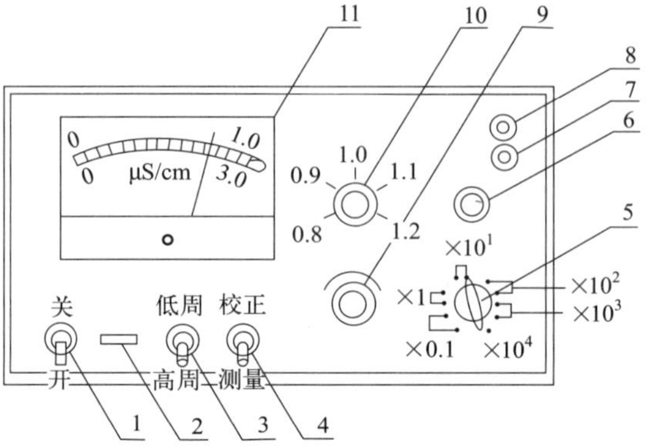

图 5-40 DDS-11A 型电导率仪的面板图

1—电源开关；2—指示灯；3—低周/高周；4—校正/测量；5—量程；6—电容补偿调节器；7—电极插口；8—10mV 输入插口；9—校正调节器；10—电极常数调节器；11—表头

3. 溶液电导率的测定

将电导池放入 (25±0.1)℃恒温槽中恒温 5～10min 后，用电导率仪依次测定浓度为 0.0125mol/L、0.025mol/L、0.050mol/L、0.10mol/L 乙酸溶液的电导率。

倒去氯化钾溶液，用电导水充分洗净电导池及电极，再用少量的待测溶液洗涤电导池和电极 3 次，将电极常数调节旋钮调至与电极常数相对应的位置，将“校正/测量”置于“校正”，调整校正调节器使表针满刻度，将电极浸入 0.0125mol/L 乙酸溶液中，将“校正/测量”置于“测量”，将量程由大到小逐渐调节，直至所需测量范围，此时指针指示数乘以量程倍率即为被测溶液的电导率，重复测量 3 次，取其平均值。用同样的方法，依次分别测定 0.025mol/L、0.050mol/L、0.10mol/L 乙酸溶液的电导率。

测定电导水的电导率，重复测定 3 次，以校正溶剂水对溶液电导率的影响。

实验完毕，关闭所有仪器电源，清洗玻璃仪器及电导电极，并将电导电极置于蒸馏水塑料瓶中保养。

五、数据记录及处理

设计表格记录 0.0125mol/L、0.025mol/L、0.050mol/L、0.10mol/L 乙酸溶液的电导率，计算电导率的平均值和摩尔电导率。

【注意事项】

1. 为了保护铂黑电极，不能用力擦洗电极。

2. 实验过程中严禁用手触及电导池内壁和电极。

3. 在测定前，一定要用待测溶液多次冲洗电导池和电极，以保证被测溶液的浓度与容量瓶中溶液的浓度一致。

4. 25℃时，0.01000mol/L 氯化钾溶液的电导率 $K=0.1413\text{S/m}$，乙酸的 $\lambda_{\infty(\text{HAc})}=3.907\times10^{-2}\text{S}\cdot\text{m}^2/\text{mol}$。

5. 由于水也有一定的电导率，因此在计算各溶液的电导率时要扣除水的电导率。

【思考题】

1. 实验中为何要使用镀铂黑电极？使用时应注意哪些事项？
2. 测定电解质溶液的电导，为什么一般用交流电而不用直流电？
3. 若实验过程中，电导池常数发生改变，它对测定乙酸电离常数有何影响？

【学以致用】

以 $c\lambda_m$ 对 $1/\lambda_m$ 作图，根据直线的斜率和截距，能够计算出乙酸的电离平衡常数 K_c。将实验测定的 K 值与文献值比较，试分析误差的主要来源。

附录

附录一 实验室常用酸碱的相对密度、质量分数和物质的量浓度

名称	相对密度/(g/mL)	质量分数/%	物质的量浓度/(mol/L)
盐酸	1.18～1.19	36～38	11.1～12.4
硝酸	1.39～1.40	65～68	14.4～15.2
硫酸	1.83～1.84	95～98	17.8～18.4
磷酸	1.69	85	14.6
高氯酸	1.68	70～72	11.7～12.0
冰乙酸	1.05	99	17.4
氢氟酸	1.13	40	22.5
氢溴酸	1.49	47	8.6
氨水	0.88～0.90	25～28	13.3～14.8

附录二 实验室常用基准物质的干燥温度和干燥时间

名称	分子式	干燥方法
无水碳酸钠	Na_2CO_3	270℃～300℃灼烧 1h
硼砂	$Na_4B_4O_7\cdot10H_2O$	室温保存在装有氯化钠和蔗糖饱和溶液的干燥器内
草酸	$H_2C_2O_4\cdot2H_2O$	室温下空气干燥
苯二甲酸氢钾	$KHC_8H_4O_4$	110℃～120℃烘干至恒重
锌	Zn	室温下保存在干燥器中
氧化锌	ZnO	900℃～1000℃灼烧 1h
氯化钠	NaCl	400℃～450℃灼烧至无爆裂声
硝酸银	$AgNO_3$	220℃～250℃灼烧 1h

续表

名称	分子式	干燥方法
碳酸钙	$CaCO_3$	110℃烘至恒重
草酸钠	$Na_2C_2O_4$	105℃～110℃烘至恒重
重铬酸钾	$K_2Cr_2O_7$	140℃～150℃烘至恒重
溴酸钾	$KBrO_3$	130℃烘至恒重
碘酸钾	KIO_3	130℃烘至恒重
三氧化二砷	As_2O_3	室温下空气干燥

附录三　实验室常用指示液（剂）

1. 常用酸碱指示液

（1）中性红指示液(5.0g/L)　称取中性红 0.5g，加水溶解，稀释至 100mL，过滤。变色范围：pH 6.8～8.0（红-黄）。

（2）甲酚红指示液(1.0g/L)　称取甲酚红 0.1g，加 5.3mL 氢氧化钠溶液(0.05mol/L) 溶解，加水稀释至 100mL。变色范围：pH 7.2～8.8（黄-红）。

（3）甲基红指示液(0.5g/L)　称取甲基红 0.1g，用 7.4mL 氢氧化钠溶液(0.05mol/L) 溶解，加水稀释至 200mL。变色范围：pH 4.2～6.3（红-黄）。

（4）甲基橙指示液(1.0g/L)　称取甲基橙 0.1g，用 100mL 水溶解。变色范围：pH 3.2～4.4（红-黄）。

（5）甲酚红指示液(1.0g/L)　称取甲酚红 0.1g，用 5.3mL 氢氧化钠溶液(0.05mol/L) 溶解，再加水稀释至 100mL。变色范围：pH 7.2～8.8（黄-红）。

（6）刚果红指示液(5.0g/L)　称取刚果红 0.5g，用 10%乙醇 100mL 溶解。变色范围：pH 3.0～5.0（蓝-红）。

（7）茜素磺酸钠指示液(1.0g/L)　称取茜素磺酸钠 0.1g，用 100mL 水溶解。变色范围：pH 3.7～5.2（黄-紫）。

（8）酚酞指示液(2.0g/L)　称取酚酞 0.2g，用 100mL 乙醇溶解。变色范围：pH 8.3～10.0（无色-红）。

（9）溴甲酚紫指示液(16g/L)　称取溴甲酚紫 1.6g，用 100mL 乙醇（95%）溶解。变色范围：pH 5.2～6.8（黄-紫）。

（10）溴甲酚绿指示液(1g/L)　称取溴甲酚绿 0.1g，用 2.8mL 氢氧化钠溶液(0.05mol/L) 溶解，再加水稀释至 100mL。变色范围：pH 3.6～5.2（黄-蓝）。

（11）溴酚蓝指示液(0.5g/L)　称取溴酚蓝 0.1g，用 2.0mL 氢氧化钠溶液(0.1mol/L) 溶解，再加水稀释至 200mL。变色范围：pH 2.8～4.6（黄-蓝绿）。

（12）溴麝香草酚蓝指示液(5g/L)　称取溴麝香草酚蓝 0.1g，加 3.2mL 氢氧化钠溶液(0.05mol/L) 溶解，再加水稀释至 100mL。变色范围：pH 6.0～7.6（黄-蓝）。

（13）麝香草酚酞指示液(1g/L)　称取麝香草酚酞 0.1g，加乙醇 100mL 溶解。

变色范围：pH 9.3～10.5（无色-蓝）。

（14）麝香草酚蓝指示液(1g/L)　称取麝香草酚蓝 0.1g，用 4.3mL 氢氧化钠溶液(0.05mol/L)溶解，再加水稀释至 100mL。变色范围：pH 1.2～2.8（红-黄），pH 8.0～9.6（黄-紫蓝）。

2. 常用混合指示液（剂）

（1）二甲基黄-亚甲蓝混合指示液　取二甲基黄与亚甲蓝各 15mg，加三氯甲烷 100mL，振摇使其溶解（必要时微温），过滤。

（2）甲酚红-麝香草酚蓝混合指示液　1.0g/L 甲酚红指示液与 0.1%麝香草酚蓝溶液按体积比 1∶3 混合。

（3）甲基红-亚甲基蓝混合指示液　甲基红溶液(2g/L)与亚甲基蓝溶液(1g/L)按体积比 1∶1 混合。

（4）甲基橙-亚甲蓝混合指示液　取甲基橙指示液 20mL，加 0.2%亚甲蓝溶液 8mL，摇匀。

（5）甲酚红-麝香草酚蓝混合指示液　甲酚红指示液与 0.1%麝香草酚蓝溶液按体积比 1∶3 混合。

（6）百里香酚蓝-酚酞混合指示液　百里香酚蓝溶液(1g/L)与酚酞溶液(1g/L)按体积比 3∶2 混合。

（7）溴甲酚绿-甲基红混合指示液　将溴甲酚绿乙醇溶液(1g/L)与甲基红乙醇溶液(2g/L)按 3∶1 体积比混合。

（8）溴百里（香）酚蓝-苯酚红混合指示液　称取 0.08g 溴百里酚蓝和 0.1g 苯酚红，溶于 20mL 乙醇中，加水 50mL，用氢氧化钠溶液(4g/L)调至 pH 7.5（红紫色），用水稀释至 100mL。

（9）酸性铬蓝 K-萘酚绿 B 混合指示剂　称取 0.1g 酸性铬蓝 K，0.1g 萘酚绿 B 和 20g 干燥氯化钾，置于研钵中，充分研磨混匀，贮存于棕色广口瓶中。

3. 其他指示剂指示液

（1）二甲酚橙指示液(2.0g/L)　称取二甲酚橙 0.2g，用 100mL 水溶解，临用新制。

（2）二苯胺磺酸钠指示液(2.0g/L)　称取二苯胺磺酸钠 0.2g 加 100mL 水溶解。

（3）二苯偶氮碳酰肼指示液(5g/L)　将 0.50g 二苯偶氮碳酰肼溶于乙醇，用乙醇稀释至 100mL。

（4）双硫腙指示液(0.5g/L)　称取双硫腙 50mg，用 100mL 乙醇溶解。

（5）亚甲蓝指示液(5.0g/L)　称取亚甲蓝 0.5g，溶于 100mL 水中。

（6）邻二氮菲指示液　取硫酸亚铁 0.5g，用 100mL 水溶解，加 2 滴硫酸和 0.5g 邻二氮菲，摇匀，临用新制。

（7）1，10-菲啰啉指示液(5g/L)　将 0.5g 1，10-菲啰啉氯化物（$C_{12}H_9ClN_2 \cdot H_2O$）溶于水中，稀释至 100mL。

（8）荧光黄指示液(1.0g/L)　称取荧光黄 0.1g，用 100mL 乙醇溶解。

（9）钙黄绿素指示剂　称取钙黄绿素 0.1g，加氯化钾 10g，研磨均匀。

（10）钙紫红素指示剂　称取钙紫红素 0.1g，加无水硫酸钠 10g，研磨均匀。

（11）钙指示剂(钙羧酸指示剂)　称取 0.20g 钙指示剂［2-羟基-1-(2-羟基-4-磺

酸-1-萘偶氮)-3-萘甲酸］或其钠盐与10g在105℃干燥的氯化钠，研细混匀。

（12）结晶紫指示液(5.0g/L) 称取结晶紫0.5g，用100mL冰乙酸溶解。

（13）酚红指示液(1.0g/L) 称取酚红0.1g，用100mL乙醇溶解，必要时过滤。

（14）铬黑T指示剂 称取铬黑T 0.1g，加氯化钠10g，研磨均匀。

（15）铬黑T指示液(5g/L) 称取0.50g铬黑T和4.5g盐酸羟胺，溶于乙醇中，用乙醇稀释至100mL。

（16）铬酸钾指示液(100g/L) 称取铬酸钾10g，用100mL水溶解。

（17）偶氮紫指示液(1.0g/L) 称取偶氮紫0.1g，用二甲基甲酰胺100mL溶解。

（18）淀粉指示液(5.0g/L) 称取可溶性淀粉0.5g，加5mL水搅匀后，缓缓倾入100mL沸水中，边加边搅拌，继续煮沸2min，放冷，倾取上层清液。临用新制。

（19）硫酸铁铵指示液(80g/L) 称取硫酸铁铵8g，用100mL水溶解。

（20）碘化钾淀粉指示液(2.0g/L) 称取碘化钾0.2g，用新制的淀粉指示液100mL溶解。

（21）溴百里酚蓝指示剂(0.5 g/L) 称取0.05 g溴百里酚蓝溶于50 mL水中，加10 mL乙醇，用水稀释至100 mL。

（22）磺基水杨酸钠指示剂溶液(100g/L) 将10g磺基水杨酸钠溶于100mL水中。

（23）曙红钠指示液(5.0g/L) 称取曙红钠0.5g，用100mL水溶解。

（24）1-(2-吡啶偶氮)-2萘酚指示剂溶液(PAN指示剂溶液，2g/L) 将0.2g 1-(2-吡啶偶氮)-2萘酚溶于100mL乙醇［C_2H_5OH，体积分数为95%］中。

附录四　实验室常用缓冲溶液

（1）乙酸盐缓冲液(pH 3.5) 称取乙酸铵25g，加25mL水溶解后，加38mL盐酸溶液(7mol/L)，用盐酸溶液(2mol/L)或氨水溶液(5mol/L)准确调节pH值至3.5（电位法指示），用水稀释至100mL。

（2）乙酸-乙酸钠缓冲液(pH 3.6) 称取乙酸钠5.1g，加20mL冰乙酸，再加水稀释至250mL。

（3）乙酸-乙酸钠缓冲溶液(pH 4.3) 将42.3g无水乙酸钠（CH_3COONa）溶于水，加入80mL冰乙酸，用水稀释至1L。

（4）乙酸-乙酸钠缓冲液(pH 4.5) 称取乙酸钠18g，加9.8mL冰乙酸，再加水稀释至1L。

（5）乙酸-乙酸钠缓冲液(pH 6.0) 称取乙酸钠54.6g，加20mL乙酸溶液(1mol/L)溶解后，加水稀释至500mL。

（6）甲酸钠缓冲液(pH 3.3) 量取25mL甲酸溶液(2mol/L)，加酚酞指示液1滴，用氢氧化钠溶液(2mol/L)中和，再加入75mL甲酸溶液(2mol/L)，用水稀释至200mL，调节pH值至3.25～3.30。

（7）苯二甲酸氢钾pH标准缓冲溶液(25℃，pH＝4.003)

配制方法 1：用袋装 pH 缓冲剂配制，按照袋上说明，将袋内的全部试剂用水溶解，于 250mL 容量瓶中稀释至标线，混匀，保存于聚乙烯瓶中。

配制方法 2：称取 2.550g 苯二甲酸氢钾（$KHC_8H_4O_4$，预先在 115℃±5℃，烘干 2～3h，稍冷，放置于干燥器中），溶于水，于 250mL 容量瓶中稀释至标线，混匀，保存于聚乙烯瓶中。

(8) 苯二甲酸盐缓冲液(pH 5.6)　称取苯二甲酸氢钾 10.0g，加 900mL 水搅拌溶解，用氢氧化钠溶液(必要时用稀盐酸) 调节 pH 值至 5.6，加水稀释至 1000mL，混匀。

(9) 苯二甲酸氢钾-氢氧化钠缓冲液(pH 5.0)　量取 100mL 邻苯二甲酸氢钾溶液(0.2mol/L)，用约 50mL 氢氧化钠溶液(0.2mol/L) 调节 pH 值至 5.0。

(10) 氨-氯化铵缓冲液(pH 8.0)　称取氯化铵 1.07g，用 100mL 水溶解，再加稀氨水溶液(1+29) 调节 pH 值至 8.0。

(11) 氨-氯化铵缓冲液(pH 10.0)　将 67.5g 氯化铵（NH_4Cl）溶于水，加入 570mL 氨水，用水稀释至 1L。

(12) 硼砂-氯化钙缓冲液(pH 8.0)　称取硼砂 0.572g 与氯化钙 2.94g，加水约 800mL 溶解后，用约 2.5mL 盐酸溶液(1mol/L) 调节 pH 值至 8.0，加水稀释至 1L。

(13) 硼砂-碳酸钠缓冲液(pH 10.8～11.2)　称取无水碳酸钠 5.30g，加水溶解稀释至 1L；称取硼砂 1.91g，用 100mL 水溶解。临用前取碳酸钠溶液 973mL 与硼砂溶液 27mL，混匀。

(14) 硼砂标准缓冲溶液(25℃，pH=9.18)

配制方法 1：用袋装 pH 缓冲剂配制，按照袋上说明，将袋内的全部试剂用水溶解，于 250mL 容量瓶中稀释至标线，混匀，保存于聚乙烯瓶中。

配制方法 2：称取 0.955g 硼砂（四硼酸钠，$Na_2B_4O_7 \cdot 10H_2O$，预先在盛有蔗糖饱和溶液的干燥器中平衡两昼夜），溶于刚煮沸冷却的蒸馏水，转入 250mL 容量瓶中，加水至标线，混匀。保存于聚乙烯瓶中。

(15) 磷酸盐缓冲液(pH 2.5)　称取磷酸二氢钾 100g，用 800mL 水溶解，用盐酸调节 pH 值至 2.5，用水稀释至 1L。

(16) 磷酸盐缓冲液(pH 5.8)　称取磷酸二氢钾 8.34g 与磷酸氢二钾 0.87g，加水溶解，稀释至 1L。

(17) 磷酸盐缓冲液(pH 6.8)　取 250mL 磷酸二氢钾溶液(0.2mol/L)，加 118mL 氢氧化钠溶液(0.2mol/L)，用水稀释至 1L。

(18) 磷酸二氢钾-磷酸氢二钠标准缓冲溶液(25℃，pH=6.86)

配制方法 1：用袋装 pH 缓冲剂配制，按照袋上说明，将袋内全部混合磷酸盐试剂用水溶解，于 250mL 容量瓶中稀释至标线，混匀，保存于聚乙烯瓶中。

配制方法 2：将分析纯磷酸二氢钾（KH_2PO_4）和磷酸氢二钠（Na_2HPO_4）试剂预先在 115℃±5℃，烘干 2～3h，稍冷，置于干燥器中。称取 0.850g 磷酸二氢钾（KH_2PO_4）和 0.8875g 磷酸氢二钠（Na_2HPO_4），溶于水，于 250mL 容量瓶中稀释至标线，混匀，保存于聚乙烯瓶中。

(19) 磷酸盐缓冲液(pH 7.0)　称取磷酸二氢钾 0.68g，加 29.1mL 氢氧化钠溶液(0.1mol/L)，用水稀释至 100mL。

附录五　化合物的分子量

化合物	M_r	化合物	M_r	化合物	M_r
Ag_3AsO_4	462.53	$AlCl_3$	133.33	As_2O_3	197.84
$AgBr$	187.77	$AlCl_3 \cdot 6H_2O$	241.43	As_2O_5	229.84
$AgCl$	143.35	$Al(NO_3)_3$	213.01	As_2O_3	246.05
$AgCN$	133.91	$Al(NO_3)_3 \cdot 9H_2O$	375.19	$BaCO_3$	197.31
Ag_2CrO_4	331.73	Al_2O_3	101.96	BaC_2O_4	225.32
AgI	234.77	$Al(OH)_3$	78.00	$BaCl_2$	208.24
$AgNO_3$	169.88	$Al_2(SO_4)_3$	342.17	$BaCl_2 \cdot 2H_2O$	244.24
$AgSCN$	165.96	$Al_2(SO_4)_3 \cdot 18H_2O$	666.46	$BaCrO_4$	253.32
BaO	153.33	$CuSO_4 \cdot 5H_2O$	249.68	H_2O_2	34.02
$Ba(OH)_2$	171.32	$FeCl_2$	126.75	H_3PO_4	97.99
$BaSO_4$	233.37	$FeCl_2 \cdot 4H_2O$	198.81	H_2S	34.08
$BiCl_3$	315.33	$FeCl_3$	162.21	H_2SO_3	82.09
$BiOCl$	260.43	$FeCl_3 \cdot 6H_2O$	270.30	H_2SO_4	98.09
CO_2	44.01	$FeNH_4(SO_4)_2 \cdot 12H_2O$	482.22	$Hg(CN)_2$	252.63
CaO	56.08	$Fe(NO_3)_3$	241.86	$HgCl_2$	271.50
$CaCO_3$	100.09	$Fe(NO_3)_3 \cdot 9H_2O$	404.01	Hg_2Cl_2	472.09
CaC_2O_4	128.10	FeO	71.85	HgI_2	454.40
$CaCl_2$	110.99	Fe_2O_3	159.69	$Hg_2(NO_3)_2$	525.19
$CaCl_2 \cdot 6H_2O$	219.09	Fe_3O_4	231.55	$Hg_2(NO_3)_2 \cdot 2H_2O$	561.22
$Ca(NO_3)_2 \cdot 4H_2O$	236.16	$Fe(OH)_3$	106.87	$Hg(NO_3)_2$	324.60
$Ca(OH)_2$	74.10	FeS	87.92	HgO	216.59
$Ca_3(PO_4)_2$	310.18	Fe_2S_3	207.91	HgS	232.65
$CaSO_4$	136.15	$FeSO_4$	151.91	$HgSO_4$	296.67
$CdCO_3$	172.41	$FeSO_4 \cdot 7H_2O$	278.03	Hg_2SO_4	497.27
$CdCl_2$	183.33	$FeSO_4(NH_4)_2SO_4 \cdot 6H_2O$	392.17	$KAl(SO_4)_2 \cdot 12H_2O$	474.41
CdS	144.47	H_3AsO_3	125.94	KBr	119.00
$Ce(SO_4)_2$	332.24	H_3AsO_4	141.94	$KBrO_3$	167.00
$Ce(SO_4)_2 \cdot 4H_2O$	404.30	H_3BO_3	61.83	KCl	74.55
$CoCl_2$	129.84	HBr	80.91	$KClO_3$	122.55
$CoCl_2 \cdot 6H_2O$	237.93	HCN	27.03	$KClO_4$	138.55
$Co(NO_3)_2$	182.94	$HCOOH$	46.03	KCN	65.12

续表

化合物	M_r	化合物	M_r	化合物	M_r
$Co(NO_3)_2 \cdot 6H_2O$	291.03	CH_3COOH	60.05	KSCN	97.18
CoS	90.99	H_2CO_3	62.03	K_2CO_3	138.21
$CoSO_4$	154.99	$H_2C_2O_4$	90.04	K_2CrO_4	194.19
$CoSO_4 \cdot 7H_2O$	281.10	$H_2C_2O_4 \cdot 2H_2O$	126.07	$K_2Cr_2O_7$	294.18
$CO(NH_2)_2$	60.06	HCl	36.46	$K_3Fe(CN)_6$	329.25
$CrCl_3$	158.36	HF	20.01	$K_2Fe(CN)_6$	368.35
$CrCl_3 \cdot 6H_2O$	266.45	HI	127.91	$KFe(SO_4)_2 \cdot 12H_2O$	503.28
$Cr(NO_3)_3$	238.01	HIO_3	175.91	$KHC_2O_4 \cdot H_2O$	146.15
Cr_2O_3	151.99	HNO_3	63.02	$KHC_2O_4 H_2C_2O_4 \cdot 2H_2O$	254.19
CuCl	99.00	HNO_2	47.02	$KHC_4H_4O_6$	188.18
$CuCl_2$	134.45	H_2O	18.015	$KHSO_4$	136.18
$CuCl_2 \cdot 2H_2O$	170.48	$2H_2O$	36.03	KI	166.00
CuSCN	121.62	$3H_3O$	54.05	$KHC_8H_4O_4$(KHP)	204.22
CuI	190.45	$4H_4O$	72.06	KIO_3	214.00
$Cu(NO_3)_2$	187.56	$5H_2O$	90.08	KIO_3 HIO_3	389.91
$Cu(NO_3)_2 \cdot 3H_2O$	241.60	$6H_2O$	108.09	$KMnO_4$	158.03
CuO	79.55	$7H_2O$	126.11	$KNaC_4H_4O_6 \cdot 4H_2O$	282.22
Cu_2O	143.09	$8H_2O$	144.13	KNO_3	101.10
CuS	95.62	$9H_2O$	162.14	KNO_2	85.10
$CuSO_4$	159.62	$12H_2O$	216.19	K_2O	94.20
KOH	56.11	NaSCN	81.08	PbI_2	461.01
K_2SO_4	174.27	Na_2CO_3	105.99	$Pb(NO_3)_2$	331.21
$MgCO_3$	84.32	$NaCO_3 \cdot 10H_2O$	286.19	PbO	223.20
$MgCl_2$	95.22	$Na_2C_2O_4$	134.00	PbO_2	239.20
$MgCl_2 \cdot 6H_2O$	203.31	CH_3COONa	82.03	Pb_3O_4	685.6
MgC_2O_4	112.33	$CH_3COONa \cdot 3H_2O$	136.08	$Pb_3(PO_4)_2$	811.54
$Mg(NO_3)_2 \cdot 6H_2O$	256.43	NaCl	58.44	PbS	239.27
$MgNH_4PO_4$	137.32	NaClO	74.44	$PbSO_4$	303.27

续表

化合物	M_r	化合物	M_r	化合物	M_r
MgO	40.31	$NaHCO_3$	84.01	SO_2	64.07
$Mg(OH)_2$	58.33	Na_2HPO_4	141.96	SO_3	80.07
$Mg_2P_2O_7$	222.55	$Na_2HPO_4 \cdot 12H_2O$	358.14	$SbCl_3$	228.15
$MgSO_4 \cdot 7H_2O$	246.49	$NaHSO_4$	120.07	$SbCl_5$	299.05
$MnCO_3$	114.95	$Na_2H_2Y \cdot 2H_2O$	372.24	Sb_2O_3	291.60
$MnCl_2 \cdot 4H_2O$	197.91	$NaNO_2$	69.00	Sb_2S_3	339.81
$Mn(NO_3)_2 \cdot 6H_2O$	287.06	$NaNO_3$	85.00	SiF_4	104.08
MnO	70.94	Na_2O	61.98	SiO_2	60.08
MnO_2	86.94	Na_2O_2	77.98	$SnCl_2$	189.60
MnS	87.01	$NaOH$	40.00	$SnCl_2 \cdot 2H_2O$	225.63
$MnSO_4$	151.01	Na_3PO_4	163.94	$SnCl_4$	260.50
$MnSO_4 \cdot 4H_2O$	223.06	Na_2S	78.05	$SnCl_4 \cdot 5H_2O$	350.58
NO	30.01	$Na_2S \cdot 9H_2O$	240.19	SnO_2	150.69
NO_2	46.01	Na_2SO_3	126.05	SnS	150.75
NH_3	17.03	Na_2SO_4	142.05	$SrCrO_4$	203.62
CH_3COONH_4	77.08	$Na_2S_2O_3$	158.12	$SrCO_3$	147.63
NH_4Cl	53.49	$Na_2S_2O_3 \cdot 5H_2O$	248.17	SrC_2O_4	175.64
$(NH_4)_2CO_3$	96.09	$NiCl_2 \cdot 6H_2O$	237.69	$Sr(NO_3)_2$	211.64
$(NH_4)_2C_2O_4$	124.10	NiO	74.69	$Sr(NO_3)_2 \cdot 4H_2O$	283.69
$(NH_4)_2C_2O_4 \cdot H_2O$	142.12	$Ni(NO_3)_2 \cdot 6H_2O$	290.79	$SrSO_4$	183.68
NH_4SCN	76.13	NiS	90.76	$UO_2(CH_3COO)_2 \cdot 2H_2O$	424.15
NH_4HCO_3	79.06	$NiSO_4 \cdot 7H_2O$	280.87	$ZnCO_3$	125.39
$(NH_4)_2MoO_4$	196.01	OH^-	17.01	ZnC_2O_4	153.40
NH_4NO_3	80.04	$2OH^-$	34.02	$ZnCl_2$	136.29
$(NH_4)_2HPO_4$	132.06	$3OH^-$	51.02	$Zn(CH_3COO)_2$	183.43
$(NH_4)_2S$	68.15	$4OH^-$	68.03	$Zn(CH_3COO)_2 \cdot 2H_2O$	219.50
$(NH_4)_2SO_4$	132.15	P_2O_5	141.94	$Zn(NO_3)_2$	189.39
NH_4VO_3	116.98	$PbCO_3$	267.21	$Zn(NO_3)_2 \cdot 6H_2O$	297.51
Na_3AsO_3	191.89	PbC_2O_4	295.22	ZnO	81.38
NaB_4O_7	201.22	$PbCl_2$	278.11	ZnS	97.46
$Na_2B_4O_7 \cdot 10H_2O$	381.42	$PbCrO_4$	323.19	$ZnSO_4$	161.46
$NaBiO_3$	279.97	$Pb(CH_3COO)_2$	325.29	$ZnSO_4 \cdot 7H_2O$	287.57
$NaCN$	49.01	$Pb(CH_3COO)_2 \cdot 3H_2O$	379.34		

附录六　实验室常见玻璃仪器分步画法示意图

名称	绘画步骤
量筒	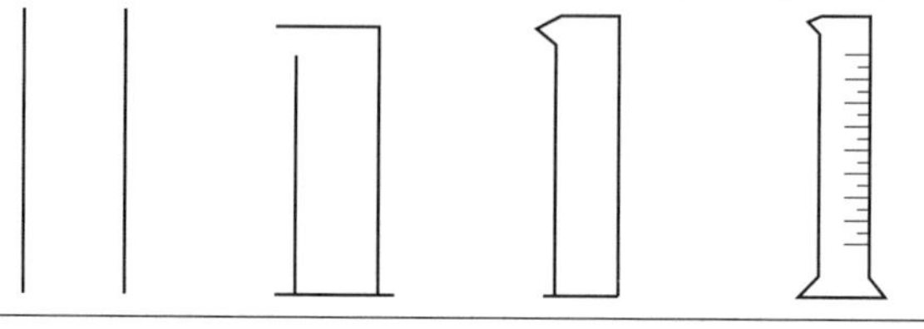
烧杯	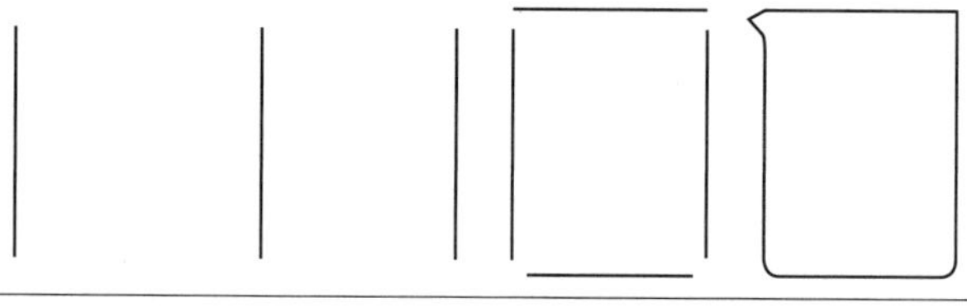
集气瓶	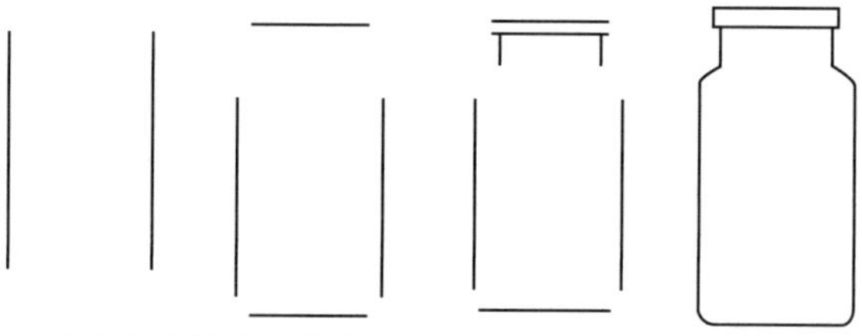
试剂瓶	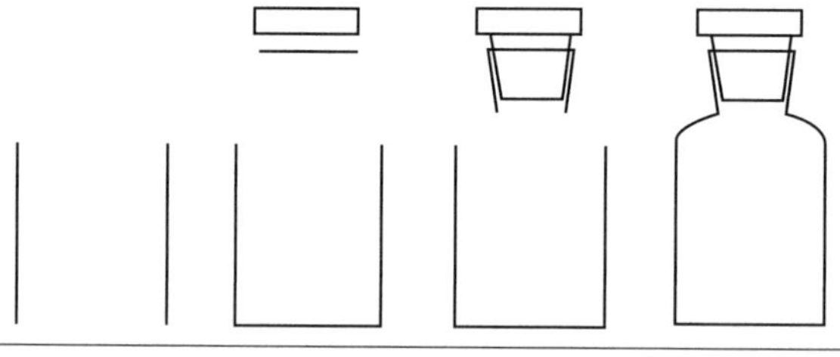
滴瓶	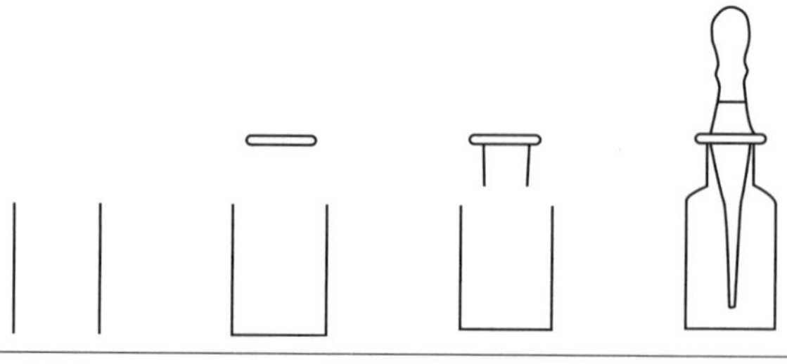
锥形瓶	

笔记

续表

名称	绘画步骤
烧瓶	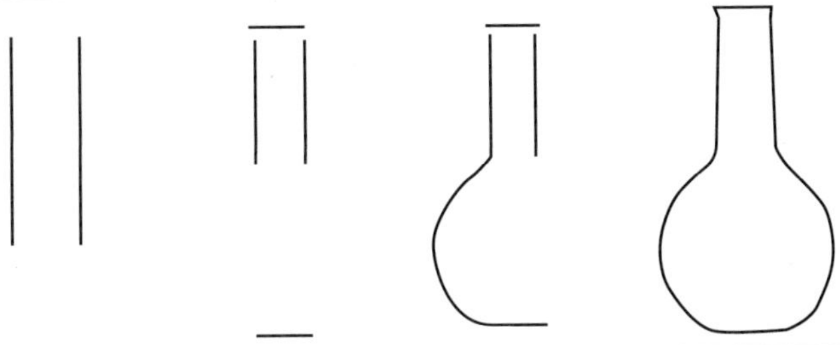
酒精灯	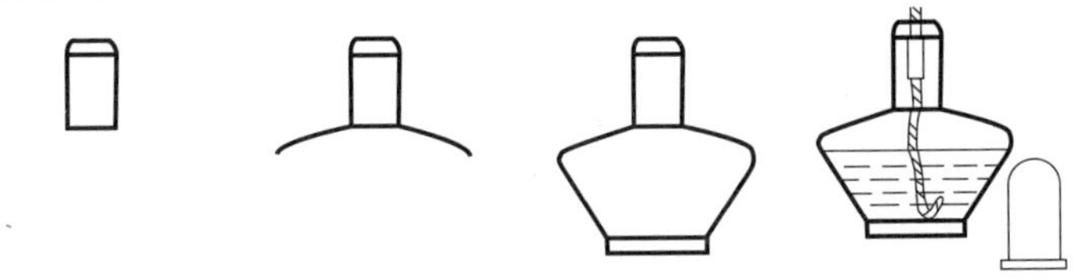
漏斗	
分液漏斗	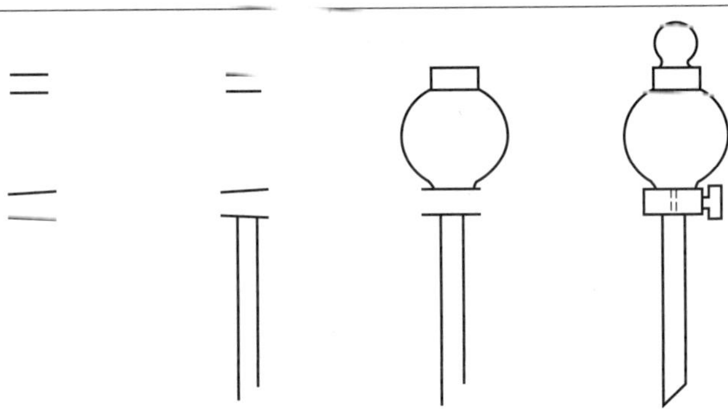
滴定管	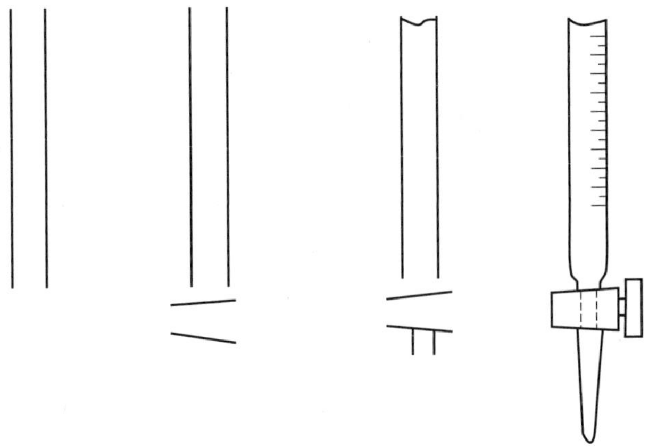

续表

名称	绘画步骤
干燥器 容量瓶 吸量管	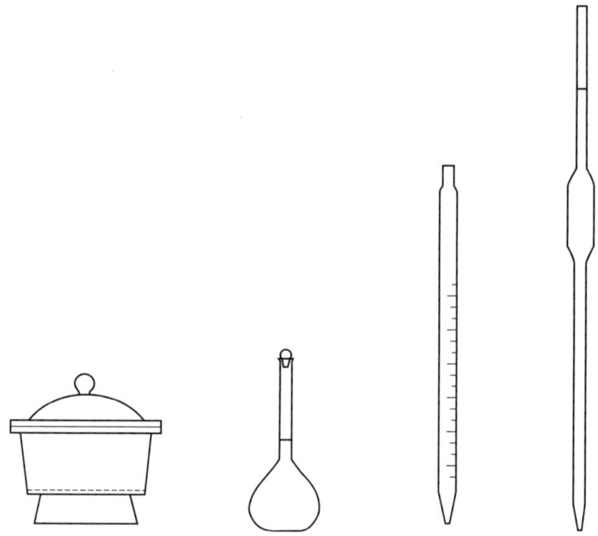

附录七　平面图和立体图对照

名称	平面图	立体图
锥形瓶		
烧杯	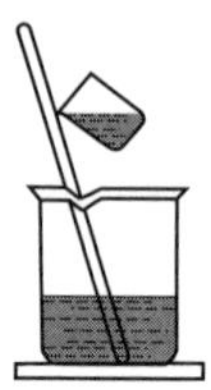	
酒精灯	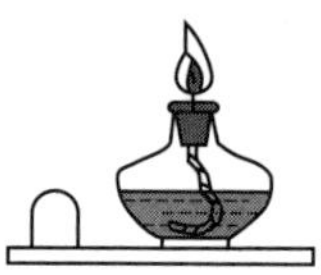	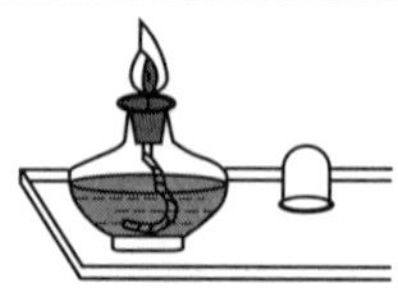
铁架台	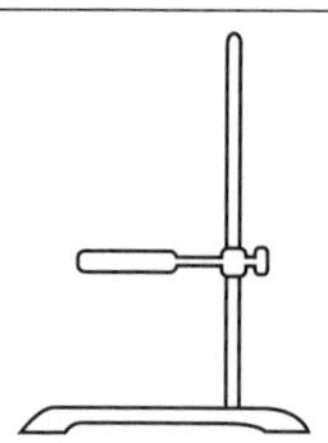	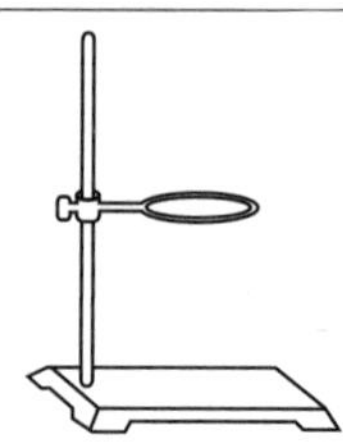

附录八 部分练习题参考答案

专题 1 练习题

一、判断题

1. ×；2. √；3. ×；4. √；5. √；6. ×；7. √；8. √；9. √

二、选择题

1. A；2. B；3. D；4. C；5. B；6. B；7. D；8. D；9. B；10. C；11. A；12. B；13. C；14. D；15. B；16. A；17. D；18. D；19. B；20. A；21. D；22. C

专题 2 练习题

一、判断题

1. ×；2. √；3. √；4. √；5. ×；6. √；7. √；8. √；9. √；10. √；11. ×；12. √

二、选择题

1. A；2. A；3. C；4. D；5. D；6. D；7. C；8. D；9. D；10. C；11. A；12. C；13. D；14. D；15. C

参考文献

[1] 赵新华．化学基础实验．北京：高等教育出版社，2004.

[2] 蔡良珍，俞大红，肖繁花，等．北京：化学工业出版社，2003.

[3] 牛盾，王育红，王锦霞．大学化学实验．北京：冶金工业出版社，2007

[4] 马全红，等．大学化学实验．南京：东南大学出版社，2002.

[5] 柯以侃．大学化学实验．北京：化学工业出版社，2001.

[6] 张开诚．大学化学实验（上）．武汉：华中科技大学出版社，2011.

[7] GB 30000.1—2024 化学品分类和标签规范 第 1 部分：通则．

[8] GB 4066—2017 干粉灭火剂．

[9] GB/T 12803 实验室玻璃仪器 量杯．

[10] GB/T 12804 实验室玻璃仪器 量筒．

[11] GB/T 12805 实验室玻璃仪器 滴定管．

[12] GB/T 12806 实验室玻璃仪器 单标线容量瓶．

[13] GB/T 12807 实验室玻璃仪器 分度吸量管．

[14] GB/T 12808 实验室玻璃仪器 单标线吸量管．

[15] GB/T 12810 实验室玻璃仪器 玻璃量器的校准和使用方法．